Kim Kose
Rolf Schröder
Kornel Wieliczek

Numerik
sehen und verstehen

Kim Kose
Rolf Schröder
Kornel Wieliczek

Numerik
sehen und verstehen

Ein kombiniertes Lehr- und Arbeitsbuch
mit Visualisierungssoftware

Die Deutsche Bibliothek - CIP-Einheitsaufnahme

Kose, Kim:
Numerik sehen und verstehen : ein kombiniertes Lehr- und
Arbeitsbuch mit Visualisierungssoftware / Kim Kose; Rolf
Schröder ; Kornel Wieliczek. - Braunschweig ; Wiesbaden :
Vieweg, 1992

NE: Schröder, Rolf:; Wieliczek, Kornel

Das in diesem Buch enthaltene Programm-Material ist mit keiner Verpflichtung oder Garantie
irgendeiner Art verbunden. Der Autor und der Verlag übernehmen infolgedessen keine Verantwortung
und werden keine daraus folgende oder sonstige Haftung übernehmen, die auf irgendeine Art aus der
Benutzung dieses Programm-Materials oder Teilen davon entsteht.

Gedruckt auf säurefreiem Papier

ISBN 978-3-322-87229-6   ISBN 978-3-322-87228-9 (eBook)
DOI 10.1007/978-3-322-87228-9

Vorwort

Das vorliegende Buch "Numerik sehen und verstehen" bildet mitsamt dem beiliegenden Programm MAYA* eine Einheit und wendet sich an Anfänger auf dem Gebiet der numerischen Mathematik. In seinen Grundzügen ist es aus Übungen zur Lehrveranstaltung "Numerische Mathematik für Ingenieure I" sowie der Lehrveranstaltung "Praktische Mathematik für Ingenieure" an der TU Berlin hervorgegangen.

Innerhalb dieser Lehrveranstaltungen begegneten wir immer wieder dem Phänomen, daß Studenten, die nicht Mathematik studieren, sondern nur als Grundlagenfach hören, den Methoden der numerischen Mathematik fremd gegenüberstanden. Mit Hilfe von grafischen Darstellungen ist es allerdings möglich, das Verständnis erheblich zu erleichtern. Dies gilt insbesondere für den Weg, der hier eingeschlagen wird.

Das Buch "Numerik sehen und verstehen" ist, wie der Titel schon sagt, auf das visuelle Erfahren der numerischen Mathematik ausgerichtet. Die mathematischen Einführungen sind dabei kurz gefaßt und verzichten weitgehend auf Beweise, sind aber zum Rekapitulieren des jeweiligen Stoffes ausreichend. Den Hauptteil des Buches nehmen die zahlreichen Aufgaben mitsamt ihren Erläuterungen ein, wobei auf eine Mischung von Aufgaben aus Anwendungsgebieten und Aufgaben, anhand derer bestimmte mathematische Besonderheiten deutlich werden, geachtet wurde.

Die Verfahrensweise der einzelnen numerischen Methoden kann eigenständig anhand von vielen Aufgaben erforscht werden. Dabei wird hier Wert auf eine transparente Darstellung der Verfahrensweisen sowie die Möglichkeit, un-

---

* Der Name MAYA für das Programm ist einerseits eine Referenz an das Aztekenvolk gleichen Namens, dem hervorragende Mathematiker und Astronomen angehörten, andererseits die Abkürzung für ein optimistisches "MAthematics? YeAh!"

terschiedliche Methoden zur selben Aufgabenstellung vergleichen zu können, gelegt.

Die beiliegende Software MAYA ist somit also primär nicht lösungsorientiert, obwohl sie aufgrund ihrer einfachen Bedienung für einfache Probleme sicherlich adäquat ist, sondern lernorientiert. Die Stoffauswahl umfaßt alle wichtigen Grundgebiete der numerischen Mathematik mit Ausnahme von linearen Gleichungssystemen, deren Lösungsmethoden sich nur wenig zum Visualisieren eignen, sowie Matrizeneigenwertaufgaben, die eng an lineare Gleichungssysteme gekoppelt sind.

Wie alle Bücher ist auch dieses nicht aus dem Nichts entstanden. Es hat in dem Buch "Numerik-Praktikum mit VISU" von Rolf Schröder (1990 im gleichen Verlag) seinen direkten Vorläufer und ist in den mathematischen Einführungen weitgehend identisch. Völlig neu geschrieben ist die Software. Der Aufgabenteil wurde wesentlich erweitert und ist nun so gestaltet, daß nicht nur die Bedienung und die Möglichkeiten der einzelnen Programmteile von vornherein deutlich sind, sondern auch die wichtigsten Ergebnisse festgehalten werden.

Ein herzlicher Dank gebührt Herrn Dr. A. Preusser, der das 3-D-Programm zur Verfügung stellte und Herrn Dipl.-Ing. R. Maurer, der die Höhenlinienroutine schrieb, sowie Herrn Dipl.-Phys. A. Duda für das Korrekturlesen.

Den Lesern und Nutzern dieses Buches wünschen wir viel Spaß an der numerischen Mathematik. Für Hinweise und Zuschriften, die das Buch und etwaige Verbesserungen betreffen, sind wir dankbar.

Dem Vieweg-Verlag danken wir für die stets gute Zusammenarbeit.

Berlin im Juli 1992,

die Autoren

Inhaltsverzeichnis

Einführung

Dieses Buch ist im Zusammenhang mit der Software sowohl für den Einsatz in der Lehre als auch für das eigenständige Arbeiten und zum Lösen einfacherer numerischer Aufgaben geeignet. In einer Vorlesung bietet es sich an, mit einer geeigneten Projektion zu arbeiten, um numerische Verfahren lebendig zu erläutern. Vorlesungsbegleitend kann das Buch von Studenten genutzt werden, um die Funktionsweise (und auch Tücken) numerischer Verfahren durch Experimentieren zu verstehen. Da es Lernenden in der Regel schwer fällt, hierfür geeignete Aufgaben zu finden, besteht der Hauptteil des Buches aus kommentierten Aufgaben. Aber auch einfache numerische Aufgaben, wie die Berechnung von Ausgleichspolynomen für Meßwerte, können mit Hilfe des Programmes erledigt werden, wobei nicht nur die Koeffizienten ausgegeben werden, sondern auch immer die Erstellung einer POSTSCRIPT-Datei der Grafik möglich ist, die in andere Dokumente eingebunden werden kann.

Systemkonfiguration

Mit diesem Buch haben Sie gleichzeitig eine HD-Floppy ($5\frac{1}{4}$ Zoll) mit der Software *MAYA* erworben. Dieses Programm wird ihnen als ausführbares File geliefert, es kann somit direkt von der Floppy ohne irgendeine Installation gestartet werden. Diesen Weg sollten Sie allerdings nur wählen, wenn ihnen a) kein Festplattenplatz oder überhaupt keine Festplatte zur Verfügung steht oder b) Sie den minimalen Zeitaufwand, den die Installation von MAYA erfordert, nicht erübrigen können.

MAYA ist sowohl für Einzelplatzrechner als auch für den Netzwerkbetrieb, wie er z.B. in den CIP-Pools für die Lehre anzutreffen ist, vorbereitet. Die minimalen, empfohlenen und idealen *Systemkonfigurationen* für die Nutzung von MAYA sind im folgenden zusammengefaßt. Dabei wird nur auf den stand-alone-Betrieb eingegangen, da davon ausgegangen werden kann, daß Netzwerke generell besser ausgestattet sind als Rechner durchschnittlicher Nutzer. In jedem Fall sind die *Lizenzbedingungen* zu beachten.

Lizenzbedingung

Da mit dem Erwerb eines Buchexemplars die Lizenz für die Installation des Programmes MAYA auf einem Rechner verknüpft ist, ist für den Betrieb von Maya in einem Netzwerk eine *Netzwerklizenz* notwendig. Die dafür geltenden Sonderkonditionen sind beim Verlag unter der Adresse

>   Verlag Vieweg
>
>   Lektorat Computerliteratur
>
>   Faulbrunnenstr. 13
>
>   Postfach 5829
>
>   6200 Wiesbaden 1

zu erfragen. *Mehrfachlizenzen* für Rechner an einem Standort, die nicht zu einem Netzwerk mit Server-Client-Betrieb zusammengeschlossen sind, können ebenso zu Sonderkonditionen erworben werden. Wenden Sie ihre Anfagen diesbezüglich bitte ebenfalls an den Verlag.

Beachten Sie bitte, daß die Software den Copyright-Schutzrechten unterliegt.

Prozessor

Das Programm MAYA ist lauffähig ab einem Intel-Prozessor des Typs 8088 mit 4.7 MHz Taktrate ohne Koprozessor. Der Koprozessor wird, wenn er nicht vorhanden ist, emuliert. Gute Lauffähigkeit ist mit einem Prozessor 80286 bei 12 MHz Taktrate und mathematischem Koprozessor gegeben, ideal für eine intensive Nutzung ist ein Rechner mit einem Prozessor 80386/ 33 MHz und mathematischem Koprozessor oder einem 80486er Prozessor. Grundsätzlich können auch kompatible Prozessoren verwendet werden.

Speicher

Für die Benutzung von MAYA ist ein freier Kernspeicherbereich (RAM) von 320 KB erforderlich. Das Programm ist auch ohne Platte lauffähig, allerdings ist dann ein 1.2 MB Floppylaufwerk (bzw. nach Umkopieren ein 1.44 MB Floppylaufwerk) unbedingt erforderlich. Für einen Betrieb von der Festplatte aus benötigen Sie mindestens 1.2 MB freien Festplattenplatz (vor dem Aufspielen). Eine ordnungsgemäße Netzwerkinstallation ist allerdings erst ab 2.5 MB freiem Festplattenspeicher vor der Installation möglich. Die in dem Buch aufgeführten Beispiele werden nur in diesem Fall installiert und sind sonst nicht zugänglich.

Maus

Eine Maus ist nicht unbedingt erforderlich, der Bedienungskomfort des Programms ist aber mit einer Zwei-Tasten-Maus deutlich höher.

Monitor und Grafikkarte

Mindestens sollte eine der folgenden fünf Kombinationen zur Verfügung stehen: Herkules- oder EGA-Grafikkarte mit monochromem Monitor, Olivetti-Grafikkarte mit einem 640 × 480 Bildschirm (der Videomodus ist in diesem Fall gleich 64 zu setzen) , MCGA-Grafik oder VGA-Grafikkarte mit monochromem Monitor.

Für einen sinnvollen Gebrauch des Programms empfiehlt sich der Einsatz einer EGA-Grafikkarte in Verbindung mit einem Color-Monitor, einer Olivetti-Grafik mit EGC (setzen Sie den Videomodus gleich 66) oder einer VGA-Grafikkarte mit Color-Monitor.

Sehr gut werden die grafischen Darstellungen am Bildschirm mit einer SVGA-Grafikkarte und einem entsprechendem Monitor mit 16 Farben und 600 × 800 Bildpunkten. Auch ein Betrieb mit 1024 × 768 Bildpunkten und 16 Farben ist möglich. Dieser ist aber nur für die Grafikkarten Video 7, Genoa 6x00, und die mit einem Tseng ET 4000 Chipsatz sowie bei linearer Addressierung vorbereitet. Während der Installation von MAYA ist bei den SVGA-Grafikkarten, im Gegensatz zu den anderen, die Angabe des Videomodus notwendig. Diesen müssen Sie gegebenenfalls in dem Handbuch zu ihrer Grafikkarte nachschlagen.

Drucker und Plotter

Außer einem Bildschirm wird kein Ausgabegerät benötigt; wollen Sie allerdings Grafiken, die Sie mit MAYA erzeugt haben, ausdrucken, so ist dafür entweder ein HP-Laserjet der Serie III notwendig, oder ein Postscript-Interpreter mit einem geeigneten Drucker. Am besten sind als Ausgabegerät ein HPGL-kompatibler Plotter (dann besitzen Sie die Möglichkeit, ihre Grafiken farbig auszugeben) oder ein echter POSTSCRIPT-Drucker.

Als Postscript-Interpreter empfiehlt sich für den nicht-kommerziellen Bereich die Public Domain Software *ghostscript*, die z.B. über ftp (file transfer process) von den üblichen File-Servern erhältlich ist.

Die übliche Hardcopy-Funktion steht selbstverständlich auch zur Verfügung. Sie wird vom Betriebssystem allerdings nur eingeschränkt unterstützt. Sollten Sie einen SVGA-Bildschirm besitzen und dessen hohe Auflösung ausnutzen, so können Sie ohne zusätzliche Software keine Hardcopy der Grafiken machen. Dies ist aber mit kommerziellen Programmen wie beispielsweise *pizzaz plus* möglich.

```
              MAYA - INSTALLATION  (Text=F4)


    Installieren von Datei:
    D:\VISU\MAYA.EXE


    Installieren nach Verzeichnis:
    D:\VISU



        MAYA-Programm installieren ?               J

        Separate Overlay-Datei installieren ?      N

        Windows-Unterstützung installieren ?       N

        Beispiel-Parameterdateien installieren ?   J




  Hilfe=F1    Ausführen=F2                              Ende=F10
```

Betriebssystem

Als Betriebssystem ist MS-DOS ab Version 2.1 zugelassen. Sie sollten aber erst ab
Version 3.1 den Versuch unternehmen, das Programm mit einem anderen Namen
als MAYA zu versehen.

Installation

Installation

Die Installation von MAYA auf einer Festplatte ist denkbar einfach.

1.) Rufen Sie direkt von der Diskette aus MAYA INSTALL auf. Die Installation geht,
wegen der Langsamkeit der Floppylaufwerke, allerdings mit den beiden
nächsten Schritten schneller:

    1.1) Kopieren Sie das Programm von der Floppy auf einen Bereich ihrer
Festplatte.

    1.2) Rufen Sie MAYA INSTALL auf.

2.) Sie müssen in dem nun erscheinenden Menü angeben, in welchem Verzeichnis und unter welchem Namen MAYA installiert werden soll.

Generelle Fragen, die die Installation betreffen, werden mit dem durch die Taste

[F4] aufrufbaren Text beantwortet.

3.) Sie müssen nun angeben, von welcher Datei aus Maya installiert werden soll und das Zielverzeichnis mit vollständigem Pfad angeben. Wenn Sie schon auf der DOS-Ebene das Ausgangsverzeichnis gewählt haben, dann ist nur noch das Zielverzeichnis anzugeben.

4.) Die Antwort auf die Frage "MAYA-Programm installieren?" ist standardmäßig mit J vorbeantwortet. Wenn Sie aber nur einen der weiteren Schritte nachträglich durchführen wollen, kann die Antwort auch N lauten.

5.) Eine seperate Overlay-Datei ist prinzipiell nur in einem Netzwerkbetrieb sinnvoll.

6.) Das Programm kann auch unter Windows laufen. Wird diese Frage mit J beantwortet, dann werden zusätzlich die Dateien MAYA.PIF und MAYA.DLL mit dem Programm-Sinnbild (Icon) erzeugt. Im Windows-Programmanager ist diese Datei als neu zu deklarieren und dann als Programm zu bezeichnen. Die Extension .DLL ist abschließend in .PIF umzuwandeln. Dadurch kann das Icon aus MAYA.DLL beibehalten, aber das Programm MAYA.PIF gestartet werden.

7.) Die Beispiel-Parameterdateien erfordern etwas zusätzlichen Plattenplatz, sind aber erforderlich, um jederzeit auf die im Buch angegebenen Beispiele zurückgreifen zu können.

8.) Durch Anklicken des Feldes [Ausführen] oder Drücken der Taste [F2] wird die Installation des Programms MAYA in der von ihnen gewünschten Weise gestartet.

Nach der erfolgreichen Installation ist das Programm MAYA durch den einfachen Aufruf MAYA zu starten, dies ist besonders komfortabel, wenn Sie in den Suchpfad von AUTOEXEC.BAT das Verzeichnis einfügen, in der die .EXE Version von MAYA abgelegt ist.

Damit nun eigene Aufgabendateien, die mit MAYA erzeugt wurden, nicht immer in das Verzeichnis (Directory) abgelegt werden, von dem aus MAYA aufgerufen wurde, ist es ratsam, ebenfalls in der AUTOEXEC.BAT Datei mit MAYAUSER=<Dateipfad und -name> das Verzeichnis anzugeben, in dem die Datensätze gespeichert werden sollen.

Installation in einem Netzwerk

Innerhalb eines Netzwerkes ist es sinnvoll, MAYA so bereitzustellen, daß es von Benutzern nur ausgeführt, aber nicht gelesen werden kann. Da das Programm aber im Einzelplatzbetrieb selbstlesend ist, wird für einen Netzwerkbetrieb eine separate Overlay-Datei erzeugt, in der z.B. sämtliche Menüs und Unterprogramme enthalten sind. Diese Overlay-Datei ist aber alleine nicht sinnvoll einsetzbar, die Einhaltung des Copyrights wird dadurch also sichergestellt. In der AUTOEXEC.BAT Datei sollte mit MAYASYSTEM=<Dateipfad> angegeben werden, wo sich die Datei MAYA.OVL mit den Overlays befindet.

Kein 1.2 MB $5\frac{1}{4}$ Zoll Diskettenlaufwerk verfügbar

Hat ihr Rechner nicht das hier benötigte Laufwerk, so stehen ihnen, je nach ihren Bedingungen und Möglichkeiten, folgende Wege offen:

1.) Sie haben einen Rechner mit einem 1.44 MB $3\frac{1}{2}$ Zoll Laufwerk. Sie können nun

   a) das Programm selber auf eine Diskette passender Größe überspielen, oder sich

   b) an den Verlag wenden (Originaldiskette nicht vergessen).

2.) Sie haben einen Rechner mit ein 360 KB $5\frac{1}{4}$ Zoll oder einem 1.44 MB $3\frac{1}{2}$ Zoll Laufwerk, Sie können sich nun auch

   a) an den Verlag wenden oder, was schneller geht,

   b) selber das Programm auf einem Rechner, der das passende Laufwerk hat, auf Disketten geringerer Schreibdichte verteilen. Dafür steht ihnen die Option V wie Verteilen in dem Installationsmenü bereit. Auf der ersten Diskette müssen dabei immer mindestens 3 KB frei bleiben, da dort auch das Programm MAYAINST.EXE abgelegt werden muß. Dieses Programm wird automatisch erzeugt, der freie Diskettenplatz wird selbsttätig aufgefüllt und auf dem Zielrechner wird mittels des Programms MAYAINST.EXE die zerstückelte Datei wieder zusammengefügt.

Bedienung

Nach dem Aufruf von MAYA erhalten Sie ein Menü, auf dem die verschiedenen, in diesem Buch behandelten Themenbereiche aufgeführt sind. Die Numerierung und die Bezeichnungen stimmen dabei mit der im Buch überein. Ein bestimmtes Programm können Sie auf verschiedene Weise aufrufen:

   a) gehen Sie mit dem Mauszeiger auf die dem Programm/Kapitel entsprechende Zahl und führen Sie einen Doppelklick aus,

   b) führen Sie den Cursor mit seinen Tasten auf die dem gewünschten Programm entsprechende Zahl und und betätigen Sie die Return- (Enter-) Taste ($\leftarrow$)

   c) geben Sie direkt die entsprechende Zahl ein.

Sie kommen nun in das dem jeweiligen Kapitel zugehörige Menü. In diesem wird genauso wie bei dem vorhergehenden verfahren. Daraufhin erhalten Sie, wenn

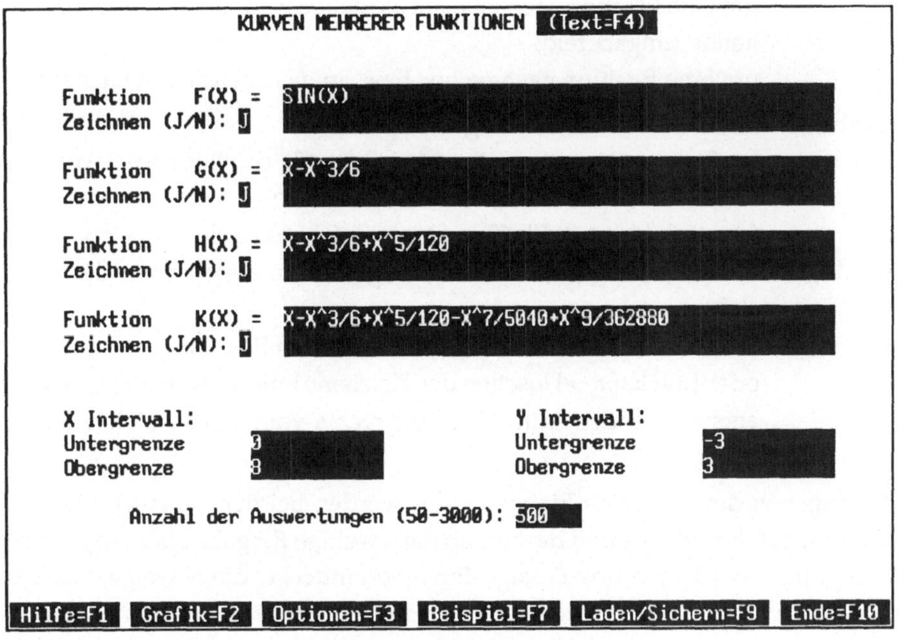

Tafel zu Programm 1.1

Sie beispielsweise Programm 1.1, welches zum Kapitel 1.1 des Buches gehört, gewählt haben, die entsprechende Tafel. Diese Tafel führt bei einem ersten Aufruf des Programms MAYA das jeweilige Beispiel auf.

In der **Überschrift** ist angegeben, welches Programm Sie gewählt haben. Darunter ist das Funktionsfeld, bzw. die Funktionsfelder.

Sie können in diesem Fall wählen, ob eine in einem Funktionsfeld eingetragene Funktion gezeichnet werden soll oder nicht, dies geschieht hier mit j wie ja und n wie nein. Diese Antwort ist auch in anderen Programmen in ähnlichen Fällen notwendig, kann aber immer aus dem Beispiel übernommen werden.

Die Anzahl der Auswertungen gibt an, wie oft die Funktion(en) innerhalb des X-Intervalls ausgewertet werden sollen. Diese Zahl darf höher als die Zahl der auf dem Bildschirm zur Verfügung stehenden Bildpunkte in gleicher Richtung sein.

Der **Cursor** kann wie gewohnt über die Cursor-Tasten bedient werden, dabei rücken Sie mit

[↓]   auf die erste Position der nächsten Zeile,

[↑]   auf die erste Position der vorhergehenden Zeile,

[←]   um eine Position nach links im aktuellen Feld, bzw. in das vorherge-
               hende Eingabefeld,

[→]   um eine Position nach rechts, bzw. in das nächste Eingabefeld.

Korrekturen können Sie im einem Eingabefeld mit

[Del]   (auf einer deutschen Tastatur [Lösch]) durchführen, wobei die
               rechts davon stehenden Zeichen aufrücken,

[ins]   (deutsch [Einfg]) Einfügen eines Zeichens an der Cursorposition,

[Ctrl][D]   (deutsch [Strg][D]) löschen der gesamten Zeile, in der der Cursor
               steht,

[F6]   löschen aller Zeichen rechts der aktuellen Position,

[←]   oder [Backspace] löschen des Zeichens links neben dem Cusor und
               entsprechendes Aufrücken der rechts vom Cursor stehenden Zei-
               chen.

Alle Eingaben des aktuellen Eingabefeldes werden bei dem Versuch, dieses zu
verlassen, auf ihre Syntax und darauf, ob die jeweilige Eingabe überhaupt erlaubt
ist, geprüft. Wird eine unzulässige Eingabe entdeckt, dann weigert sich das
Programm das Eingabefeld zu wechseln, bis die Eingabe von der Syntax her
korrekt ist.

Die untere Leiste der Eingabetafel zeigt die Bedeutung der [F]-Tasten an.

[F1]   Die *Hilfe* ist kontextsensitiv, das heißt, es werden immer Erläute-
               rungen zu dem Feld, auf dem der Cursor steht, angeboten.

[F2]   Die *Grafik* gibt die mit der Eingabetafel angeforderte Grafik auf
               dem gewählten Ausgabegerät aus.

[F3]   Mit *Optionen* erhalten Sie eine weitere Tafel, auf der Sie das aktuelle
               Ausgabegerät einstellen können. Dieses Menü wird weiter unten
               genau erklärt.

[F7]   Mit dieser Taste erhalten Sie, vorausgesetzt, das Programm ist
               richtig installiert, immer das im Buch zum gleichen Programmteil
               angegebene Beispiel. Das Beispiel ist also in jedem Fall restaurier-
               bar.

[F9]   Das *Laden* und *Sichern* eigener Parameterdateien ist mit der Taste
               [F9] möglich. Dabei kann auf die Standardeinstellung *AKTUELL*
               zurückgegriffen werden, ist diese Datei zu einem Programmteil
               vorhanden, dann wird sie bei dem Aufruf dieses Programmteils au-
               tomatisch geladen. Existiert keine Parameterdatei dieses Namens,
               dann wird das *Beispiel* geladen. Beim Abspeichern von Parame-
               terdateien wird geprüft, ob unter diesem Namen schon eine Datei

existiert. Ist dies der Fall, dann wird abgefragt, ob die ältere Datei überschrieben werden soll.

[F10]   Das Programm wird, wie auch die einzelnen Programmteile, mit der [F10]-Taste oder wahlweise der [Esc]-Taste beendet.

[Enter]   Eine Bildschirmgrafik wird durch Betätigung der [Enter]-Taste beendet, daraufhin erscheint wieder die Eingabetafel.

Die übrigen Tasten haben, während Sie die Eingabetafel bearbeiten, folgende Funktionen:

Cursor [↑]   in einem Datenfeld Sprung in die vorhergehende Zeile, in einer Dateiauswahl Sprung auf die vorhergehende Datei in der Liste.

Cursor [↓]   in einem Datenfeld Sprung in die nächste Zeile, in einer Dateiauswahl Sprung auf die nächste Datei der Liste.

Cursor [→]   in einem Datenfeld wird damit die nächste Spalte erreicht bzw., wenn die Zeile beendet ist, der Beginn der nächsten Zeile.

Cursor [←]   in einem Datenfeld wird damit die vorhergehende Spalte erreicht bzw., wenn der Beginn der Zeile erreicht ist, das Ende der vorhergehenden Zeile.

[Pos1]   Sprung des Cursors auf den linken Rand der aktuellen Zeile.

[Ende]   Sprung des Cursors auf den rechten Rand der aktuellen Zeile.

[Ctrl][Pos1] Sprung des Cursors auf die erste Position des ganzen Feldes.

[Ctrl][Ende] Sprung des Cursors auf die letzte Position des ganzen Feldes.

Der Cursor kann außerdem noch mit den beiden Tastenkombinationen

[Ctrl][→]   Sprung des Cursors auf den rechten Rand des Feldes,

[Ctrl][←]   Sprung des Cursors auf den linken Rand des Feldes

direkt bewegt werden. Mit:

[Page Up]   wird in einem Datenfeld, in einer Dateiauswahl oder einem Hilfetext zurückgeblättert.

[Page Down] wird in einem Datenfeld, in einer Dateiauswahl oder einem Hilfetext weitergeblättert.

Von besonderer Wichtigkeit ist die Kombination

[Ctrl]   damit wird nicht nur der Inhalt eines ganzen Feldes gelöscht, sondern auch

[Backspace] ein Feld logisch gleich Null gesetzt. Mit dieser Tastenkombination ist es also möglich, die Intervallgrenzen frei, bzw. unbestimmt, zu lassen, was in den Aufgaben häufiger gefordert wird. Die Intervallgrenzen werden dann programmintern bestimmt. Außerdem werden hiermit Funktionen auf "0", Strings auf leer, Zahlen auf

	Null und insbesondere bei verbundenen Feldern alle Felder auf "0" gesetzt.
[Ctrl] [2]	Erzeugen einer Hardcopy, siehe dazu auch die Beschreibung der Bildschirm-Optionen.
[Enter]	mit dieser Taste wird nicht nur die Eingabe eines Feldes auf ihre Korrektheit geprüft, sondern auch in der Dateiauswahl die mit dem Cursor bezeichnete Datei ausgewählt, bzw. das mit dem Cursor bezeichnete Verzeichnis.
[Tab]	Sprung des Cursors in das nächste Feld.
[Shift][Tab]	Sprung des Cursors in das vorhergehende Feld.

Die *Maustasten* haben die Funktionen

linke	mit einem einfachen Klick wird das Feld unter dem Mauszeiger angewählt, bei einem Betätigen dieser Taste wird innerhalb der Dateiauswahl der Cursor auf das Verzeichnis bzw. die Datei der Liste gesetzt, die sich unter dem Mauszeiger befindet.
linke	mit einem Doppelklick wird die Datei aus einem Verzeichnis geladen, die vom Cursor angezeigt wird. Wird der Mauszeiger auf das [F8]-Feld gesetzt und ein Doppelklick ausgeführt, dann wird, soweit vorhanden, die Datei mit dem Namen AKTUELL geladen.
rechte	mit einem Klick wird das Feld unter dem Mauszeiger ausgewählt und die Hilfe dazu aufgerufen. Ist der Hilfetext bereits aufgerufen, so wird dieser dadurch beendet.

Die Optionen-Tafel

Mit dem Feld *aktuelles Plotgerät* wird das Ausgabegerät für die Grafik eingestellt. Die Wahl besteht zwischen B wie Bildschirm, D wie Drucker und P wie Plotter. Die Ansteuerungen der einzelnen Geräte können dabei mit den jeweiligen *Optionen* beeinflußt werden. Innerhalb der Optionen-Tafeln werden die den Farbnummern zugeordneten Farben gesetzt. Die auf dieser Tafel vorgenommenen Zuordnungen gelten immer nur für das gerade benutzte Programmteil. Anders ist es mit den Einstellungen, die in den Menüs für die Bildschirm-, Drucker- und Plotter-Optionen vorgenommen werden. Diese können durch Sichern unter dem Dateinamen AKTUELL allgemein und dauerhaft verfügbar gemacht werden.

In der Tafel Bildschirm-Grafik-Optionen, die Sie durch Anklicken des Feldes [Bildschirm-Optionen]bzw. mit der Tastenkombination [Alt][B] erhalten, sind besondere Grafikkarten einzugeben. Hierzu zählen außer den hochauflösenden SVGA-Karten auch die Olivetti-Grafikkarten. A steht für die automatische Erken-

```
                          GRAFIK-OPTIONEN


                                          Bildschirm-Optionen      Alt-B

   Aktuelles Plotgerät:          1        Drucker-Optionen         Alt-D

                                          Plotter-Optionen         Alt-P


   Stiftbelegungen:

   Rahmen, Achsen und Nullinien: 1        Texte:                        1


   1. Kurve:                      4        2. Kurve:                     3

   3. Kurve:                      2        4. Kurve:                     1




 Hilfe=F1              Menü-Optionen              Alt-M              Ende=F10
```

nung der Grafikkarte, wobei alle VGA-Karten als Standard-VGA-Karte behandelt werden und Olivetti-Karten nicht erkannt werden. Auflösungen von 800 × 600 und 1024 × 768 Bildpunkten müssen für SVGA-Karten, für die S steht, explizit angegeben werden. Der *Videomodus* muß ebenfalls für SVGA-und Olivetti-Karten explizit angegeben werden. Für Olivetti ist dies 64 bzw. mit EGC 66. Bei SVGA-Karten muß der Videomodus 16 Farben umfassen, alle Punkte müssen addressierbar sein. Dieser Videomodus ist beispielsweise bei einer Speedstar Hi-Color-Karte mit 1024 × 768 Bildpunkten 55. Der Zahlenwert ist dezimal anzugeben.

Eine Strichlierung bietet sich insbesondere für S/W-Bildschirme, wie sie Laptops aufweisen, an.

Die Farben, die den einzelnen Farbnummern zugeordnet sind, werden aus den Grundfarben rot, grün und blau gemischt. Dabei sind für jede Farbe Werte zwischen 0 und 100 erlaubt. Das Sichern des Zustandes geschieht mit der Taste [F9] und der Wahl des Dateinamens AKTUELL (im dann erscheinenden Menü wiederum durch Anklicken und abschließendem [Sichern]. Die Einstellungen der Grafikkarte werden nun in allen Programmen berücksichtigt.

Das Hardcopy-Gerät ist bei einem normal angeschlossenem Drucker prn, hier

```
                    BILDSCHIRM-GRAFIK-OPTIONEN

   A)uto, S)uper, O)livetti:     S

   Auflösung:        1024 x 768            Videomodus:              55

   Strichlierung:              J            Nullinien:                J

   Hintergrund ─────────┐  ┌──────────── Farbnummern ─────────────┐
                           1      2      3      4      5      6      7
   Rot:              0    100     0      0     100     0     100    90

   Grün:             0    100     50    100    20     100    100     0

   Blau:             0    100    100     0      0     100     0     100

   Hardcopy Gerät:
   NUL

   Hilfe=F1                        Urzustand=F7  Laden/Sichern=F9  Ende=F10
```

kann aber auch ein Verzeichnis angegeben werden, in der dann immer bei einem
Hardcopyaufruf mit [Ctrl][2] eine Datei angelegt wird (mit der Extension .prn),
oder eine Datei, die bei jedem Hardcopyaufruf mit [Ctrl][2] neu beschrieben
wird. Auch dieses funktioniert nur bis zur einfachen VGA-Auflösung und wird
bei besseren Auflösungen von Betriebssystem nicht unterstüzt

In der Tafel Postscript-Grafik-Optionen, die Sie durch Anklicken des Feldes
[Drucker-Optionen] bzw. mit der Tastenkombination [Alt][D] erhalten, können
sie angeben, an welches Gerät bzw. auf welche Datei eine Postscript-Ausgabe
geschickt werden soll. Der Dateiname samt Pfad bzw. das Gerät sind in der ersten Zeile anzugeben. Das Format ist so voreingestellt, daß die Ränder für normale
Postscript-Drucker ausreichend sind. Die Wahl einer Strichlierung wird besonders für S/W-Drucker empfohlen, ebenso die Voreinstellung J für Graustufen.
Das Querformat ist nur mit J zu setzen, wenn die Grafik in ein anderes Dokument
eingebunden werden soll.

Da nur selten farbige Postscript-Drucker zur Verfügung stehen, erhalten Sie
in den meisten Fällen die beste Ausgabe auf Papier mit einem Plotter. Die Tafel
Plotter-Grafik-Optionen, erhalten Sie durch Anklicken des Feldes
[Plotter-Optionen] bzw. mit der Tastenkombination [Alt][P]. Auch hier ist

```
                    POSTSCRIPT-GRAFIK-OPTIONEN

  Ausgabegerät:
  PRN

  Größe:          X [cm]: 28.7                    Y [cm]: 20.0

  Strichlierung:              J          Nullinien:              J

  Hintergrund ────┐   ┌──────── Farbnummern ────────┐
                      1     2     3     4     5     6     7
  Rot:          100   0     0     0    100    0    100   100

  Grün:         100   0     0    100    0    100   100    0

  Blau:         100   0    100    0     0    100    0    100

  Schrift ────────┐
  Strichdicke [mm]: 0.3  0.3   0.3   0.3   0.3   0.3   0.3   0.3

  Nur Graustufen:          J              Querformat:          J

  Hilfe=F1              Urzustand=F7   Laden/Sichern=F9   Ende=F10
```

in der Zeile des Ausgabegerätes entweder der Name des Plotters anzugeben,
wenn er direkt erreichbar ist, oder die Datei, auf die die Plotausgabe geschrieben
werden soll.

Mit Hilfe dieser Tafel können Sie auch, durch die entsprechende Einstellung,
eine Ausgabe in HP-PCL5 erzeugen, die beispielsweise für Laserdrucker der Serie
III von HP geeignet ist, aber auch von vielen anderen kompatiblen Druckern
verstanden wird.

Wird auf eine Datei geschrieben, so ist ein ausdrückliches Sichern der Einstellung nicht vonnöten, da die Einstellung, die Sie machen, für das aktuelle
Programm erhalten bleibt. Sie vermeiden so, daß sie ihre Ausgabedateien immer wieder überschreiben. Soll die Ausgabe allerdings direkt erfolgen, so bietet
sich ein Sichern der Einstellungen an. Sie sind, wenn als Dateiname der unter
dem Feld AKTUELL verfügbare genommen wird, jederzeit mit dem Aufruf von
MAYA bereitgestellt.

Bei einer Ausgabe auf eine Datei oder einen Drucker bzw. Plotter erfolgt keine
Bildschirmausgabe.

Eingabe von Funktionen

Die Eingabe von Funktionen folgt, mit einigen Abschwächungen der Strenge, der

```
                      PLOTTER-GRAFIK-OPTIONEN

    Ausgabegerät:
    AUX

    Größe:           X [cm]: 27.2                        Y [cm]: 19.0

    Strichlierung:              J              Nullinien:              J

                                   ┌───────── Farbnummern ─────────┐
                                1    2    3    4    5    6    7
    Stiftnummern:               1    2    3    4    5    6    7


    Plottgeschwindigkeit:       30            Laserjet III (HP-PCL5): J

    Manueller Papiereinzug:     J



 Hilfe=F1                          Urzustand=F7  Laden/Sichern=F9  Ende=F10
```

FORTRAN-Syntax. Als arithmetische Operatoren stehen zur Verfügung:

^	für die Exponentation
**	für die Exponentation
*	für die Multiplikation
/	für die Division
−	für die Subtraktion bzw. einer Multiplikation mit (−1) (Vorzeichen-operator)
+	für die Addition (Vorzeichenoperator).

Eine Exponentiation [2] oder [3] kann auch direkt durch Eingabe des entsprechenden Tastenfeldes erfolgen.

Ein Vorzeichenoperator darf nicht unmittelbar auf einen Operator folgen, der zwei arithmetische Ausdrücke (z.B. Zahlen oder Klammerausdrücke) miteinander verknüpft.

Bei der Auswertung von Funktionen wird folgende Reihenfolge eingehalten:

Ausdrücke in Klammern

vor

Exponentiationen

vor

Multiplikationen und Divisionen

vor

Subtraktionen, Additionen und Vorzeichenoperationen.

Ineinandergeschachtelte Klammern werden stets von innen nach außen bearbeitet. Operationen gleicher Stufe werden immer von links nach rechts bearbeitet. Es ist also $x/2 * 3$ gleich $3 * x/2$.

Reelle Zahlen werden mit einem "." geschrieben. Im Gegensatz zu FORTRAN wird aber nicht zwischen REAL- und INTEGER-Zahlen unterschieden. Daraus folgt, daß 3/4 gleich 3./4. gleich 0.75 ist. Eine Ausnahme machen hier nur Felder (wie z.B. die Anzahl der Funktionsauswertungen), die eine natürliche Zahl als Eingabe verlangen.

REAL-Zahlen können auch in Exponentialform eingegeben werden, dabei ist

$$0.0035 \quad = \quad 0.35E-2 \quad = \quad 0.000035E2.$$

Das Argument des Exponentialteils muß immer eine INTEGER-Zahl sein. Die irrationale Zahl π wird mit pi eingegeben. Als Funktionen stehen

> SQR Quadrat
>
> SQRT Quadratwurzel
>
> EXP Exponentialfunktion
>
> ABS Absolutbetrag
>
> MAX Maximum
>
> Min Minimum
>
> LN natürlicher Logarithmus
>
> LG Zehnerlogarithmus
>
> LG_n Logarithmus zur Basis n, Eingabe mit LG(Basis, Argument), also beispielsweise LG(2,7) für den Logarithmus von 7 zur Basis 2

zur Verfügung.

Außerdem können die trigonometrischen Funktionen mit ihren üblichen Abkürzungen angesprochen werden, dies sind : COS, SIN, TAN, COT, ARCCOS, ARCSIN, ARCTAN, ARCCOT, SINH, COSH, TANH, COTH, ARSINH, ARCOSH, ARTANH und ARCOTH.

Funktionen dürfen über beide Zeilen des Eingabefeldes eingegeben werden, Namen von Funktionen sollten aber nicht getrennt werden. Erlaubt sind Ausdrücke wie:

SIN(X) SIN(2*X^ 4),   nicht erlaubt sind SIN X bzw. 2X.

Die trigonometrischen Funktionen sind hier auf den Einheitskreis bezogen. Sollen z.B. in einer Nullstellenrechnung ein Winkel in Grad angegeben werden, ist eine Umrechnung nötig ($\pi = 180°$).

Einlesen von Meßwerten

In einigen der in diesem Buch vorgestellten Programme können auch Meßwerte verarbeitet werden. Dabei besteht die Möglichkeit, diese über eine ASCII-Datei einzulesen. Die Bedingungen, damit ein Meßwert als solcher von dem Programm erkannt wird, sind gering. Es ist nur darauf zu achten, daß die Zahlenpaare, die zu einem Meßwert gehören, direkt aufeinander folgen (mit einem Leerzeichen getrennt) und auf einer Zeile stehen. Auf dem Datenfile mit den Meßwerten darf also Text stehen, besondere Eingabeformate, außer den schon genannten Bedingungen, sind nicht zu beachten. Die Anzahl der einzulesenden Meßwerte muß nicht angegeben werden, das Programm stoppt entweder bei Erreichen des Dateiendes oder wenn die Maximalzahl von 100 einzulesenden Werten erreicht ist.

Besonderheiten der Grafik

Die Programme mit Iterationsverfahren bieten allesamt die Möglichkeit eines Schritt für Schritt ablaufenden Grafikaufbaues; damit dies bei hohen Schrittanzahlen nicht ermüdend wirkt, besteht die Möglichkeit, mit Drücken der [Esc]-Taste den Zeichnungsaufbau schlagartig zu beenden. Die Anzeige von Grafiken wird immer mit der [Enter]-Taste beendet.

Höhenlinien werden nur bis zu Werten, die kleiner als 10^5 sind, beschriftet. Werte, die größer als 10^{20} sind, werden überhaupt nicht gezeichnet.

Polstellen werden nur dann als solche erkannt, wenn innerhalb des gewählten Intervalls genug Auswertungen vorgenommen werden, denn nur dann werden die direkt aufeinanderfolgenden Funktionswerte so sehr unterschiedlich groß, daß die Werte nicht mehr miteinander verbunden werden.

Funktionen 1

Große Gebiete der angewandten Numerik dienen dazu, Methoden zur Verfügung zu stellen, mit denen es möglich ist, Wissen über Funktionen zu gewinnen. Andererseits werden viele technische Prozesse, z.B. die Beschleunigung einer Rakete beim Startvorgang, wiederum durch Funktionen beschrieben. Die einfachste Möglichkeit, sich einen groben Eindruck vom Kurvenverlauf zu verschaffen, besteht darin, den Funktionsverlauf zu zeichnen. Dadurch weiß man zwar nicht, wo beispielsweise ein Polynom 5. Grades seine exakten Nullstellen hat, kann aber für iterative Verfahren sehr gut die Startwerte ermitteln.

Aber auch, wenn bestimmte Resultate numerisch gewonnen werden, wenn man z.B. mit CAD-Verfahren (CAD: computer aided design) eine Kurve oder Fläche konstruiert, kann die Qualität des Resultats anhand der 'Glattheit' beurteilt werden. Die Glattheit ist dann gut, wenn die Krümmungsänderungen gering sind. Ob das gewünschte Ergebnis erreicht ist, läßt sich am leichtesten durch Aufzeichnen der Funktion der Krümmung ermitteln.

1.0 Einführung: Normen

Für viele numerische Anwendungen, z.B. auch für die Abschätzung von Fehlern, wird ein Längenbegriff für Vektoren benötigt. Analog zu den Beträgen ($| \ |$) im eindimensionalen Raum soll eine *Norm* ($\| \ \|$) einen Vektor $\mathbf{x} := (x_1, x_2, ..., x_n) \in \mathbb{C}^n$ auf eine reelle Zahl abbilden. Der Allgemeinheit halber geschieht dies hier gleich für komplexe Zahlen. (Zur Erinnerung: der Betrag einer komplexen Zahl $z = x + iy$ ist definiert durch $|z| = (x + iy) \cdot (x - iy)$). Wie für Beträge werden für Normen die folgenden Eigenschaften gefordert:

$$\|\mathbf{x}\| \geq 0 \text{ und } \|\mathbf{x}\| = 0 \Leftrightarrow \mathbf{x} = 0 , \tag{1.1}$$

$$\|a\mathbf{x}\| = |a| \, \|\mathbf{x}\| \text{ für alle } a \in \mathbb{R} , \tag{1.2}$$

$$\|\mathbf{x} + \mathbf{y}\| \leq \|\mathbf{x}\| + \|\mathbf{y}\| \text{ (Dreiecksungleichung) .} \tag{1.3}$$

Gebräuchliche Normen, die diese Eigenschaften erfüllen, sind:

$$\|x\|_1 := |x_1| + |x_2| + \ldots + |x_n|\,, \tag{1.4}$$

$$\|x\|_2 := (|x_1|^2 + |x_2|^2 + \ldots + |x_n|^2)^{1/2}\,, \tag{1.5}$$

$$\|x\|_p := (|x_1|^p + |x_2|^p + \ldots + |x_n|^p)^{1/p}\,, \tag{1.6}$$

$$\|x\|_\infty := \max\{|x_1|, |x_2|, \ldots, |x_n|\}\,. \tag{1.7}$$

Für den zweidimensionalen reellen Fall läßt sich die Definition (1.5) sehr gut motivieren, denn diese sogenannte *euklidische Norm* ist nichts anderes als die mit dem Satz von Pythagoras berechnete Länge des Vektors $x = (x_1, x_2) \in \mathbb{R}^2$.

In den weiteren Kapiteln wird auch eine Norm für eine reelle $n \times n$-Matrix **A** benötigt. Mit einer *Matrixnorm* wird die Größe von Vektoren **Ax**, $x \in \mathbb{R}^n$, abgeschätzt. Die Matrixnorm wird mit Hilfe der Vektornorm definiert:

$$\|A\| := \sup_{x \neq 0} \frac{\|Ax\|}{\|x\|} = \sup_{\|x\|=1} \|Ax\|\,. \tag{1.8}$$

Unter Ausnutzung der Regeln für die Matrizenmultiplikation und der Normeigenschaften (1.1) bis (1.3) folgt für beliebige reelle $n \times n$-Matrizen **A** und **B**:

$$\|A\| \geq 0 \text{ und } \|A\| = 0 \Leftrightarrow a_{jk} = 0,\ j = 1\ldots,n,\ k = 1,\ldots,n, \tag{1.9}$$

$$\|aA\| = |a|\,\|A\| \text{ für alle } a \in \mathbb{R}, \tag{1.10}$$

$$\|A + B\| \leq \|A\| + \|B\|, \tag{1.11}$$

$$\|Ax\| \leq \|A\|\,\|x\| \text{ für alle } x \in \mathbb{R}^n. \tag{1.12}$$

Somit kann über jede Vektornorm auch eine Norm für Matrizen definiert werden. Allerdings ist die durch $\|x\|_2$ definierte Matrixnorm $\|A\|_2$ nur schwer zu berechnen. Anders verhält es sich mit der von $\|x\|_1$ erzeugten Matrixnorm

$$\|A\|_1 = \max_{k=1,\ldots,n} \sum_{j=1}^{n} |a_{jk}| \tag{1.13}$$

und der von $\|x\|_\infty$ erzeugten

$$\|A\|_\infty = \max_{j=1,\ldots,n} \sum_{k=1}^{n} |a_{jk}|. \tag{1.14}$$

Die Norm (1.13) wird auch als *Spaltensummennorm* bezeichnet, da sie sich als Summenmaximum der Beträge der Matrixelemente in den Spalten berechnet. Die Norm (1.14) heißt entsprechend *Zeilensummennorm*.

1.1 Kurven mehrerer Funktionen

Mit Hilfe des folgenden Programms können bis zu vier Funktionen gleichzeitig erstellt und wahlweise auch gezeichnet werden. Dadurch, daß für jede Kurve angegeben werden muß, ob sie gezeichnet werden soll oder nicht, besteht die Möglichkeit, zwar bis zu vier Funktionen auf einmal einzugeben, aber nicht alle gleichzeitig zeichnen zu lassen.

Dieses Programm kann nicht nur für die im folgenden angeführten Aufgaben und das Beispiel genutzt werden, sondern auch für Untersuchungen von Parametervariationen und um Kurven mit ihren Asymptoten zu vergleichen.

Beispiel: *Sinus-Reihe*

Nach Aufruf von MAYA erhalten Sie folgende Bildschirmausgabe:

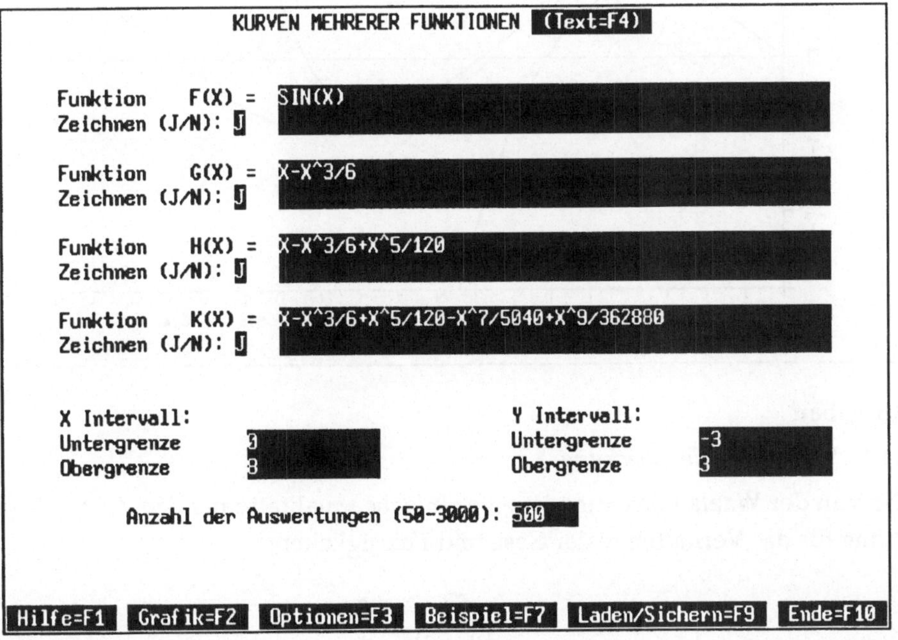

Die Eingabe von J bedeutet dabei immer ja, von N immer nein. Für die Anzahl der Funktionsauswertungen innerhalb des X-Intervalls ist ein Bereich von 50 – 3000 gültig.

In diesem Beispiel wird die Genauigkeit der Approximation der Sinus-Funktion mit den ersten Reihengliedern untersucht. Dazu werden verschieden viele Reihenglieder mitgenommen und das Ergebnis mit Hilfe der Grafik verglichen. Für die Sinus-Reihe gilt

$$\sin(x) = \sum_{k=0}^{\infty} (-1)^k \frac{x^{2k+1}}{(2k+1)!}.$$

Nach dem Aufruf der Grafik erhalten sie folgende Ausgabe auf dem von ihnen
gewählten Ausgabegerät:

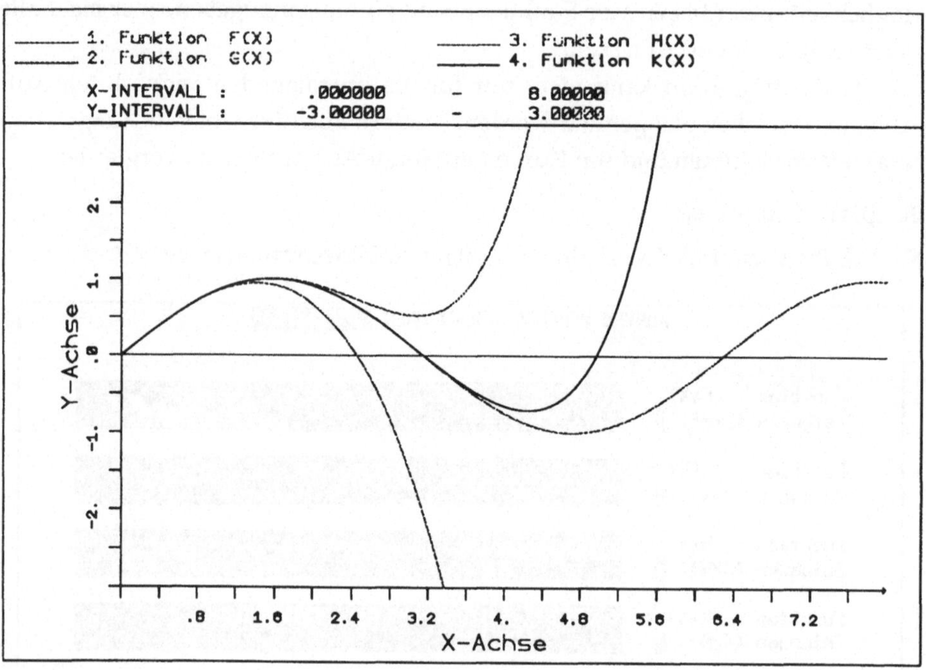

Aufgaben

1.1.1 *Van der Waals-Gleichung*

Die Van der Waals-Gleichung ist eine einfache, qualitativ richtige Zustandsglei-
chung für das Verhalten realer Gase und Flüssigkeiten:

$$p = \frac{RT}{(v-b)} - \frac{a}{v^2},$$

dabei ist p der Druck in bar, R die (universelle) Gaskonstante mit $R = 83.143 \, cm^3$
bar $mol^{-1} \, K^{-1}$, T die Temperatur in K, v das Volumen pro mol, b die Volumen-
korrektur und a die Druckkorrektur.

Zeichnen Sie für CO_2 (Masse: 44 g pro mol) die Isothermen bei 270 K, 290
K, 313 K und 342 K. Wählen Sie dafür die Intervalle p (Y-Achse) 20 − 100 bar,
v (X-Achse) 50 − 500 cm^3/mol, es ist $a = 3.6 \cdot 10^6$ bar cm^6/mol^2 und b = 43

cm^3/mol. Wenn $(v - b) < 0$ ist, ist die Van der Waals-Gleichung physikalisch sinnlos.

1.1.2 *Grenzwertbestimmung*

Mit dem Grenzwert der Funktion

$$f(x) = (1 + x)^{1/x}, \quad x \rightarrow 0$$

erhalten Sie in dem Intervall $x \in [0., 1.]$ die Zahl e. Lassen Sie zur Ermittlung dieser Zahl die Y-Intervallgrenzen unbestimmt. Der Grenzwert ist hier die obere Grenze des benötigten Y-Intervalls, dieser Wert wird stets oberhalb der Zeichnung angegeben.

Bei einer wachsenden Zahl von Auswertungen wird e immer genauer berechnet, bei 3000 Funktionsauswertungen ergibt sich ein $y_{max} = 2.7177$.

Auch durch die Wahl eines kleineren X-Intervalls läßt sich e hier noch genauer bestimmen.

1.1.3 *" Zooming"*

Bestimmen Sie für die Funktion

$$f(x) = x \sin(1/x)$$

den Grenzwert bei $x \rightarrow \infty$, indem Sie von einem Intervall $x \in [-2., 2.]$ ausgehen und dieses schrittweise vergrößern. Sie stellen fest, daß

$$\lim_{x \rightarrow \infty} x \sin(1/x) = 1$$

ist. Lassen Sie auch hier die Y-Intervallgrenzen unbestimmt.

Unklar bleibt dabei der Verlauf der Funktion in der Nähe des Nullpunktes, hier können Sie sich durch eine schrittweise Verkleinerung (ein "Zooming") mehr Klarheit verschaffen. Wählen Sie beispielsweise $x \in [-0.01, 0.01]$.

Das "Zooming" kann in MAYA aus zweierlei Gründen auf Grenzen stoßen. Einerseits besteht die Möglichkeit, daß numerisch die Anzahl der Achseinheiten pro Zeicheneinheit mit Null berechnet und damit eine Nullteilung verursacht wird, und andererseits kann die zulässige Zeichenanzahl bei der Beschriftung der Achsenmarkierungen überschritten werden. Im ersten Fall muß das "Zooming" beendet werden und im zweiten ist höchstens durch eigenes Abzählen der Achsenmarkierungen Abhilfe zu schaffen.

1.1.4 *Nullstellenbestimmung*

Bestimmen Sie eine Nullstelle der Funktion

$$f(x) = x^4 - 16x^3 + 500x^2 - 8000x + 32000$$

in dem Intervall $x \in [0., 20.]$, $y \in [-5000, 5000]$. Versuchen Sie danach, die zweite der Nullstellen durch "Zooming" näher zu bestimmen. Dabei können Sie die Lage auf das Intervall $[11.71, 11.72]$ eingrenzen.

Bei einer weiteren Verkleinerung des Intervalls ist mit einer Nullteilung zu rechnen.

1.1.5 *Gleichmäßige und punktweise Konvergenz*

Verändern Sie in den beiden folgenden Funktionen den Parameter n:

$$f_n(x) = \frac{x}{(1 + n^2 x^2)}, \qquad n = 1, 4, 10, 20,$$

$$g_n(x) = \frac{nx}{(1 + n^2 x^2)}, \qquad n = 2, 8, 30, 100.$$

Wählen Sie jeweils vier Funktionen aus und lassen Sie 500 Auswertungen machen und die Y-Intervallgrenzen unbestimmt.

Die eine der beiden Funktionen konvergiert auf $[0., 1.]$ punktweise gegen die Nullfunktion, die andere nicht. Dies können Sie durch Einsetzen von verschiedenen Werten für n anhand der Grafik sehen.

1.1.6 *Schnittpunkt zweier Kurven*

Stellen Sie fest, für welchen x-Wert die beiden Funktionen

$$f(x) = 3x^2 - 2x + 1$$

$$g(x) = 3 - x + x^5$$

den gleichen y-Wert haben, sich also schneiden. Wählen Sie zur Lösung 300 Auswertungen im Intervall $x \in [-5., 5.]$, $y \in [-3., 7.]$.

Sie stellen dann fest, daß die beiden Funktionen nur einen Schnittpunkt besitzen, den Sie mittels "Zooming" sehr schnell auf das X-Intervall $[-0.65, -0.64]$ und das Y-Intervall $[3.53, 3.54]$ eingrenzen können.

1.1.7 *Pseudonullstellen*

Betrachten Sie im Intervall $x \in [-0.02, 0.02]$ bei unbestimmten Y-Intervallgrenzen (diese erhalten Sie mit [Ctrl] [Backspace]) die beiden Funktionen

$$f(x) = e^x - 1 - x - \frac{1}{2}x^2$$

$$g(x) = \frac{1}{6}x^3 + \frac{1}{24}x^4$$

bei 999 Auswertungen.

Die e-Funktion hat folgende Reihendarstellung :

$$e^x = \sum_{j=0}^{\infty} \frac{x^j}{j!}.$$

Deshalb sollten beide Funktionen ungefähr gleich sein. Beide haben auch bei $x = 0$ eine Nullstelle.

In der Grafik ergeben sich allerdings überraschende Resultate, denn offensichtlich sind beide Funktionen sehr unterschiedlich und $f(x)$ unterliegt großen Schwankungen. Zusätzlich täuscht sie auch noch Nullstellen an anderen Stellen als $x = 0$ vor.

Dies liegt daran, daß transzendente Funktionen wie $\sin x$ und e^x rechnerintern approximiert werden. Dadurch hat die gezeichnete Funktion $f(x)$ nichts mehr mit der exakten Funktion $f(x)$ zu tun. Bei Funktionen dieser Art ist also große Vorsicht geboten, wenn man ihre Nullstellen numerisch berechnen will.

(Quelle: *Niederdrenk / Yserentant* S. 212)

1.1.8 *Bernstein-Polynome*

Bernstein-Polynome werden in Kapitel 3 zur analytischen Konstruktion von Bézier-Polynomen gebraucht. Sie haben die Form

$$B_i^3(x) = \binom{3}{i} (1 - x)^{(3-i)} x^i, \quad i = 0, \ldots, 3, \, x \in [0., 1.].$$

Auf ihre Eigenschaften wird in Kapitel 3 näher eingegangen.

1.1.9 *Fehler bei der Polynominterpolation*

Das Restglied bzw. der Fehler bei der Polynominterpolation hängt nach Formel (2.14) in starkem Maße von der Funktion

$$f(x) = (x - x_0)(x - x_1) \ldots (x - x_n)$$

ab, wobei die x_j, $j = 0, 1, \ldots, n$, die Interpolationsstützstellen sind. Nun können Sie $g(x)$ einmal mit äquidistanten und einmal mit Tschebyscheff-Stützstellen auf dem X-Intervall $[-1., 1.]$ betrachten. Lassen Sie die Y-Intervallgrenzen unbestimmt und nehmen Sie 7 Stützstellen. Es ergaben sich dann die beiden zu vergleichenden Funktionen:

$$g(x) = \prod_{i=0}^{6} (x - 1 + \frac{i \cdot 2}{6})$$

$$h(x) = \prod_{i=0}^{6} (x - 1 \cos \frac{i \cdot \pi}{6}).$$

1.1.10 *Amplitudenmodulierte Schwingung*

Amplitudenmodulierte Schwingungen werden z.B. für die Übertragung von Rundfunksendungen (AM-Bereich: Mittelwelle, Langwelle, Kurzwelle) gebraucht. Bei ihnen wird auf eine Trägerfrequenz eine Modulierschwingung gebracht (dies ist im Rundfunk ein ganzer Frequenzbereich).

Im allgemeinen ist die Trägerfrequenz gleich $A \cos \omega_1 t$ und die Modulierschwingung gleich $a \cos \omega_2 t$, wodurch sich die modulierte Schwingung mit $A(1 + a/A \cos \omega_2 t) \cos \omega_1 t$ ergibt.

Stellen Sie alle drei Schwingungen dar, indem Sie in den Intervallen $x \in [0, 100]$, $y \in [-3.5, 3.5]$ 1000 Auswertungen wählen. Setzen Sie $A = 2$, $\omega_1 = 3$, $a = 1$ und $\omega_2 = 0.2$. Damit haben Sie die Trägerfrequenz $f(x)$, die Modulierschwingung $g(x)$ und die modulierte Schwingung $h(x)$ mit:

$$f(x) = 2 \cos(3x)$$

$$g(x) = \cos(0.2x)$$

$$h(x) = 2(1 + \frac{1}{2} \cos(0.2x)) \cos(3x).$$

Variieren Sie auch die einzelnen Frequenzen!

1.2 Dreidimensionale Darstellung einer Funktion zweier Variabler

Innerhalb dieses Programms können Sie Funktionen der Art $f : \mathbb{R}^2 \to \mathbb{R}$, $f(x, y) = z$ in einer 3-D-Projektion zeichnen lassen. Die Z-Achse verläuft dabei parallel zur Y-Achse der Zeichenebene, die Funktionswerte werden über einem orthogonalen Raster als Fläche dargestellt.

Beispiel: *Ideale Gasgleichung*

Die ideale Gasgleichung $pV = \nu RT$ beschreibt den Zusammenhang zwischen Druck, Temperatur, Volumen und Teilchenanzahl in einem wechselwirkungsfreien Gas, bei dem das Eigenvolumen der Moleküle vernachlässigt wird. Dabei ist die Gaskonstante $R = 83.143 \text{ cm}^3 \text{ bar mol}^{-1} \text{ K}^{-1}$, p der Druck in bar, V das Volumen in cm^3, T die Temperatur in K und ν die Teilchenanzahl in mol.

Beachten Sie, daß die Z-Achse in diesem Programm automatisch begrenzt wird. Eine Auswertung sollte also an einer Polstelle nicht vorgenommen werden, da dann die Skalierung der Zeichnung unter Umständen sehr ungünstig wird.

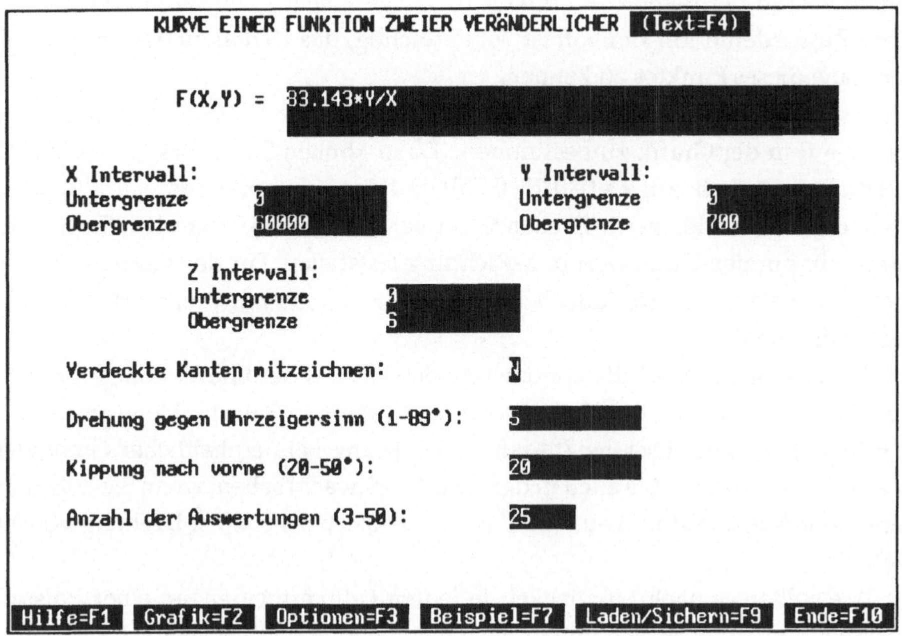

Aufgaben

1.2.1 *Vektornormen im* $\mathbb{R}^2$

Visualisieren Sie die Normen (1.4) bis (1.7).

a) $f_1(x_1, x_2) = \|x\| = |x_1| + |x_2|$, $x \in \mathbb{R}^2$, $x_1, x_2 \in \mathbb{R}$
b) $f_2(x_1, x_2) = \|x\|_2 = (x_1^2 + x_2^2)^{0.5}$, $x \in \mathbb{R}^2$, $x_1, x_2 \in \mathbb{R}$
c) $f_p(x_1, x_2) = \|x\|_p = (x_1^p + x_2^p)^{1/p}$, $(p = 10)$
d) $f_\infty(x_1, x_2) = \|x\|_\infty = \max\{|x_1|, |x_2|\}$.

Wählen Sie für alle Teilaufgaben die Bereiche $x_1 \in [-1, 1]$, $x_2 \in [-1, 1]$.

1.2.2 *Kurvendiskussion*

Betrachten Sie den Verlauf der Funktion

$$f(x, y) = \frac{\sin 2x^2 + y^2}{x^2 + y^2} \quad \text{für } (x, y) \neq (0., 0.),$$

mit der Zusatzdefinition

$$f(x, y) = 0 \text{ für } (x, y) = (0, 0)$$

in dem Intervall $x \in [-4, 4]$, $y \in [-4, 4]$. Die Zusatzdefinition können Sie nicht eingeben und es ist Ihnen auch nicht möglich, bei dieser Wahl des Intervalls zu sehen, was in der Nähe des Punktes $(0., 0.)$ geschieht. Um zu überprüfen, ob diese Zusatzdefinition sinnvoll ist, ist es wichtig, das Verhalten der Funktion in der Nähe dieses Punktes zu kennen.

Es ist Ihnen nun möglich, die Grenzwerte von $f(x, 0)$ für $x \to 0$ und $f(0, y)$ für $y \to 0$ in der Grafik zu bestimmen. Dazu können Sie im ersten Fall das X-Intervall etwas (z.B. auf $x \in [-0.75, 0.75]$) und das Y-Intervall sehr stark (z.B. auf $y \in [0.001, 0.1]$) verkleinern. Drehen Sie außerdem die Grafik um 10°, Sie können dann sehr gut den Grenzwert in X-Richtung feststellen. Für den Grenzwert in Y-Richtung vertauschen Sie einfach das X- und das Y-Intervall, drehen aber diesmal die Grafik um 80°.

In diesem Fall sind die Grenzwerte einfach aus der Grafik abzulesen, weil sie in dem einen Fall die Ober- und in dem anderen Fall die Untergrenze des Z-Intervalls bilden. Dies heißt, daß im Ursprung kein einheitlicher Grenzwert existiert. Dies können Sie auch in der Grafik (schwach) sehen, wenn Sie beispielsweise den Ausschnitt $x \in [-0.6, 0.6]$ und $y \in [-0.6, 0.6]$ bei einer Drehung von 30^0 wählen.

Sie sollten es nach Möglichkeit in jedem Fall vermeiden, an einer Polstelle auszuwerten, sondern sich immer nach dem benötigten Wertebereich richten.

Die folgenden drei Beispiele behandeln ebenfalls Teile der Kurvendiskussion.

1.2.3 *Partielle Ableitungen*

Die Funktion

$$f(x, y) = \frac{xy(x^2 - y^2)}{x^2 + y^2} \qquad \text{für } (x, y) \neq (0., 0.),$$

$$\text{und} \qquad f(x, y) = 0 \qquad \text{für } (x, y) = (0., 0.)$$

hat im Ursprung unterschiedliche gemischte partielle Ableitungen. Betrachten Sie den Funktionsverlauf im Intervall $x \in [-1.2, 1.2]$, $\quad y \in [-1.2, 1.2]$. Dies ist ein in vielen Lehrbüchern aufgeführtes Beispiel.

1.2.4 *Extremwerte*

Bestimmen Sie durch das schon erwähnte "Zooming", also durch eine wiederholte Verkleinerung des X- und des Y-Intervalls, die Extremwerte der Funktion

$$f(x, y) = (2 + \cos \pi x)(\sin \pi y)$$

in dem Intervall $x \in [-2., 2.]$, $\quad y \in [-2., 2.]$.

1.2.5 *Hundesattel*

Die folgende Funktion zeichnet sich vornehmlich durch ihre "Schönheit" aus:

$$f(x, y) = 4x^3 y - 4xy^3, \quad x \in [-1.2, 1.2] \quad \text{und } y \in [-1.2, 1.2].$$

1.2.6 *Gravitationsfeld*

Die Gravitationskraft zwischen zwei Körpern ist mit $\frac{G m_1 m_2}{r^2}$ gegeben, dabei ist G die (Newtonsche) Gravitationskonstante mit $G = 6.670 \cdot 10^{-11}$ m^3 s^{-2} kg^{-1}, m_1 und m_2 sind die beiden Massen der Körper in kg und r der Abstand in m. Stellen Sie den ortsabhängigen Betrag der Kraft dar, die auf einen Körper von 10 000 kg Masse durch einen von 10 000 000 kg Masse wirkt. Es folgt also die darzustellende Funktion:

$$f(x) = \frac{6.67}{x^2 + y^2}.$$

Sie legen den schwereren Körper also in den Koordinatenursprung und geben die Intervalle $x \in [-6, 6]$ und $y \in [-6, 6]$ vor, bei 30 Auswertungen und jeweils 20° Drehung gegen den Uhrzeigersinn und Kippung nach vorne. Achten Sie darauf, nicht an der Polstelle auszuwerten.

1.2.7 *Membranschwingung*

Eine Membran (z.B. eine Seifenblase) ist biegeschlaff und kann Kräfte nur in ihrer Ebene übertragen. Die Eigenformen einer rechteckigen Membran sind mit

$$f(x) = \sin\left(\frac{n\pi x}{a}\right) \cdot \sin\left(\frac{n\pi y}{b}\right), \quad n, m \in \mathbb{N}$$

gegeben, wobei a und b die Kantenlängen sind.

Stellen Sie verschiedene Eigenformen dar. Wählen Sie dazu $a = b = 5$, d.h. die Intervalle $x \in [0, 5]$ und $y \in [0, 5]$ sowie

a) $m = n = 1$,

b) $m = n = 2$,

c) $m = 2$ und $n = 3$,

d) $m = 2$ und $n = 4$.

Die Eigenformen einer allseits gelenkig gelagerten Rechteckplatte sind übrigens mit den Membraneigenformen identisch. In der Abbildung ist der Fall $m = n = 2$ dargestellt.

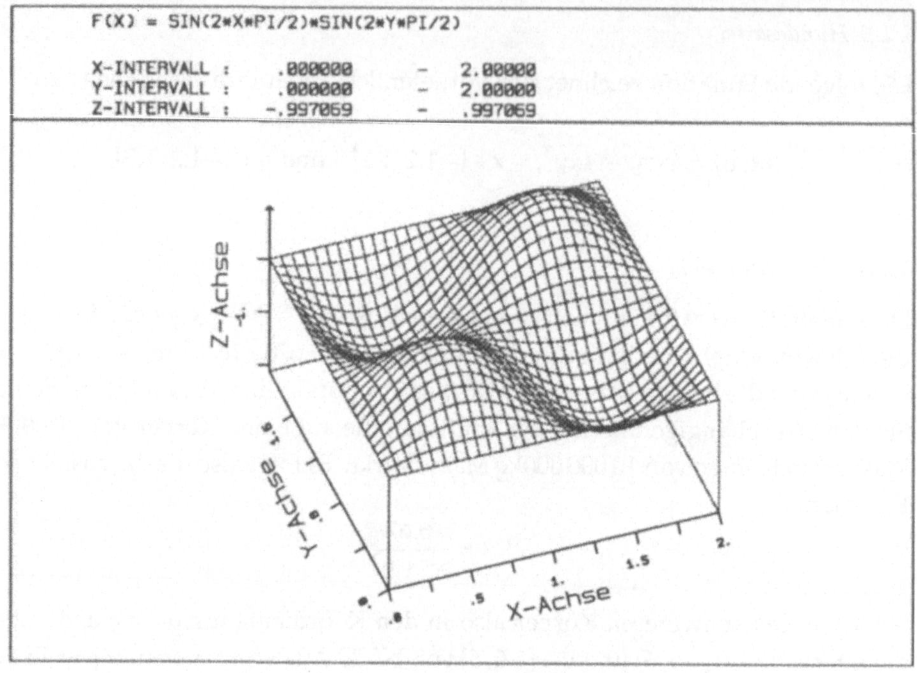

Eigenform einer rechteckigen Membran

1.3   Höhenlinien einer Funktion zweier Variabler

Oft ist es sinnvoll, nicht nur eine 3-D-Projektion eines Funktionsverlaufs zur Verfügung zu haben, sondern auch ein Höhenliniendiagramm auswerten zu können. Letzteres hat den Vorteil, daß es das genaue Ablesen von Werten gestattet und zusätzlich in der X − Y-Ebene unverzerrt ist. In einem Höhenliniendiagramm haben alle Punkte, die auf einer Höhenlinie liegen, den gleichen Funktionswert.

Innerhalb dieses Programms werden die Höhenlinien mit folgender Methode bestimmt: auf die X − Y-Ebene wird ein Gitter gelegt, dessen Linienanzahl sich durch die Anzahl der auszuwertenden Punkte in beiden Richtungen ergibt (daraus folgt auch, das sich für die Grafik die Zahl der Auswertungen in der gesamten Zeichenfläche aus der quadrierten Zahl der Auswertungen in einer Richtung ergibt, werden also, wie im Beispiel 30 Auswertungen verlangt, so wird die Funktion an $30^2 = 900$ Stellen berechnet). Aus den vier Stützwerten (den Eckpunkten) eines jeden sich so ergebenden Gitterrechtecks wird der jeweilige Funktionswert des Mittelpunktes durch Mittelung interpoliert. Das Rechteck wird also in vier Dreiecke zerlegt. Zwischen den einzelnen Seiten der sich so ergebenden Dreiecke wird linear interpoliert und so auch der Punkt bestimmt, an dem eine bestimmte Höhenlinie eine Dreiecksseite schneidet.

Höhenlinien werden hier nur beschriftet, wenn sie auf die obere oder auf die rechte Seite der Zeichnung treffen. Bei geschlossenen Höhenlinien fällt daher eine Orientierung über die Auf- und die Abstiegsrichtungen einer Funktion schwer, in einem solchen Fall können entweder die Intervallgrenzen verschoben werden oder es sollte eine 3-D-Darstellung zum Vergleich herangezogen werden.

Beispiel *Ideale Gasgleichung*

Die ideale Gasgleichung $pV = \nu RT$ beschreibt den Zusammenhang zwischen Druck, Temperatur, Volumen und Teilchenanzahl in einem wechselwirkungsfreien Gas, bei dem das Eigenvolumen der Moleküle vernachlässigt wird.

Dabei ist die Gaskonstante $R = 83.143\,\mathrm{cm}^3\,\mathrm{bar\,mol}^{-1}\,\mathrm{K}^{-1}$, p der Druck in bar, V das Volumen in cm^3, T die Temperatur in K und ν die Teilchenanzahl in mol.

Die ideale Gasgleichung ist schon im vorhergehenden Abschnitt behandelt worden. Während dort das Netz aber vor den Isothermen und Isochoren aufgespannt wurde, sind in diesem Programm die Isobaren in der Grafik gezeichnet. Einzelne Werte sind hier deutlicher zu erkennen, aber ein Gesamteindruck der Gleichung ist eher mit dem Programm 1.2 zu gewinnen. Abbildungen hierzu auf den S. 14 und 15.

Aufgaben

1.3.1 *Banane*

Diese Funktion hat im Höhenliniendiagramm das Aussehen einer Banane:

$$f(x, y) = (y - x^2)^2 + (1 - x)^2.$$

Betrachten Sie beispielsweise das Intervall $x \in [-4, 4]$, $\quad y \in [-7, 16]$, wählen Sie für das Höhenlinienintervall (das Z-Intervall) $[0., 50.]$ bitte 26 Höhenlinien bei 40 Auswertungen.

Vergleichen Sie, ob Sie mit dieser Darstellung oder mit einer 3-D-Projektion die Auf- und Abstiegsrichtungen der Funktion besser bestimmen können.

1.3.2 *Gravitationsfeld zwischen zwei Himmelskörpern*

Die Gravitationskraft, die beispielsweise ein Satellit zwischen Erde und Mond erfährt, ist von seiner Position abhängig. Unter anderem gibt es einen instabilen Punkt, an dem die Gravitationskraft verschwindet. Stellen Sie für ein

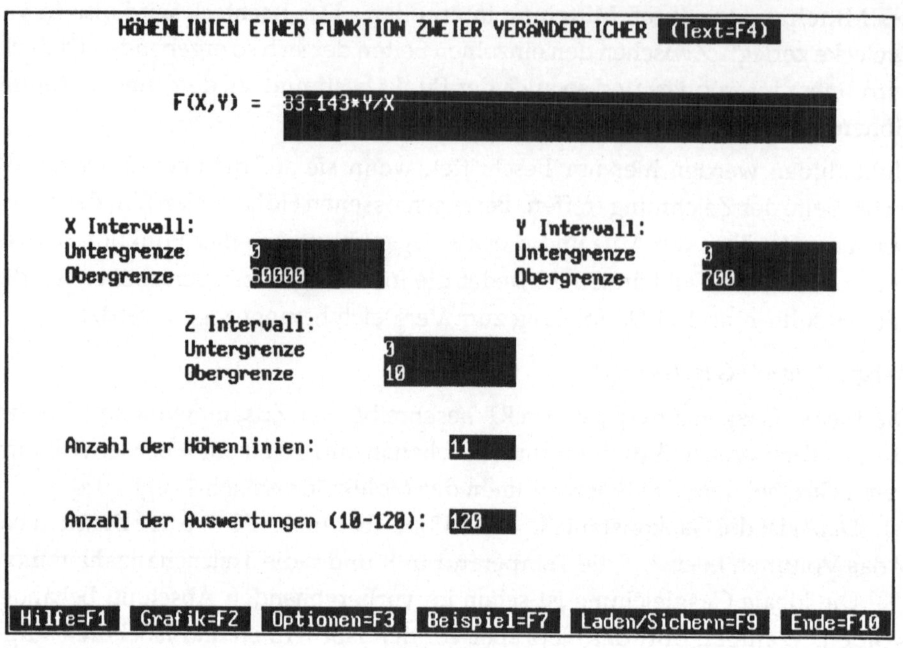

zahlenmäßig einfaches Beispiel ein Gravitationsfeld dar. Die gesamte Kraft, die auf einen Körper der Masse m_1 durch zwei Körper der Massen m_2 und m_3 wirkt, ist:

$$f(x) = Gm_1 \sqrt{\frac{m_2^2}{(x^2+y^2)^2} + \frac{m_3^2}{((x-x_s)^2+y^2)^2} + \frac{2m_2 m_3 (x(x-x_s)+y^2)}{(x^2+y^2)^{1.5}((x-x_s)^2+y^2)^{1.5}}}.$$

Dabei wird hier angenommen, daß die Masse m_2 sich im Koordinatenursprung befindet, die Masse m_3 an der Stelle $x_{m3} = (x_s, 0)$ und x_s der Abstand der beiden Himmelskörper ist.

a) Zeichnen Sie unter den vereinfachenden Annahmen, daß $Gm_1 = 1$, $m_2 = 100$ und $m_3 = 10$, sowie $x_s = 7$ ist, mit den Intervallen $x \in [-1,8]$, $y \in [-2,5]$ und $z \in [0,20]$ bei 21 Höhenlinien und 30 Auswertungen die Isolinien der Gravitationskraft. Achten Sie darauf, die Funktion platzsparend einzugeben.

b) Wählen Sie 41 Höhenlinien bei 50 Auswertungen, ohne die anderen Einstellungen zu ändern.

c) Wählen Sie in den Intervallen $x \in [5,5.5]$, $y \in [-0.5,0.5]$ und $z \in [0,2]$ 21 Höhenlinien bei 50 Auswertungen. Noch genauer können Sie im gleichen Ausschnitt die Lage der Nullstelle bei 41 Höhenlinien erkennen.

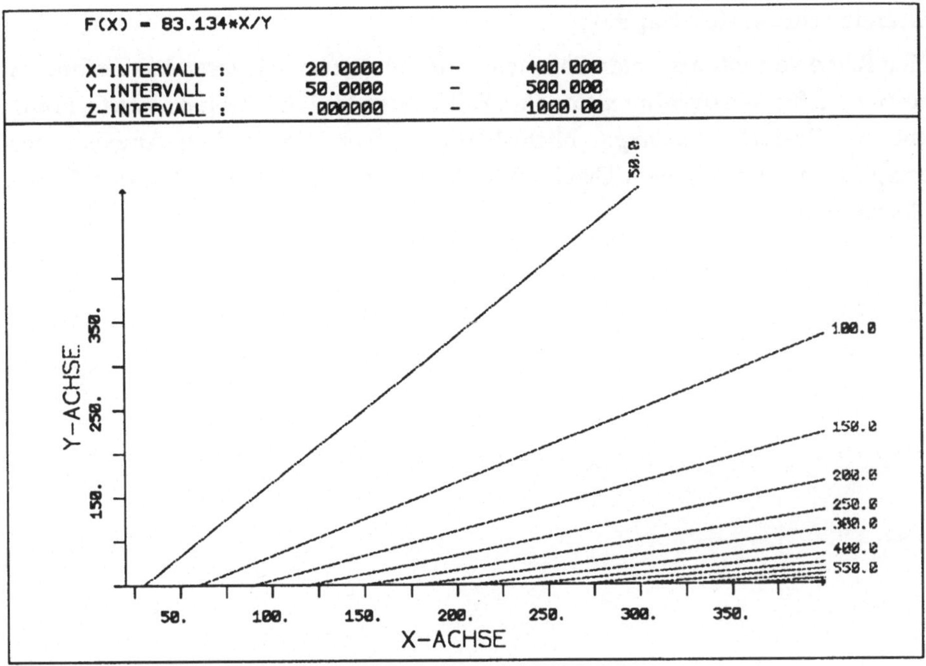

Die Isobaren der idealen Gasgleichung

1.4 Erläuterungen und Lösungen zum ersten Kapitel

Kurven zweier Variabler

Aufgabe 1.2.1: es gilt

$$\|x\|_\infty = \max\{|x_1|, |x_2|, \ldots, |x_n|\} \le \left(\sum_{i=1}^{n} x_i^p\right)^{1/p} = \|x\|_p \le$$

$$\le (n(\max\{|x_1|, |x_2|, \ldots, |x_n|\})^p)^{1/p} = n^{1/p}\|x\|_\infty.$$

Damit ist

$$\lim_{p \to \infty} \{\|x\|_p\} = \|x\|_\infty \quad x \in \mathbb{R}^n.$$

In der Grafik läßt sich dies durch Zeichnung von $f(x) = \|x\|_p$ für einen großen p-Wert und anschließendem Vergleich mit $f(x) = \|x\|_\infty$ nachvollziehen.

Literatur zum ersten Kapitel

Eine Reihe von interessanten Beispielen für die grafische Kurvendiskussion, insbesondere für den dreidimensionalen Fall, finden Sie bei *Demana / Waits, Frantz* und bei *Purcell / Varberg*.   Nicht-Mathematiker können ihre Anwendungsbeispiele in ihren eigenen Disziplinen finden, z.B. in der Statistik, der Physik, Mechanik etc.

Interpolation 2

Wenn ein Meteorologe eine Temperaturmeßreihe aufnimmt, dann hat er damit
noch keine anschauliche Kurve des Temperaturverlaufes, sondern nur diskrete
Punkte. Zusätzlich weiß er auch, daß die Temperaturveränderungen zwischen
zwei Temperaturen nicht linear verlaufen, obwohl er, wenn er nur genügend
viele Meßpunkte hat, die einzelnen Meßpunkte mit Linien verbinden kann, ohne
sehr ungenau zu werden. Außerdem muß die zu zeichnende Kurve durch
die Meßwerte gehen, da davon ausgegangen werden kann, daß die Meßwerte
exakt sind (Temperaturmessungen von Meteorologen unterscheiden sich hier
wesentlich von Messungen anderer Naturwissenschaftler). Daraus folgt die

Problemstellung

Gegeben seien $n + 1$ paarweise verschiedene *Stützstellen* (dies wären hier Zeitpunkte)

$$x_0, x_1, x_2, \ldots, x_n, \quad x_i \in \mathbb{R}, \quad i = 0, 1, \ldots, n,$$

und dazu gehörige *Stützwerte*, in dem obigen Beispiel Temperaturen,

$$f_0, f_1, f_2, \ldots, f_n, \quad f_i \in \mathbb{R}, \quad i = 0, 1, \ldots, n.$$

Gesucht ist eine reellwertige Funktion (der Temperaturverlauf) $g(x)$ mit

$$g(x_i) = f_i, \qquad i = 0, 1, 2, \ldots, n. \tag{2.1}$$

Die Paare (x_i, f_i), $i = 0, 1, 2, \ldots, n$, nennt man *Stützpunkte*.

Innerhalb des Programmpaketes MAYA werden als Interpolationsmethoden die
Polynominterpolation, die Spline-Interpolation und die Akima-Methode vorgestellt.

2.0 Einführung: Polynom-, Spline- und Akima-Interpolation

A. Polynominterpolation

Die gesuchte interpolierende Funktion soll in diesem Fall ein Polynom höchstens n-ten Grades,

$$g(x) = p_n(x) = a_0 + a_1 x + \ldots + a_n x^n, \tag{2.2}$$

sein.

Existenz und Eindeutigkeit

Das Interpolationspolynom (2.2) existiert und ist eindeutig bestimmt.

Die *Existenz* des Polynoms wird durch die Konstruktion der sogenannten *Lagrangeschen Basispolynome* gezeigt:

$$L_j(x) = \prod_{\substack{k=0, \\ k \neq j}}^{n} \frac{x - x_k}{x_j - x_k}, \quad j = 0, \ldots, n. \tag{2.3}$$

Diese Polynome sind vom Grade n und besitzen die Eigenschaft

$$L_j(x_k) = 0 \text{ für } j \neq k \text{ und } L_j(x_k) = 1 \text{ für } j = k. \tag{2.4}$$

Damit gelten für das Polynom

$$p_n(x) = f_0 L_0(x) + f_1 L_1(x) + \ldots + f_n L_n(x) \tag{2.5}$$

die geforderten Interpolationseigenschaften (2.1). Da es höchstens vom Grad n ist, ist damit das gesuchte Polynom gefunden.

Die *Eindeutigkeit* des Interpolationspolynoms kann indirekt bewiesen werden. Gäbe es zwei verschiedene Polynome jeweils n-ten Grades $p_n(x)$ und $q_n(x)$ mit

$$p_n(x_k) = q_n(x_k) = f_k, \quad k = 0, \ldots, n,$$

dann wäre $d_n(x) = p_n(x) - q_n(x)$ ein Polynom höchstens n-ten Grades mit $n + 1$ paarweise verschiedenen Nullstellen $x_0, \ldots, x_n$. Dies ist nach dem Fundamentalsatz der Algebra nicht möglich. Es muß also $d_n(x) = 0$ gelten, womit gezeigt ist, daß $p_n(x) = q_n(x)$ ist.

Die Interpolationspolynome sind also unabhängig von den verschiedenen Darstellungsarten immer identisch.

Berechnung des Interpolationspolynoms

Zur Berechnung des Interpolationspolynoms eignen sich numerisch die Methoden von *Lagrange* und *Newton*. Die Lagrangesche Methode wurde mit der Formel (2.5), der *Lagrangeschen Interpolationsformel*, bereits vorgestellt. In Abschnitt 2.1 wird diese Methode anhand von Beispielen visualisiert.

In der *Newtonschen Darstellung* wird das Interpolationspolynom in der folgenden Form geschrieben:

$$p_n(x) = b_0 + b_1(x - x_0) + b_2(x - x_0)(x - x_1) + \ldots + b_n(x - x_0)(x - x_1)\ldots(x - x_{n-1}). \quad (2.6)$$

Die unbekannten Koeffizienten $b_0, b_1, \ldots, b_n$ können aus den Interpolationsbedingungen

$$
\begin{aligned}
p_n(x_0) &= b_0 & &= f_0 \\
p_n(x_1) &= b_0 + b_1(x - x_0) & &= f_1 \\
p_n(x_2) &= b_0 + b_1(x - x_0) + b_2(x - x_0)(x - x_1) & &= f_2 \\
&\ \ \vdots \\
p_n(x_n) &= b_0 + b_1(x - x_0) + \ldots + b_n(x - x_0)(x - x_1)\ldots(x - x_{n-1}) & &= f_n
\end{aligned}
$$
$$(2.7)$$

sukzessive berechnet werden. In der Regel bestimmt man die Koeffizienten jedoch mit einem einfacher zu berechnenden Differenzenschema (Formel 2.8 auf der nächsten Seite).

Die Größen $f[x_j, \ldots, x_{j+k}]$ werden *dividierte Differenzen k-ter Ordnung* genannt und mittels

$$f[x_0] := f_0, \ldots, f[x_n] := f_n \quad\quad (2.9)$$

und

$$f[x_j, \ldots, x_{j+k}] := \frac{f[x_{j+1}, \ldots, x_{j+k}] - f[x_j, \ldots, x_{j+k-1}]}{x_{j+k} - x_j},$$
$$k = 1, \ldots, n, \quad j = 0, \ldots, n - k, \quad\quad (2.10)$$

Spalte für Spalte rekursiv berechnet. Die Koeffizienten b_j, $j = 0, \ldots, n$, aus (2.6) stehen dann in der obersten Schrägzeile von (2.8):

$$b_j = f[x_0, \ldots, x_j], \quad j = 0, \ldots, n. \quad\quad (2.11)$$

Die Berechnung und Visualisierung der dividierten Differenzen wird in Abschnitt 2.2 anhand eines Beispiels beschrieben.

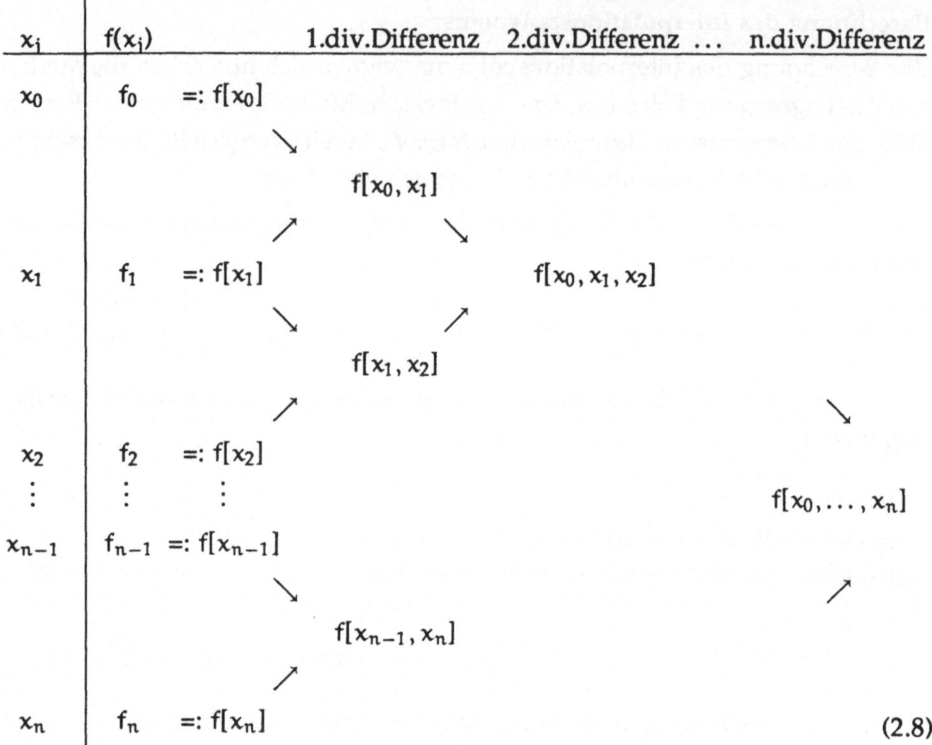

$$(2.8)$$

Differenzenschema zur Berechnung des Interpolationspolynoms

Stützstellenstrategien

Die Approximationsqualität eines Interpolationspolynoms läßt sich mitunter durch die Wahl einer geeigneten Stützstellenstrategie entscheidend verbessern. So kann die Anzahl der Stützstellen verändert, können die Abstände zwischen ihnen äquidistant gewählt oder sie können nach anderen Kriterien festgelegt werden. Programm 2.3 bietet die Möglichkeit, diese Strategien grafisch miteinander zu vergleichen, auf ihre Effektivität zu untersuchen und Konvergenzbetrachtungen anzustellen, d.h. zu prüfen, inwieweit die Interpolationspolynome bei Erhöhung der Anzahl der Stützstellen gegen die zu interpolierende Funktion konvergieren.

Als weitere Stützstellenstrategie wird in diesem Programm die Wahl der sogenannten *Tschebyscheff-Stützstellen* angeboten. Diese sind auf dem Intervall $[-1, 1]$ durch

$$x_j := \cos \frac{j\pi}{n}, \qquad j = 0, \ldots, n, \tag{2.12}$$

definiert und können durch

$$x_j := \frac{a+b}{2} + \frac{b-a}{2}\cos\frac{j\pi}{n}, \qquad j = 0,\ldots,n, \qquad (2.13)$$

auf das Intervall $[a, b]$ transformiert werden. Aufgrund des Verlaufes der Kosinusfunktion ist diese Verteilung der Stützstellen an den Rändern des Intervalls dichter als in dessen Mitte.

Fehler bei der Polynominterpolation

Falls f im Intervall $[x_0, x_n]$ mit den Stützstellen $x_0 < x_1 < \ldots < x_n$ $(n+1)$-mal stetig differenzierbar ist, läßt sich für das Restglied des Interpolationspolynoms $p_n(x)$ mit Hilfe des *Satzes von Rolle* folgende Abschätzung finden:
für das Restglied

$$f(x) - p_n(x) = \frac{f^{(n+1)}(\xi)}{(n+1)!}\prod_{j=0}^{n}(x - x_j) \qquad \bigwedge x \in [x_0, x_n], \xi \in (x_0, x_n), \qquad (2.14)$$

folgt mit der Schranke

$$\sup_{x \in [a,b]} |f^{(n+1)}(x)| = \|f^{(n+1)}\|_\infty \leq M_{n+1}$$

die Restgliedabschätzung

$$f(x) - p_n(x) \leq \frac{M_{n+1}}{(n+1)!}|(x - x_0)\ldots(x - x_n)|.$$

Dies ist, wenn anstatt der Beträge Normen gebildet werden, gleichzeitig die allgemeine Interpolationsfehlerabschätzung, die für jede der Normen (1.4) bis (1.7) gilt.

Anwendung der Polynominterpolation

Früher wurde die Polynominterpolation häufig zur Interpolation von Funktionswerten aus Tafelwerken benutzt. Seitdem auch komfortable Taschenrechner allgemein verfügbar geworden sind, ist ihre Verwendung in dieser Hinsicht zurückgegangen. Weiterhin wichtig ist die Polynominterpolation für die Herleitung von Formeln für die numerische Integration, Differentation und Extrapolation sowie bei der Gewinnung von Algorithmen zur Konvergenzbeschleunigung.

Mit Programm 2.5 kann die Approximationsqualität der Polynominterpolation im Vergleich zu anderen Interpolationsmethoden studiert, mit Programm 2.4 kann die Auswirkung eines fehlerhaften Eingabewertes auf die Interpolation untersucht werden.

Auf einen der genannten Anwendungsfälle, den der numerischen Differentation, der auch im Abschnitt 2.8 und im Aufgabe 2.5.6 behandelt wird, wird im
folgenden eingegangen.

Numerische Differentation

Eine Funktion $f(x)$ kann an einer vorgegebenen Stelle x_0 numerisch differenziert
werden, indem f an der Stelle x_0 durch eine Funktion approximiert wird, deren
Ableitung leicht zu bestimmen ist. Als Approximationsfunktion wird der zentrale
Differenzenquotient gewählt und damit der Zusammenhang zur Polynominterpolation gezeigt.

Der *zentrale Differenzenquotient* zur Berechnung der Ableitung einer Funktion $f(x)$ an der Stelle x_0 ist folgendermaßen definiert:

$$\delta_h f(x_0) = \frac{f(x_0 + h) - f(x_0 - h)}{2h}. \tag{2.15}$$

Mit einer Taylor-Entwicklung von f an der Stelle x_0 erhält man:

$$f(x_0 + h) = f(x_0) + hf'(x_0) + \frac{h^2}{2}f''(x_0) + \frac{h^3}{6}f'''(\xi), \qquad x_0 \leq \xi \leq x_0 + h,$$

und

$$f(x_0 - h) = f(x_0) - hf'(x_0) + \frac{h^2}{2}f''(x_0) - \frac{h^3}{6}f'''(\zeta), \qquad x_0 - h \leq \zeta \leq x_0,$$

$$\Rightarrow \delta_h f(x_0) = f'(x_0) + \frac{h^2}{6}(f'''(\xi) + f'''(\zeta)), \tag{2.16}$$

was auch mit

$$\delta_h f(x_0) = f'(x_0) + O(h^2)$$

ausgedrückt werden kann. $\delta_h f(x_0)$ wird eine *Näherung der Ordnung 2* für $f'(x_0)$
genannt.

Mit Hilfe der Newtonschen Darstellung wird bei der Polynominterpolation
zu den Stützstellen $x_0 - h$ und $x_0 + h$ ein Interpolationspolynom der Form

$$p_1(x) = b_0 + b_1(x - x_0 + h)$$

mit den nach (2.11) zu bestimmenden Koeffizienten

$$b_0 = f(x_0 - h) \quad \text{und} \quad b_1 = \frac{f(x_0 + h) - f(x_0 - h)}{2h}$$

gewonnen.

Da $p_1'(x) = b_1$ ist, wird als Ableitung genau der zentrale Differenzenquotient erhalten. Der Differenzenquotient ist also nichts anderes als das abgeleitete Interpolationspolynom zu den Stützstellen $x_0 + h$ und $x_0 - h$.

Mit dem *vor-* oder *rückwärtsgenommenen Differenzenquotienten* kann entsprechend verfahren werden, sie haben die Gestalt

$$D_h f(x_0) = \frac{f(x_0 + h) - f(x_0)}{h} \quad \text{und} \quad \overline{D}_h f(x_0) = \frac{f(x_0) - f(x_0 - h)}{h} \tag{2.17}$$

und entsprechen wiederum den Ableitungen des Interpolationspolynoms zu den Stützstellen x_0 und $x_0 + h$ bzw. x_0 und $x_0 - h$. Allerdings sind diese Differenzenquotienten jeweils nur Näherungen der Ordnung 1, also

$$f'(x_0) = D_h f(x_0) + O(h).$$

In Aufgabe 2.8.2 wird ein Differenzenquotient der Ordnung 3 veranschaulicht. Interessant ist auch die sehr effektive Ableitung einer Funktion durch Extrapolation. Sie wird mit der Aufgabe 2.5.6 grafisch dargestellt.

B. Spline-Interpolation

Splines sind stückweise aus Polynomen zusammengesetzte Funktionen, die in den durch die Stützstellen begrenzten Teilintervallen jeweils den Grad m besitzen und an den Stützstellen x_j, $j = 1, 2, \ldots, n-1$, so zusammentreffen, daß sie auf dem gesamten Intervall $[x_0, x_n]$, $j = 0, 1, \ldots, n - 1$, $(m - 1)$-mal stetig differenzierbar sind.

Im Fall $m = 1$ werden die Stützpunkte einfach durch Geradenstücke miteinander verbunden. Für diesen Fall gibt es verschiedene Anwendungen, beispielsweise arbeiten Plotter häufig auf diese Weise.

Lineare Splines

Mit Hilfe von linearen Splines werden gegebene Punkte durch Geradenstücke verbunden. Es ergibt sich also ein Polygonzug. Lineare Splines sind stetig an den Übergängen (den Stützstellen), aber nicht stetig differenzierbar. Die lineare Spline-Interpolierende S_Δ^1, die auf jedem Intervall $[x_j, x_{j+1}]$, $j = 0, 1, \ldots, n - 1$, ein Polynom höchstens ersten Grades sein soll, wird wie folgt definiert:

$$S_\Delta^1(x) = s_j^1(x) \quad \text{für } x_j \leq x \leq x_{j+1}, \quad j = 0, 1, \ldots, n - 1, \tag{2.18}$$

mit

$$s_j^1(x) := a_j + b_j(x - x_j) \qquad x_j \leq x \leq x_{j+1}, \quad j = 0, 1, \ldots, n - 1. \tag{2.19}$$

Die $2n$ Koeffizienten in (2.19) müssen dabei so bestimmt werden, daß die Interpolationsbedingungen an den Stützstellen erfüllt sind:

$$s_j^1(x_j) = f_j, \qquad j = 0,\dots,n-1, \qquad s_{n-1}^1(x_n) = f_n, \qquad (2.20)$$

sowie

$$s_{j-1}^1(x_j) = s_j^1(x_j), \qquad j = 1,\dots,n-1. \qquad (2.21)$$

Dies sind genau $(n+1) + (n-1) = 2n$ Bedingungen.

Kubische Splines

Die kubische Spline-Interpolierende S_Δ^3, die auf jedem Intervall $[x_j, x_{j+1}]$, $j = 0,1,\dots,n-1$, ein Polynom höchstens dritten Grades sein soll, wird wie folgt definiert:

$$S_\Delta^3(x) = s_j^3(x) \quad \text{für } x_j \le x \le x_{j+1}, \quad j = 0,1,\dots,n-1, \qquad (2.22)$$

mit

$$s_j^3(x) := a_j + b_j(x - x_j) + c_j(x - x_j)^2 + d_j(x - x_j)^3,$$

$$x_j \le x \le x_{j+1}, \quad j = 0,1,\dots,n-1. \qquad (2.23)$$

Die $4n$ Koeffizienten in (2.23) müssen dabei so bestimmt werden, daß die Interpolations- und Differenzierbarkeitsbedingungen an den Stützstellen erfüllt sind, d.h.:

$$s_j^3(x_j) = f_j, \qquad j = 0,\dots,n-1, \qquad s_{n-1}^3(x_n) = f_n, \qquad (2.24)$$

$$s_{j-1}^3(x_j) = s_j^3(x_j), \qquad j = 1,\dots,n-1 \qquad (2.25)$$

$$s_{j-1}^{3'}(x_j) = s_j^{3'}(x_j), \qquad j = 1,\dots,n-1 \qquad (2.26)$$

$$s_{j-1}^{3''}(x_j) = s_j^{3''}(x_j), \qquad j = 1,\dots,n-1. \qquad (2.27)$$

Die Formeln (2.24) - (2.27) ergeben allerdings nur $4n-2$ Bedingungen. Zur Bestimmung der übrigen beiden Bedingungen bietet sich die Festlegung der Ableitung der Spline-Interpolierenden an den äußeren Intervallrändern x_0 und x_n an. Das Programm bietet hier folgende Varianten:

a) *natürliche Splines* , bei denen die zweite Ableitung an den Rändern verschwindet, also

$$S_\Delta^{3''}(x_0) = 0, \qquad S_\Delta^{3''}(x_n) = 0, \qquad (2.28)$$

b) *Splines mit fester Ableitung an den Intervallenden,*

$$S_\Delta^{3'}(x_0) = m_0, \qquad S_\Delta^{3'}(x_n) = m_1. \qquad (2.29)$$

Die *periodischen Splines*, bei denen die ersten beiden Ableitungen an den Rändern gleich sind, also

$$S_\Delta^{3'}(x_0) = S_\Delta^{3'}(x_n), \qquad S_\Delta^{3''}(x_0) = S_\Delta^{3''}(x_n) \tag{2.30}$$

werden hier nicht gezeigt, da sie nur für den sehr eingeschränkten Fall, daß $f_0 = f_n$ ist, sinnvoll eingesetzt werden können.

Soweit es sich um die Interpolation einer vorgegebenen Funktion handelt, sind hier m_0 und m_1 durch die näherungsweise Berechnung der Ableitungen dieser Funktion festgelegt.

Berechnung der Koeffizienten

Am einfachsten ist die Berechnung der Koeffizienten a_j, $j = 0, 1, \ldots, n - 1$, mit Hilfe der Gleichung (2.23). Denn es ist

$$s_j^3(x_j) = a_j = f_j, \qquad j = 0, 1, \ldots, n - 1. \tag{2.31}$$

Für das weitere Vorgehen werden zunächst die Ableitungen der Splines benötigt:

$$s_j^{3'}(x) := b_j + 2c_j(x - x_j) + 3d_j(x - x_j)^2,$$
$$x_j \le x \le x_{j+1}, \quad j = 0, 1, \ldots, n - 1, \tag{2.32}$$

und

$$s_j^{3''}(x) := 2c_j + 6d_j(x - x_j), \qquad x_j \le x \le x_{j+1}, \quad j = 0, 1, \ldots, n - 1. \tag{2.33}$$

Wird nun

$$h_j := x_{j+1} - x_j, \qquad j = 0, 1, \ldots, n - 1,$$

gesetzt und (2.27) und (2.33) verwendet, so ergeben sich mit einem zunächst hilfsweise eingeführten, später aber durch die Randbedingung festzulegendem c_n:

$$d_j = \frac{c_{j+1} - c_j}{3h_j}, \qquad j = 0, 1, \ldots, n - 1. \tag{2.34}$$

Jetzt wird (2.25) ausgenutzt, $a_n := f_n$ definiert und

$$b_j = \frac{a_{j+1} - a_j}{h_j} - h_j(c_j + h_j d_j), \qquad j = 0, 1, \ldots, n - 1,$$

berechnet. Anwenden von (2.31) sowie (2.34) ergibt:

$$b_j = \frac{f_{j+1} - f_j}{h_j} - \frac{h_j}{3}(c_{j+1} + 2c_j), \qquad j = 0, 1, \ldots, n - 1. \tag{2.35}$$

Schließlich folgt mit (2.26):

$$b_j = b_{j-1} + 2c_{j-1}(x_j - x_{j-1}) + 3d_{j-1}(x_j - x_{j-1})^2.$$

Einsetzen der $b_0, \ldots, b_{n-1}$ aus (2.35), der $d_0, \ldots, d_{n-1}$ aus (2.34), der $a_0, \ldots, a_{n-1}$ aus (2.31) und der $a_n := f_n$ ergibt:

$$h_{j-1}c_{j-1} + 2(h_{j-1} + h_j)c_j + h_j c_{j+1} = g_j, \qquad j = 0, 1, \ldots, n-1, \qquad (2.36)$$

mit

$$g_j := 3\frac{f_{j+1} - f_j}{x_{j+1} - x_j} - 3\frac{f_j - f_{j-1}}{x_j - x_{j-1}}, \qquad j = 0, 1, \ldots, n-1. \qquad (2.37)$$

(2.36) ist ein lineares Gleichungssystem mit $n - 1$ Gleichungen für die $n + 1$ Unbekannten $c_0, \ldots, c_n$, denn die $g_j, j+1, 2, \ldots, n-1$, lassen sich unmittelbar berechnen. Die beiden fehlenden Gleichungen werden durch Einsetzen der Randbedingungen erhalten:

a) *natürliche Splines*:

$$c_0 = c_n = 0. \qquad (2.38)$$

b) *Splines mit fester Ableitung an den Intervallenden*:

$$c_0 = \frac{3(f_1 - f_0)}{2h_0^2} - \frac{3m_0}{2h_0} - \frac{c_1}{2},$$

$$c_n = \frac{3m_1}{2h_{n-1}} - \frac{3(f_n - f_{n-1})}{2h_{n-1}^2} - \frac{c_{n-1}}{2}. \qquad (2.39)$$

Zusammenfassung der Berechnungsvorschrift

i) Entsprechend (2.36) muß zur Berechnung *natürlicher Splines* zunächst das folgende lineare Gleichungssystem gelöst werden, dessen Gleichungsmatrix symmetrisch und tridiagonal ist.

$$\begin{pmatrix} 2(h_0 + h_1) & h_1 & 0 & \cdots & & 0 \\ h_1 & 2(h_1 + h_2) & h_2 & \cdots & & 0 \\ 0 & h_2 & & & & \vdots \\ \vdots & \ddots & \ddots & & 0 & \\ \vdots & & & & h_{n-2} & \\ 0 & & 0 & h_{n-2} & 2(h_{n-2} + h_{n-1}) \end{pmatrix} \begin{bmatrix} c_1 \\ c_2 \\ \vdots \\ \vdots \\ \vdots \\ c_{n-1} \end{bmatrix} = \begin{bmatrix} g_1 \\ g_2 \\ \vdots \\ \vdots \\ \vdots \\ g_{n-1} \end{bmatrix}$$

$$(2.40)$$

Die $g_j, j = 1, \ldots, n-1$, werden dabei mit der Formel (2.37) bestimmt. Das Gleichungssystem selbst ist am einfachsten durch einen speziellen Algorithmus zur links-rechts-Zerlegung zu lösen.

Da in dem Gleichungssystem (2.40) in der ersten und der letzten Zeile gegenüber (2.36) bereits Randbedingungen für natürliche Splines ausgenutzt wurden, folgt für Splines mit festen Ableitungen an den Intervallrändern entsprechend für $j = 1$:

$$\left(\frac{3}{2}h_0 + 2h_1\right) c_1 + h_1 c_2 = 3 \left(\frac{f_2 - f_1}{h_1} - \frac{1}{2}\left(\frac{3(f_1 - f_0)}{h_0} - m_0\right)\right).$$

Für $j = n$ ergibt sich:

$$\left(2h_{n-2} + \frac{3}{2}h_{n-1}\right) c_{n-1} + h_{n-2}c_{n-2} = 3 \left(\frac{3(f_n - f_{n-1})}{2h_{n-1}} - \frac{m_1}{2} - \frac{f_{n-1} - f_{n-2}}{h_{n-2}}\right).$$

ii) Bestimmung der Koeffizienten c_0 und c_n vermittels der Randbedingungen (2.38) oder (2.39).

iii) Berechnung der Koeffizienten

$$a_j, \qquad j = 0, 1, \ldots, n - 1 \text{ mit } (2.31)$$
$$b_j, \qquad j = 0, 1, \ldots, n - 1 \text{ mit } (2.35)$$
$$d_j, \qquad j = 0, 1, \ldots, n - 1 \text{ mit } (2.34).$$

Quadratische Splines

Analog zu (2.18) und (2.19) lautet der Ansatz:

$$S_\Delta^2(x) = s_j^2(x) \qquad \text{für } x_j \leq x \leq x_{j+1}, \qquad j = 0, \ldots, n - 1, \qquad (2.41)$$

mit

$$s_j^2(x) := a_j + b_j(x - x_j) + c_j(x - x_j)^2, \qquad \text{für } x_j \leq x \leq x_{j+1}, \text{ und } j = 0, \ldots, n-1, \quad (2.42)$$

Den $3n$ Koeffizienten stehen in diesem Fall $3n - 1$ Bedingungen gegenüber. Die fehlende Bedingung wird in MAYA mit $S_\Delta^{2\prime}(x_0) = b_0 = m_0$ festgelegt, wobei m_0 die numerisch durch den vorwärtsgenommenen Differenzenquotienten berechnete Ableitung der Funktion an der Stelle x_0 ist.

Mit $a_n := f_n$ ergibt sich wieder aufgrund der Interpolationsbedingungen

$$a_j = f_j, \qquad j = 0, \ldots, n, \qquad (2.43)$$

und aufgrund der stetigen Differenzierbarkeit mit hilfsweise eingeführtem b_n:

$$c_j = \frac{(b_{j+1} - b_j)}{2h_j}, \qquad j = 0, \ldots, n - 1. \qquad (2.44)$$

Aus der Stetigkeit der Spline-Funktion folgt mit $a_n := f_n$

$$a_{j-1} + b_{j-1}h_{j-1} + c_{j-1}h_{j-1}^2 = a_j, \qquad j = 1, \dots, n,$$

und damit durch Einsetzen von (2.44)

$$(a_j - a_{j-1}) = h_{j-1}\left(b_{j-1} + \frac{b_j - b_{j-1}}{2h_{j-1}}h_{j-1}\right).$$

$$\Rightarrow 2(a_j - a_{j-1}) = (b_j + b_{j-1})h_{j-1}, \qquad j = 1, \dots, n. \tag{2.45}$$

Die Gleichungen (2.45) können wieder in Matrizenform geschrieben werden.

$$
\begin{pmatrix}
1 & 0 & 0 & \cdots & \cdots & \cdots & 0 \\
h_0 & h_0 & 0 & & & & 0 \\
0 & h_1 & h_1 & & & & \vdots \\
\vdots & & \ddots & \ddots & & & \vdots \\
\vdots & & & \ddots & \ddots & & \vdots \\
\vdots & & & & \ddots & \ddots & 0 \\
0 & & \cdots & & 0 & h_{n-1} & h_{n-1}
\end{pmatrix}
\begin{bmatrix}
b_0 \\ b_1 \\ \vdots \\ \vdots \\ \vdots \\ \vdots \\ b_n
\end{bmatrix}
=
\begin{bmatrix}
m_0 \\ 2(a_1 - a_0) \\ \vdots \\ \vdots \\ \vdots \\ \vdots \\ 2(a_n - a_{n-1})
\end{bmatrix}.
$$

Nachdem dieses Gleichungssystem gelöst ist, können die c_j, $j = 0, \dots, n-1$, mit (2.44) berechnet werden.

Anwendung der Splines

Spline-Funktionen werden zur Approximation der Lösungen besonders bei der numerischen Behandlung von gewöhnlichen und partiellen Differentialgleichungen eingesetzt.

Inwieweit sie sich zur Approximation von Funktionen eignen, wird im Vergleich mit den übrigen vorgestellten Interpolationsmethoden in den Abschnitten 2.5 und 2.6 untersucht.

Den natürlichen kubischen Splines kommt eine besondere Bedeutung zu. Sie genügen insofern einer Minimaleigenschaft, als für jede von S_Δ^3 verschiedene zweimal stetig differenzierbare Funktion $g : [a, b] \rightarrow \mathbb{R}$, die die Wertepaare (x_j, f_j), $j = 0, \dots, n$, interpoliert, gilt:

$$\int_a^b |S_\Delta^{3\,\prime\prime}(x)|^2 \, dx < \int_a^b |g''(x)|^2 \, dx.$$

Würde durch die gegebenen Stützpunkte eine dünne homogene Latte mit konstanter Biegesteifigkeit gelegt, die an diesen gelenkig gelagert ist und keinen äußeren Kräften unterliegt, dann entsprächen die natürlichen kubischen Splines der Biegelinie dieser Latte, die aufzuwendende Biegeenergie wäre minimal. Aufgrund dieser Eigenschaft wurden natürliche Splines im Schiffbau sehr viel verwendet. Entsprechend heißt das englische Wort "Spline" auf deutsch "Spant" und man entwarf Spanten früher so, daß die Schiffsplanken den Verlauf von natürlichen kubischen Splines hatten.

Für den Fall, daß Stützpunkte interpoliert werden müssen, deren Kurven keine Funktionen sind, wird in Abschnitt 2.7 eine Parameterdarstellung für Splines vorgestellt. Mittels solcher Parameterdarstellungen können Splines auch zu anderen Konstruktionsaufgaben eingesetzt werden, beispielsweise zur Konstruktion von Tragflügeln.

C. Akima-Interpolation

Die Interpolation nach *Akima* [1970] ist kaum bekannt, obwohl sich mit ihr sehr glatte Kurvenverläufe erzielen lassen, die sehr gut mit der Erwartungshaltung korrelieren, und daher vor allem zur Interpolation von Meßwerten als auch in der Ingenieurmathematik sehr gut zur angewendet werden können.

Genau wie bei der Spline-Interpolation wird stückweise zwischen den einzelnen Stützpunkten interpoliert, als Übergangsbedingung wird die einmalige stetige Differenzierbarkeit gefordert. Das Polynom $A_j(x)$, das zwischen den beiden Stützstellen x_j und x_{j+1} definiert ist, wird aber nicht nur durch die Interpolationsbedingung

$$A_j(x_j) = f_j, \qquad j = 0, \ldots, n, \tag{2.46}$$

bestimmt, sondern auch durch eine Annahme über die Steigungen f'_j, die es an den Stützstellen annehmen soll, also

$$A'_j(x_j) = f'_j, \qquad j = 0, \ldots, n. \tag{2.47}$$

Diese Steigungen an den Stützstellen werden aber nicht explizit vom Benutzer vorgegeben, sondern mit einem im weiteren geschilderten Verfahren berechnet. Das Berechnungsverfahren hat dabei eine möglichst große Glattheit der Kurve zum Ziel.

Berechnung der Polynome

Analog zu (2.18) und (2.19) wird die Akima-Interpolation definiert durch

$$A(x) = A_j(x) \qquad \text{für } x_j \leq x \leq x_{j+1}, \quad j = 0, \ldots, n - 1, \text{ mit}$$
$$A_j(x) = a_j + b_j(x - x_j) + c_j(x - x_j)^2 + d_j(x - x_j)^3,$$
$$j = 0, \ldots, n - 1. \tag{2.48}$$

Für die Berechnung der Koeffizienten ergibt sich bereits mit (2.46) und (2.47):

$$a_j = f_j, \qquad j = 0, \ldots, n-1, \tag{2.49}$$

$$b_j = f'_j, \qquad j = 0, \ldots, n-1. \tag{2.50}$$

Die geforderte stetige Differenzierbarkeit bedeutet, daß $A_j(x_{j+1}) = f_{j+1}$ und $A'_j(x_{j+1}) = f'_{j+1}$, $j = 0, \ldots, n-1$, ist, und daraus folgt:

$$c_j = \frac{\frac{3(f_{j+1}-f_j)}{x_{j+1}-x_j} - 2f'_j - f'_{j+1}}{x_{j+1}-x_j}, \qquad j = 0, \ldots, n-1, \tag{2.51}$$

und

$$d_j = \frac{f'_j + f'_{j+1} - \frac{2(f_{j+1}-f_j)}{x_{j+1}-x_j}}{(x_{j+1}-x_j)^2}, \qquad j = 0, \ldots, n-1. \tag{2.52}$$

Damit müssen zur Berechnung der Akima-Interpolierenden nur noch sinnvolle Steigungen an den Stützpunkten festgelegt werden.

Anmerkung: Das Interpolationspolynom A_j höchstens dritten Grades zwischen den Stützstellen x_j und x_{j+1}, $j = 0, \ldots, n-1$, ist durch die Berechnung der Stützwerte f'_j und f'_{j+1} an den Stützstellen eindeutig bestimmt. Dieses Teilpolynom ist aber trotzdem nicht mit der **Hermite-Interpolierenden** identisch, da bei der Hermite-Interpolation die Interpolierende durch vom Benutzer an den Stützstellen vorgegebene Funktionswerte und Steigungen der Funktion bestimmt wird. Bei der Akima-Interpolation werden dagegen nur Funktionswerte an den Stützstellen vorgegeben und die Steigungen geschätzt.

Festlegung der Steigungen
Mit

$$s_j^{1'} = \frac{f_{j+1} - f_j}{x_{j+1} - x_j}, \qquad j = 0, \ldots, n-1, \tag{2.53}$$

werden die Steigungen der linearen Splines s_j^1, d.h. der Verbindungsstücke zwischen den Stützpunkten festgelegt. Die Steigung f'_j der Akima-Interpolierenden an der Stützstelle x_j, $j = 0, \ldots, n$, wird dann durch die Steigung der beiden jeweils links und rechts benachbarten linearen Splines bestimmt, also aus

$$s_{j-2}^{1'}, \quad s_{j-1}^{1'}, \quad s_j^{1'} \quad \text{und} \quad s_{j+1}^{1'}, \quad j = 0, \ldots, n,$$

und ist folgendermaßen definiert:

$$f'_j := \frac{|s_{j+1}^{1'} - s_j^{1'}|\, s_{j-1}^{1'} + |s_{j-1}^{1'} - s_{j-2}^{1'}|\, s_j^{1'}}{|s_{j+1}^{1'} - s_j^{1'}| + |s_{j-1}^{1'} - s_{j-2}^{1'}|}, \text{ falls } s_{j+1}^{1'} \neq s_j^{1'} \text{ oder } s_{j-1}^{1'} \neq s_{j-2}^{1'} \tag{2.54}$$

$$f'_j := \frac{1}{2}(s^{1'}_{j-1} + s^{1'}_j), \qquad \text{falls } s^{1'}_{j+1} \neq s^{1'}_j \text{ und } s^{1'}_{j-1} \neq s^{1'}_{j-2}.$$

Sind die Steigungen zweier benachbarter linearer Splines gleich, so können mit (2.54) folgende Resultate für f'_j erhalten werden:

i) $\quad s^{1'}_{j-1} = s^{1'}_{j-2} \quad$ und $\quad s^{1'}_j \neq s^{1'}_{j+1} \quad \Rightarrow \quad f'_j = s^{1'}_{j-1},$

ii) $\quad s^{1'}_{j+1} = s^{1'}_j \quad$ und $\quad s^{1'}_{j-1} \neq s^{1'}_{j-2} \quad \Rightarrow \quad f'_j = s^{1'}_j,$

iii) $\quad s^{1'}_{j-1} = s^{1'}_j \qquad\qquad\qquad\qquad \Rightarrow \quad f'_j = s^{1'}_j, \qquad j = 0,\dots,n.$

Für den Fall, daß die Steigungen zweier benachbarter linearer Splines gleich sind, ist die Steigung der Akima-Interpolierenden an der trennenden Stützstelle ebenso groß.

Berechnung der Randpunkte

Das bislang geschilderte Verfahren liefert keine Möglichkeit, die Steigung der Interpolierenden an den Randpunkten zu berechnen. Um dies ebenfalls mit dem gleichen Verfahren durchzuführen, ist eine Extrapolation der Interpolierenden über die Ränder hinaus erforderlich.

Es sind also für die Berechnung der f'_j, $j = 0,\dots,n$, die Steigungen der linearen Splines

$$s^{1'}_{-2}, \quad s^{1'}_{-1}, \quad s^{1'}_n, \quad s^{1'}_{n+1} \tag{2.55}$$

noch zu bestimmen.

Deshalb wird das vorgegebene Interpolationsintervall über den Rand hinaus verlängert und festgelegt:

$$x_0 - x_{-2} = x_1 - x_{-1} = x_2 - x_0, \tag{2.56}$$

$$x_{n+2} - x_n = x_{n+1} - x_{n-1} = x_n - x_{n-2}. \tag{2.57}$$

Nach dieser Berechnung der vom Benutzer nicht vorgegebenen Stützstellen x_{-2}, x_{-1}, x_{n+1}, x_{n+2} kann nun die Interpolierende zwischen den Stützstellen x_{n-2} und x_{n+2} durch Stützwerte auf dem quadratischen Polynom der Form

$$f_0(x) = k_0 + k_1(x - x_0) + k_2(x - x_0)^2 \tag{2.58}$$

und zwischen x_{-2} und x_2 entsprechend durch Stützwerte auf

$$f_n(x) = k_0 + k_1(x - x_n) + k_2(x - x_n)^2 \tag{2.59}$$

fortgesetzt werden. Um für die Bestimmung der Werte f_{-2}, f_{-1}, f_{n+1} und f_{n+2} die Berechnung der k_j, $j = 0, 1, 2$, zu umgehen, wird mit (2.58) geschrieben:

$$s_1^{1'} = \frac{f_2 - f_1}{x_2 - x_1} = k_1 + k_2(x_2 - 2x_0 + x_1),$$

$$s_0^{1'} = \frac{f_1 - f_0}{x_1 - x_0} = k_1 + k_2(x_1 - x_0),$$

$$s_{-1}^{1'} = \frac{f_0 - f_{-1}}{x_0 - x_{-1}} = k_1 + k_2(x_0 - x_{-1}),$$

$$s_{-2}^{1'} = \frac{f_{-1} - f_{-2}}{x_{-1} - x_{-2}} = k_1 + k_2(x_{-1} - 2x_0 + x_{-2}).$$

Mit (2.56) folgt:

$$s_1^{1'} - s_0^{1'} = s_0^{1'} - s_{-1}^{1'} = s_{-1}^{1'} - s_{-2}^{1'},$$

also

$$\frac{f_2 - f_1}{x_2 - x_1} - \frac{f_1 - f_0}{x_1 - x_0} = \frac{f_1 - f_0}{x_1 - x_0} - \frac{f_0 - f_{-1}}{x_0 - x_{-1}} = \frac{f_0 - f_{-1}}{x_0 - x_{-1}} - \frac{f_{-1} - f_{-2}}{x_{-1} - x_{-2}}, \qquad (2.60)$$

und entsprechend für die andere Seite

$$\frac{f_{n+2} - f_{n+1}}{x_{n+2} - x_{n+1}} - \frac{f_{n+1} - f_n}{x_{n+1} - x_n} = \frac{f_{n+1} - f_n}{x_{n+1} - x_n} - \frac{f_n - f_{n-1}}{x_n - x_{n-1}}$$

$$= \frac{f_n - f_{n-1}}{x_n - x_{n-1}} - \frac{f_{n-1} - f_{n-2}}{x_{n-1} - x_{n-2}} \qquad (2.61)$$

Es wird also mit (2.56) und (2.57) x_{-2}, x_{-1}, x_{n+1} und x_{n+2} bestimmt und mit (2.60) sowie (2.61) f_{-2}, f_{-1}, f_{n+1} und f_{n+2}, womit die fehlenden Steigungen (2.55) folgen.

Aus diesen Berechnungsformeln geht hervor, daß mindestens zwei Steigungen vorgegeben sein müssen. Das bedeutet, daß für die Akima-Interpolation wenigstens drei Stützpunkte erforderlich sind.

Zusammenfassung der Berechnung der Akima-Interpolierenden

Als Voraussetzung müssen mindestens drei Stützpunkte vorgegeben sein. Die Berechnung der Akima-Interpolierenden umfaßt die folgenden Schritte:

i) Mit der Steigungsformel (2.53) und den aus den Randerweiterungen gewonnenen Bedingungen (2.56) und (2.57) sowie (2.60) und (2.61) werden die Steigungen s'_j, $j = -2, -1, 0, \ldots, n+1$, der linearen Splines zwischen den Stützpunkten berechnet.

ii) Bestimmung der Steigungen der Akima-Interpolierenden f'_j, $j = 0, \ldots, n$, an den Stützstellen x_j, $j = 0, \ldots, n$, mit der Formel (2.54).

iii) Berechnung der Koeffizienten der Akima-Polynome (2.48) mit (2.49) bis (2.52).

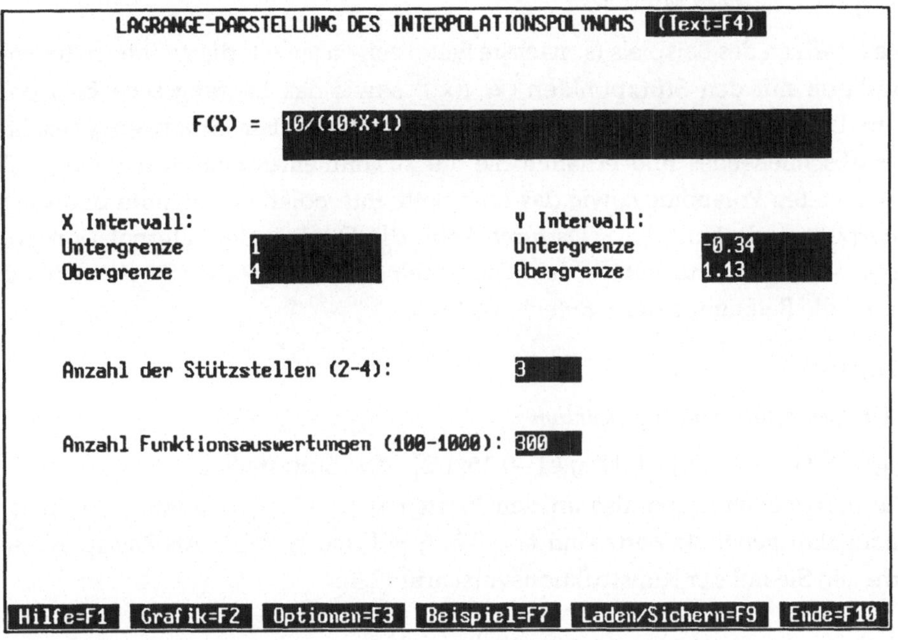

Vergleich mit der Spline-Interpolation

Mit den Programmen 2.5 bis 2.9 können diese Interpolationsarten miteinander verglichen und genauer auf ihre Unterschiede geprüft werden. Im Programm 2.7 wird ebenso wie für die Splines eine Parameterdarstellung verwendet, mit der Stützstellen durch Kurven, die keine Funktionen sind, interpoliert werden können.

2.1 Lagrangesche Darstellung des Interpolationspolynoms

Mit Hilfe von mehreren Einzelbildern wird gezeigt, wie das eindeutig bestimmte Interpolationspolynom mit der Lagrangeschen Darstellung gewonnen wird. Die Stützstellen sind dabei in diesem Programm stets äquidistant über das angegebene X-Intervall verteilt, wobei die beiden Grenzen des Intervalls immer Stützstellen sind. Es ist außerdem zu beachten, daß bei mehr als drei Stützstellen die Grafik unübersichtlich wird.

Beispiel *Gebrochen rationales Polynom*

Die Grafiken des Beispiels (s. nächste Seite) zeigen jeweils die zu interpolierende Funktion mit den Stützpunkten $(x_j, f(x_j))$ sowie das Lagrangesche Basispolynom L_k zur k-ten Stützstelle ungewichtet und mit dem Stützwert gewichtet. Als abschließendes Bild erhalten Sie die zusammenfassende Darstellung aller gewichteten Polynome sowie das komplette Interpolationspolynom und die zu interpolierende Funktion. Dadurch kann die Qualität des Interpolationspolynoms sehr leicht beurteilt werden. Die einzelnen Grafiken sehen Sie nacheinander durch die Betätigung der *<Enter>*-Taste.

Aufgaben

2.1.1 *Gebrochen rationale Funktion*

$f(x) = 1/(1 + x^2)$, $x \in [-1, 1]$, $y \in [-0.15, 1.2]$, drei Stützstellen.

Die Stützstellen liegen also an den Werten $x_0 = -1$, $x_1 = 0$ und $x_2 = 1$. Die dazugehörigen Stützwerte sind $f_0 = 0.5$, $f_1 = 1$ und $f_2 = 0.5$. Als Basispolynome erhalten Sie mit der Konstruktionsvorschrift (2.3):

$$L_0(x) = \frac{(x - x_1)(x - x_2)}{(x_0 - x_1)(x_0 - x_2)} = \frac{1}{2}(x - 1)x,$$

$$L_1 = 1 - x^2 \text{ und}$$

$$L_2 = \frac{1}{2}(x + 1)x.$$

Das vollständige Interpolationspolynom lautet damit:

$$p(x) = \frac{1}{4}x(x - 1) + 1 - x^2 + \frac{1}{4}(x + 1)x = 1 - \frac{1}{2}x^2.$$

2.1.2 *Transzendente Funktion*

$f(x) = \cos(x) + \cosh(x) + 1$, $x \in [-3, 3]$,   Y-Intervallgrenzen unbestimmt lassen, drei Stützstellen.

2.1.3 *Exponentialfunktion*

$f(x) = \exp(x)$, $x \in [0, 5]$, Y-Intervallgrenzen unbestimmt lassen, drei Stützstellen. Die für viele Anwendungen unentbehrliche e-Funktion wird im Rechner immer approximiert. Mit dieser Aufgabe sieht man, daß für ein gutes Ergebnis relativ viele Reihenglieder notwendig sind, denn das Interpolationspolynom ist auch für dieses kleine X-Intervall schon ziemlich schlecht.

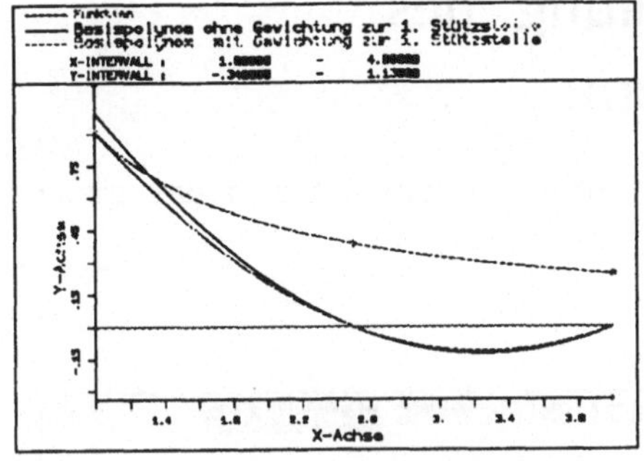

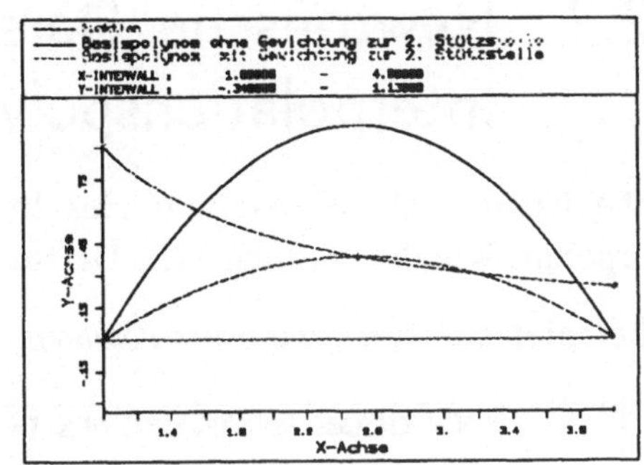

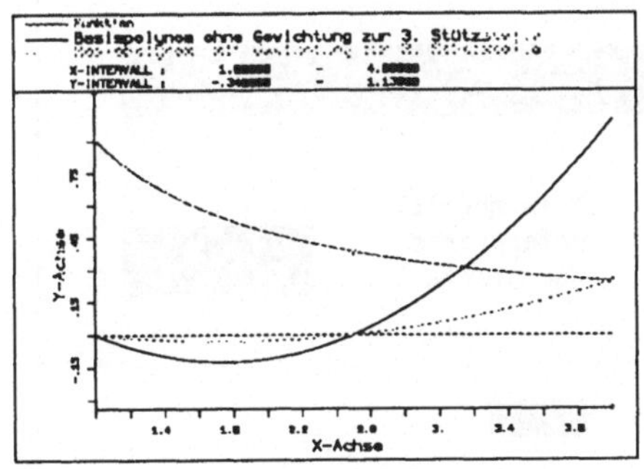

Kleine Bilder: die Interpolationspolynome zu den einzelnen Stützstellen, darunter als großes Bild das Ergebnis der Interpolation im Beispiel zu Kapitel 2.1

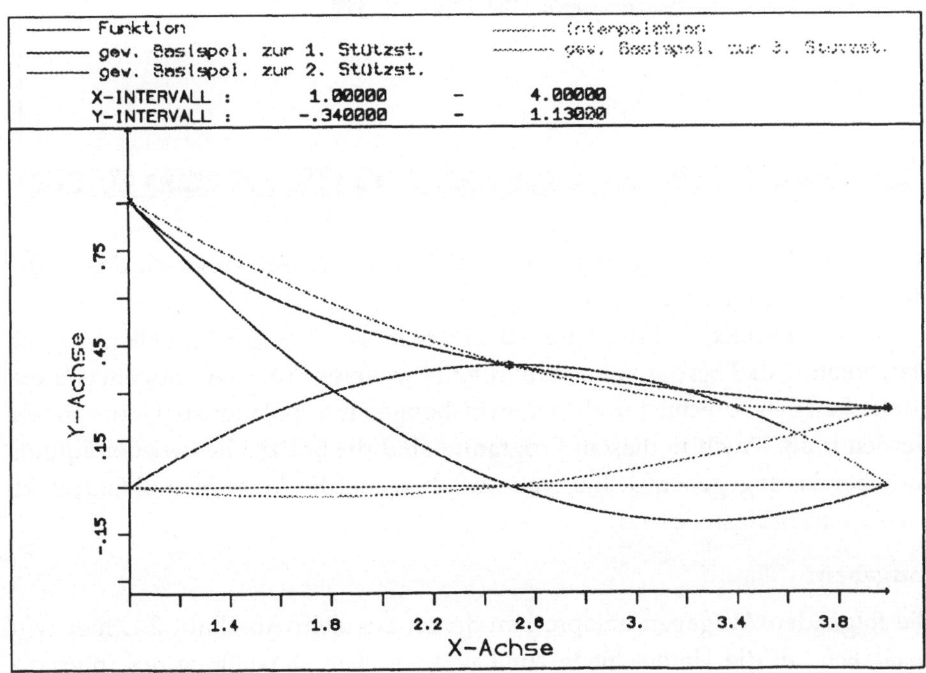

2.2 Newtonsche Darstellung des Interpolationspolynoms

Die Newtonsche Darstellung des Interpolationspolynoms liefert das gleiche
Ergebnis wie die Lagrangesche Darstellung.

Beispiel *Gebrochen rationales Polynom*

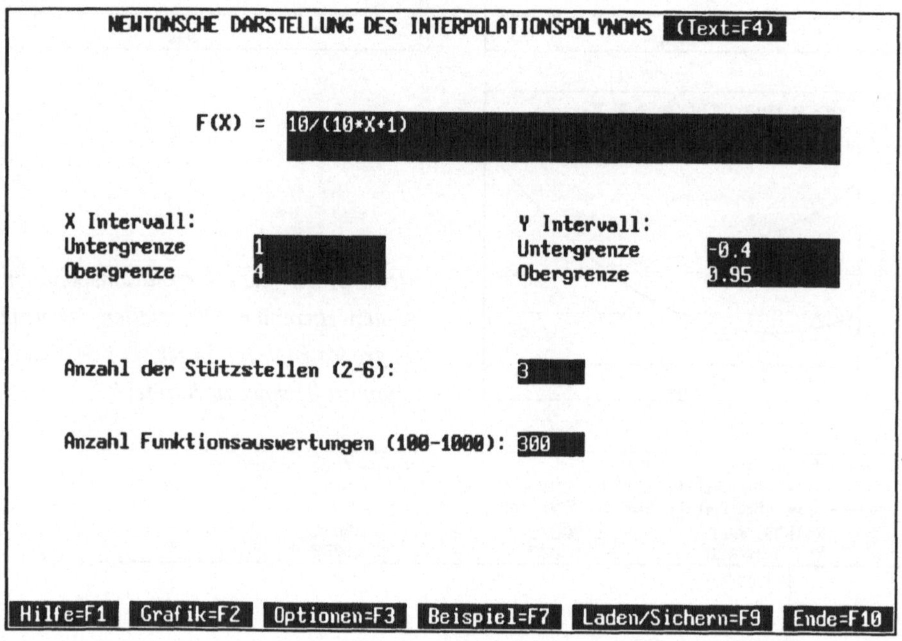

Das Beispiel entspricht dem aus Kapitel 2.1, so daß ein Vergleich der beiden
Methoden leichtgemacht wird.

Im Unterschied zu Programm 2.1 sind hier bis zu sechs Stützstellen möglich.
Man erkennt, daß bei der Hinzunahme einer weiteren Stützstelle nur ein weiterer
Koeffizient neu berechnet und zu dem bisherigen Interpolationspolynom addiert
werden muß. Auch in diesem Programm sind die Stützstellen wieder äquidistant über das angegebene X-Intervall verteilt, wobei die Anfangs- und Endpunkte
jeweils eine Stützstelle sind.

Aufgaben

Die folgenden Aufgaben entsprechen denen aus dem Abschnitt 2.1, hier wird
zusätzlich auf die Unterschiede zur Lagrangeschen Darstellung des Interpola-

tionspolynoms eingegangen.

2.2.1 Gebrochen rationale Funktion

$f(x) = 1/(1 + x^2)$ $x \in [-1, 1]$, $y \in [-0.15, 1.2]$, drei Stützstellen.
Mit dem Schema 2.8 ergibt sich:

$$
\begin{array}{lll}
x_0 = -1 & f[x_0] = 0.5 & \\
 & & f[x_0, x_1] = 0.5 \\
x_1 = 0 & f[x_1] = 1 & \qquad\qquad f[x_0, x_1, x_2] = 0.5 \\
 & & f[x_1, x_2] = 0.5 \\
x_2 = 1 & f[x_2] = 0.5 &
\end{array}
$$

Mit diesem Schema folgt nun sofort die Darstellung des Interpolationspolynoms:

$$
p(x) = \frac{1}{2} + \frac{1}{2}(x + 1) - \frac{1}{2}(x + 1)x = 1 - \frac{1}{2}x^2.
$$

Dies ist natürlich wieder das gleiche Ergebnis wie das mit der Lagrangeschen Methode gewonnene. Die ersten beiden Teilpolynome haben hier folgende Form:

$$
p_0(x) = \frac{1}{2}
$$

$$
p_1(x) = \frac{1}{2} + \frac{1}{2}(x + 1).
$$

2.2.2 Transzendente Funktion

$f(x) = \cos(x) + \cosh(x) + 1$, $x \in [-3, 3]$, Y-Intervallgrenzen unbestimmt lassen, drei Stützstellen.
Da in diesem Programm mehr Stützstellen als in dem zur Lagrangeschen Darstellung möglich sind, kann man hier auch z.B. fünf Stützstellen wählen und damit ein recht gutes Interpolationsergebnis erhalten.

2.2.3 Exponentialfunktion

$f(x) = \exp(x)$, $x \in [0, 5]$, Y-Intervallgrenzen unbestimmt lassen, drei Stützstellen.
Mit sechs Stützstellen ergibt sich für dieses Intervall schon eine recht gute Interpolation der e-Funktion.

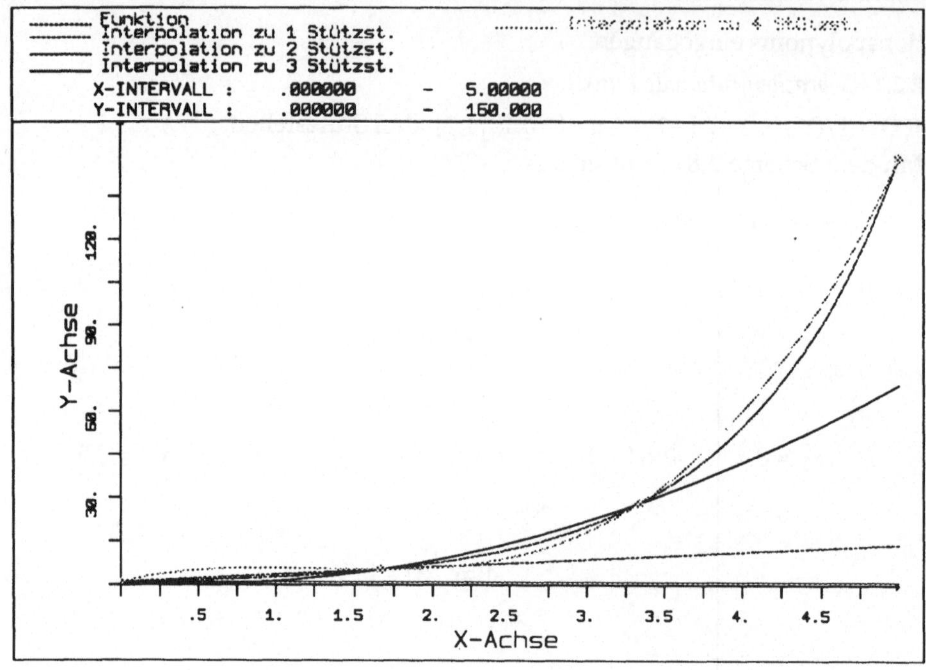

Interpolation der Exponentialfunktion

2.3 Stützstellenstrategien bei der Polynominterpolation

Unter Umständen läßt sich der Interpolationsfehler mit einer anderen Wahl der Stützstellen verringern. Außer der offensichtlichen, aber rechenintensiven Möglichkeit, die Zahl der Stützstellen zu erhöhen kann ihre Lage variiert werden, sie müssen also nicht immer äquidistant liegen.

In diesem Programm steht zusätzlich zur äquidistanten Lage der Stützstellen die Wahl von Tschebyscheff-Stützstellen zur Verfügung. Diese Tschebyscheff-Stützstellen werden mit der Formel 2.13 auf das angegebene Interpolationsintervall transformiert.

Völlig frei können die Stützstellen in dem Programm 2.5 gewählt werden. Dort kann das Interpolationspolynom auch mit der Spline- und der Akima-Interpolation verglichen werden.

Da in diesem Programm bis zu vier Interpolationspolynome zu einer Funktion gleichzeitig gezeichnet werden können, ist es hier auch möglich, direkt den

Einfluß der Stützstellenanzahl auf die Qualität des Ergebnisses zu beurteilen.

Beispiel *Gebrochen rationales Polynom*

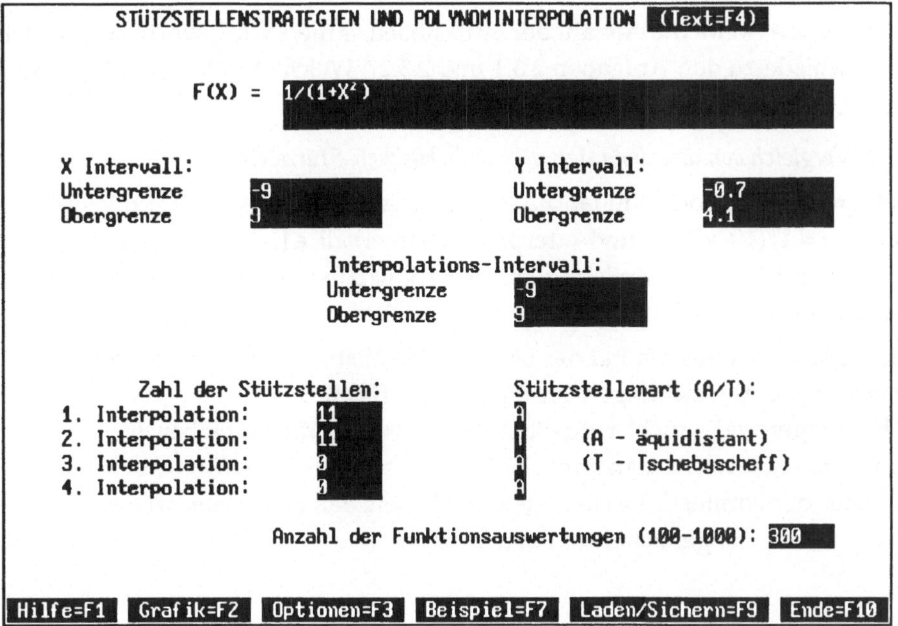

Es können bis zu 20 äquidistante oder Tschebyscheff-Stützstellen gewählt werden. Das Interpolationsintervall, aus dem die Stützstellen gewählt werden, darf kleiner als das X-Intervall sein, die Interpolationspolynome werden dann über das Interpolationsintervall hinaus extrapoliert.

Aufgaben

2.3.1 *Die Anzahl der Stützstellen verändern (I)*

$f(x) = 1/(1 + x^2)$,   X- und Interpolationsintervall $\in [-5, 5]$, Y-Intervallgrenzen unbestimmt lassen, Interpolationspolynome mit unterschiedlich vielen äquidistanten Stützstellen (z.B. 5, 9 und 11) wählen.

Intuitiv wird nahegelegt, daß sich die Approximationsqualität eines Interpolationspolynoms mit der Anzahl der Stützstellen immer weiter verbessert. Offensichtlich ist dies aber nicht immer der Fall. Besteht hier eine Möglichkeit der Abhilfe?

Bei folgenden Aufgaben erhalten Sie ähnliche Resultate:

a) $f(x) = |x|$, $x \in [-1, 1]$, (z.B. 3, 7, 11 und 15 äquidistante Stützstellen)

b) $f(x) = \arctan(x)$ aus dem Beispiel zu diesem Abschnitt.

2.3.2 *Die Anzahl der Stützstellen verändern (II)*

$f(x) = \sin(x)$,   X- und Interpolationsintervall $\in [0, 30]$, Y-Intervallgrenzen unbestimmt lassen und äquidistante Stützstellen wählen.

Was passiert, wenn die Anzahl der Stützstellen variiert wird, worin bestehen die Unterschiede zu den Aufgaben 2.3.1 und 2.3.2? Welche Erklärung haben Sie für diese Unterschiede?

2.3.3 *Vergleich von äquidistanten und Tschebyscheff-Stützstellen*

Untersuchen Sie noch einmal die Interpolation der gebrochen rationalen Funktion $f(x) = 1/(1 + x^2)$, X- und Interpolationsintervall $\in [-5, 5]$, Y-Intervallgrenzen unbestimmt lassen, jeweils ein Interpolationspolynom mit äquidistanten und eines mit Tschebyscheff-Stützstellen, Stützstellenanzahl z.B.: 11.

Die Approximationsqualität der beiden Interpolationspolynome ist deutlich verschieden, die Abweichungen bei Tschebyscheff-Stützstellen sind am Rand erheblich geringer (vgl. auch Aufgabe 2.3.1). Auch für die Aufgaben $f(x) = |x|$ und $f(x) = \arctan(x)$ erhält man ähnliche Ergebnisse, jedoch für $f(x) = \sin(x)$ nicht.

Aus der Formel (2.1.4) kann man schließen, daß der Fehler bei der Polynominterpolation maßgeblich durch den Term

$$g(x) = \prod_{j=0}^{n}(x - x_j)$$

mit den Stützstellen x_j, $j = 0, 1, \ldots, n$, bestimmt wird. In der Aufgabe 1.1.9 wird dieser Term auf dem Intervall $[-1, 1]$ je einmal mit Tschebyscheff- und mit äquidistanten Stützstellen veranschaulicht. Man kann nachweisen, daß

$$\max |g^*(x)| \leq \max |g(x)| \text{ für } x \in [x_0, x_n]$$

ist, mit beliebigen Stützstellen $x_0 < x_1 < \ldots < x_{n-1} < x_n$ in den Faktoren von $g(x)$, und

$$g^*(x) = \prod_{j=0}^{n}(x - x_j^*)$$

mit den Tschebyscheff-Stützstellen x_j^*, $j = 0, \ldots, n$, im Intervall $[x_0, x_n]$. Ausführlicher ist dies z.B. in den Büchern von *Schwarz* oder *Werner / Schaback* dargestellt.

2.3.4 *Konvergenz des Interpolationspolynoms*

Erhöhen Sie für die Funktionen aus den Aufgaben 2.3.1a und 2.3.3 die Anzahl der Tschebyscheff-Stützstellen.

Ist es möglich, anhand der Grafik abzuschätzen, ob die Folge $\{p_n(x)\}_{n \in \mathbb{N}}$ der Interpolationspolynome bei einer fortlaufenden Erhöhung der Anzahl der Stützstellen gegen die zu interpolierende Funktion konvergiert?

2.3.5 *Extrapolation über das Interpolationsintervall hinaus*

a) $f(x) = |x|$, $x \in [-2.5, 2.5]$, $y \in [0, 10]$, Interpolationsintervall: $[-2, 2]$, zwei Interpolationspolynome mit 11 äquidistanten und 11 Tschebyscheff-Stützstellen.

b) $f(x) = \sin(x)$, $x \in [-6, 6]$, $y \in [-6, 6]$, Interpolationsintervall: $[-2, 2]$, zwei Interpolationspolynome mit 11 äquidistanten und 11 Tschebyscheff-Stützstellen.

c) Was geschieht bei einer Erhöhung der Anzahl der Tschebyscheff-Stützstellen?

Beurteilen Sie die Resultate!

2.3.6 *Gebrochen rationale Funktionen*

a) $f(x) = (x^2 + 3x + 5)/(x - 2)$, $x \in [0, 7]$, $y \in [-100, 100]$, Interpolationsintervall: $[0, 7]$, drei Interpolationspolynome mit 7, 11 und 13 Tschebyscheff-Stützstellen.

b) $f(x) = x^3/(1 + x^2)$, $x \in [-2, 2]$, Y-Intervallgrenzen unbestimmt lassen, Interpolationsintervall: $[-2, 2]$, drei Interpolationspolynome mit 5, 7 und 11 Tschebyscheff- oder äquidistanten Stützstellen.

Die Ergebnisse zeigen, daß die Interpolationen rationaler Funktionen sehr unterschiedlich ausfallen können. Wieso wird in der ersten Aufgabe die Qualität des Interpolationspolynom nicht besser, wenn die Anzahl der Stützstellen erhöht wird? Was passiert, wenn eine Stützstelle an der Polstelle $x = 2$ gewählt wird?

Die Ergebnisse, die sie mit der Aufgabe a) erhalten, lassen sich auch an der einfachen Funktion $f(x) = 1/x$ bestätigen. Es empfiehlt sich, beim Vorliegen von Polstellen in MAYA immer eine Begrenzung für die Y-Achse vorzugeben.

2.3.7 *Periodische Funktionen*

$f(x) = 4 + 3\sin(3x) + 5\cos(2x)$, $x \in [-5, 5]$, $y \in [-7, 13]$, Interpolationsintervall: $[-5, 5]$, zwei Interpolationspolynome mit 17 Tschebyscheff verteilten bzw. 17 äquidistant verteilten Stützstellen.

Welche Stützstellenverteilung stellt sich als besser für die Interpolation periodischer Funktionen heraus?

2.3.8 *Gebrochen rationales Polynom*

Interpolieren Sie nochmals die Funktion $f(x) = 10/(1 + 10x)$. Wählen Sie jetzt aber 15, 18, 19 und 20 Stützstellen.

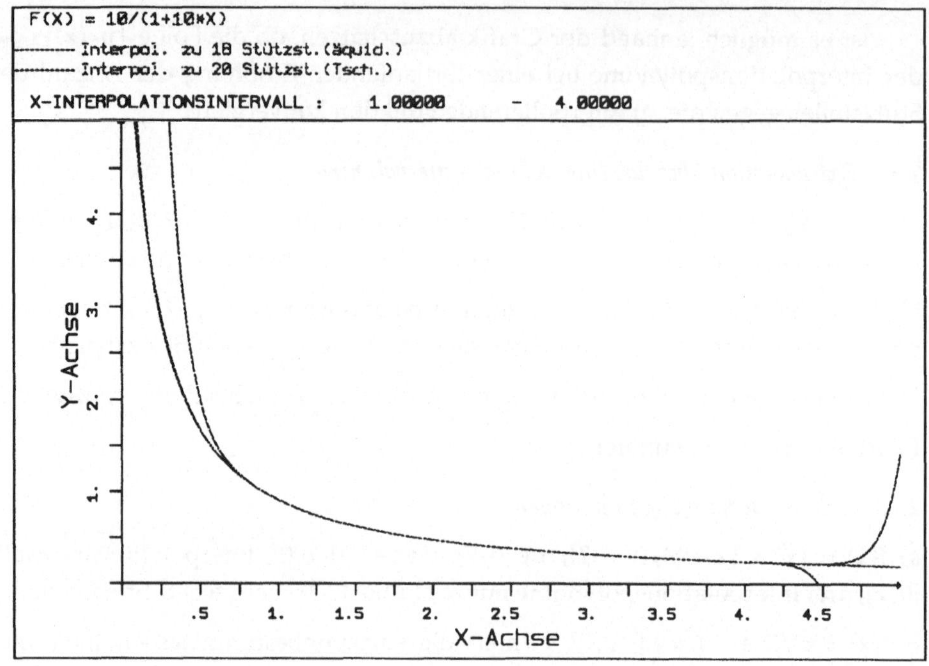

Interpolation mit sehr vielen Stützstellen

2.4 Fehlerfortpflanzung bei der Polynominterpolation

Meßwerte, die interpoliert werden sollen, sind oft ungenau und fehlerhaft. Mit diesem Programm kann exemplarisch untersucht werden, wie sich eine - in diesem Fall künstlich eingebaute Abweichung an einer vorzugebenden Stützstelle - im Interpolationspolynom fortsetzt. Anstelle von Meßwerten wird hier jedoch aus Praktikabilitätsgründen mit einer Funktion gearbeitet, deren Werte an den Stützstellen zu interpolieren sind, wobei an einer Stützstelle ein beliebiger, also vom eigentlichen Funktionswert abweichender Wert vorgegeben werden kann.

Beispiel *Gebrochen rationales Polynom*

Es besteht wieder die Wahl zwischen äquidistanten und Tschebyscheff verteilten Stützstellen, von denen jeweils zwischen zwei und fünfzehn möglich sind. Die Numerierung der Stützstellen beginnt bei Null, so daß die Nummer der letzten Stützstelle gleich (Anzahl − 1) ist. Gezeichnet wird die zu interpolierende Funktion, die Interpolation mit den fehlerfreien Stützstellen und die Interpolation mit

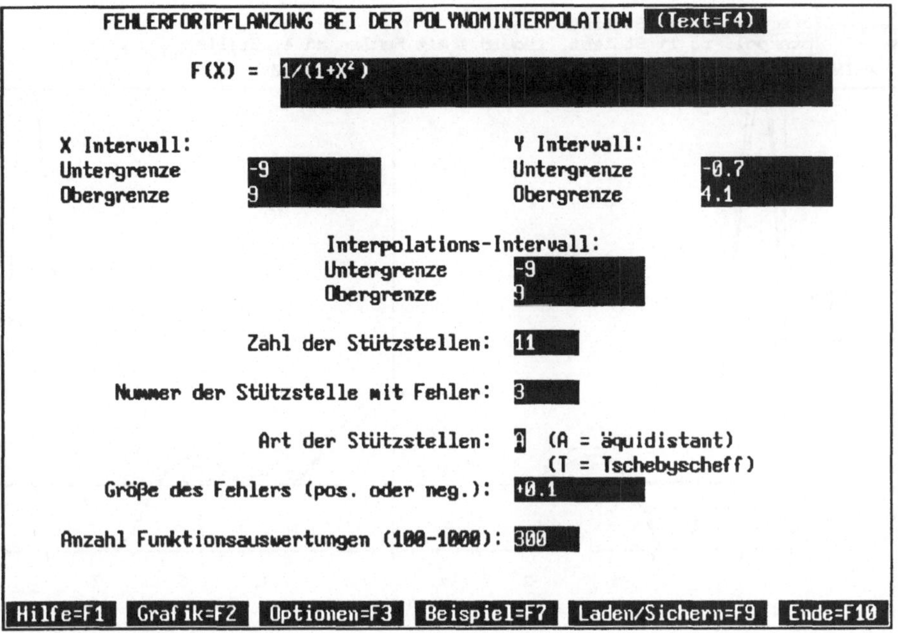

einer fehlerbehafteten Stützstelle.

Aufgaben

2.4.1 *Anzahl der Stützstellen variieren*

Wählen Sie in dem Beispiel eine unterschiedliche Anzahl von Stützstellen. Vergleichen Sie die Fehlerfortpflanzung bei beiden Stützstellenverteilungen. Lassen Sie bei der Wahl von Tschebyscheff-Stützstellen die Y-Intervallgrenzen unbestimmt.

Was läßt sich ganz allgemein über die Fehlerfortpflanzung sagen?

2.5 Vergleich verschiedener Interpolationsmethoden

Innerhalb dieses Programms können alle in diesem Kapitel vorgestellten Interpolationsverfahren bei einer der beiden hier möglichen Stützstellenverteilungen miteinander verglichen werden.

Die Steigungen der kubischen Splines mit den festen Ableitungen an der Rändern des Interpolationsintervalls werden am linken Intervallrand mit dem

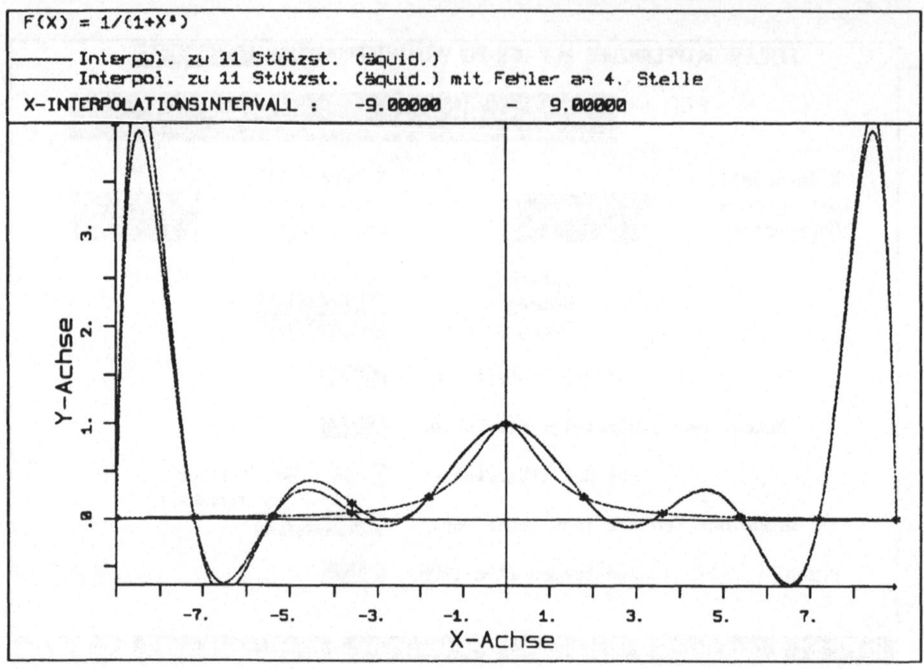

Grafik, die sich mit dem Beispiel aus 2.4 ergibt

vorwärtsgenommenen und am rechten mit dem rückwärtsgenommenen Differenzenquotienten der zu interpolierenden Funktion berechnet. Die Schrittweite h ist hierfür mit h = 0.001 festgelegt.

Beispiel *Sinusfunktion*

Die Art der Stützstellenverteilung wird mit **A** wie äquidistant, **T** wie Tschebyscheff verteilt oder **F** entsprechend freier Wahl festgelegt. Es sind zwischen drei und 16 Stützstellen möglich. Alle Interpolationsmethoden, die mit einem **J** gekennzeichnet werden, werden in die Zeichnung aufgenommen. Bei freier Wahl der Stützstellen müssen diese auf einer gesonderten Seite eingegeben werden, wobei eine Sortierung der Größe nach in dem Programm erfolgen kann.

Anhand der Grafik erkennen Sie, daß die Sinusfunktion mit nur fünf Stützstellen in diesem Intervall durch kubische Splines mit festen ersten Ableitungen (die mit Hilfe der Differenzenquotienten bestimmt wurden) schon relativ gut interpoliert wird. Vergleichen Sie auch den Rechenaufwand zur Bestimmung der Sinusfunktion für einen beliebigen Wert unter Berücksichtigung der Resultate, die Sie mit dem Beispiel in Programm 1.1 gewonnen haben.

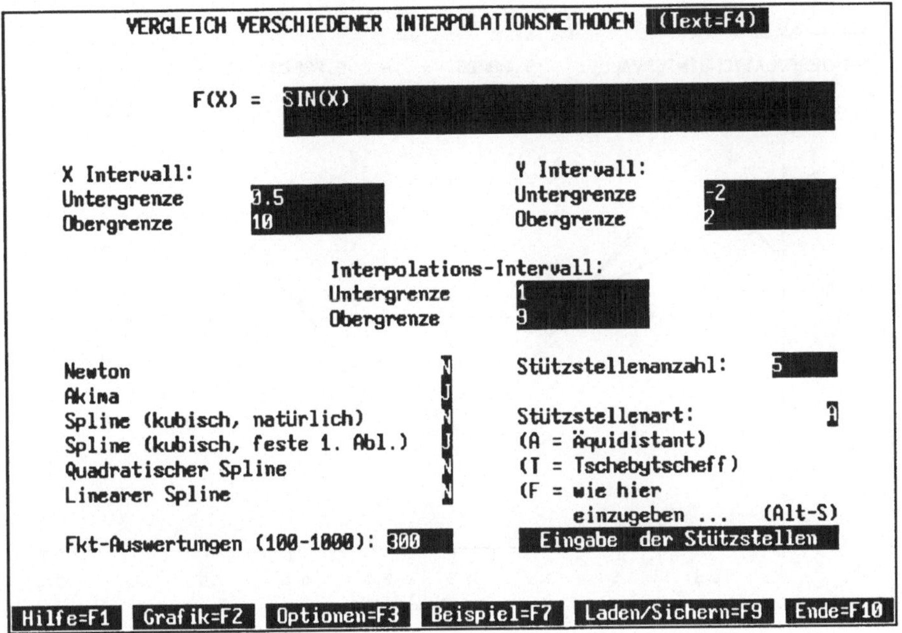

Aufgaben

2.5.1 *Vergleich der Polynominterpolation mit den Splineinterpolationen*

$f(x) = 1/(1 + x^2)$, X- und Interpolationsintervall: $[-10, 10]$, Y-Intervallgrenzen unbestimmt lassen, 11 äquidistante Stützstellen, Vergleich der Polynominterpolation mit den quadratischen und kubischen Splines.

Kommentieren Sie die Ergebnisse! Wie sehen die Resultate aus, wenn anstatt äquidistanter Stützstellen Tschebyscheff-Stützstellen verwendet werden?

2.5.2 *Vergleich aller vorgestellten Methoden (I)*

$f(x) = 1/(1 + x^2)$, X- und Interpolationsintervall: $[0, 10]$, Y-Intervallgrenzen unbestimmt lassen, fünf äquidistante Stützstellen, Vergleich der Polynominterpolation, der beiden kubischen Splines und der Akima-Methode.

Die besten Ergebnisse liefert in diesem Fall die Akima-Interpolation. Warum ist dies so? Weshalb wird die Funktion durch einen Spline mit fest vorgegebener Steigung an den Intervallrändern schlechter approximiert als durch die mit verschwindender Krümmung? Wieso liefert die Polynominterpolation hier verhältnismäßig gute Ergebnisse?

In Abschnitt 2.3 wurde deutlich, daß die Polynominterpolation für die Funk-

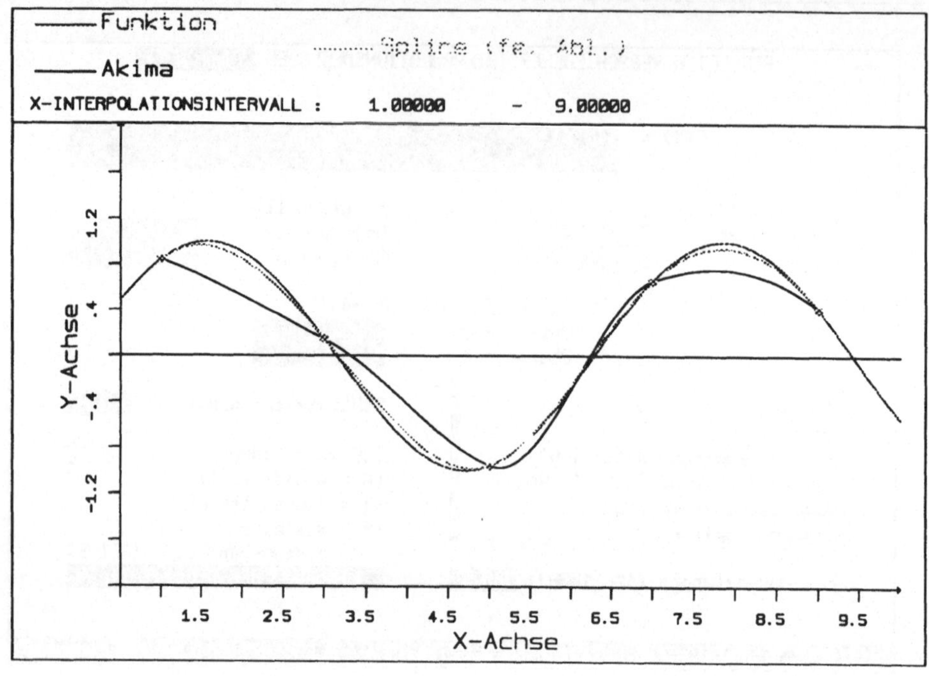

Grafik zum Beispiel 2.5

tion $f(x) = \sin(x)$ recht gute Resultate ergibt. Wie ist die Qualität der Polynom-interpolation einzuschätzen, wenn Sie die Resultate des Beispiels aus diesem Abschnitt mit den Aufgaben 2.5.1 und 2.5.2 vergleichen?

2.5.3 *Vergleich aller vorgestellten Methoden (II)*

$f(x) = x^{1/3}$, X- und Interpolationsintervall: $[0, 64]$, Y-Intervallgrenzen unbestimmt lassen, fünf frei gewählte Stützstellen bei: $x_0 = 0$, $x_1 = 1$, $x_2 = 8$, $x_3 = 27$, $x_4 = 64$.

a) Vergleichen Sie die Polynominterpolation, den kubischen Spline mit natürlichen Randbedingungen und die Akima-Methode.

b) Vergleichen Sie die Polynominterpolation und die Akima-Methode mit den Splines mit fest vorgegebenen Steigungen an den Intervallrändern.

2.5.4 *Vergleich der Akima- und der Spline-Interpolation*

$f(x) = \sin^3(x) + 3\cos(4x)$, X- und Interpolationsintervall: $[-4, 4]$, Y-Intervallgrenzen unbestimmt lassen, 15 äquidistante Stützstellen, Vergleich der Akima-Methode mit beiden möglichen kubischen Splines.

Warum wird die Funktion mit der Akima-Methode in diesem Fall schlechter approximiert als mit kubischen Splines, obwohl sie doch in den beiden vorhergehenden Aufgaben bessere Resultate geliefert hat? Kann daraus eine grobe Regel ableitet werden, in welchem Falle welche Interpolationsmethode vorzuziehen ist?

2.5.5 *Konvergenz*

$f(x) = x \sin(\pi/x)$, $x \in (0,1]$, Sie können also die X- und Interpolations-Intervallgrenzen z.B. gleich $[0.01, 1]$ setzen, die Y-Intervallgrenzen sollen unbestimmt bleiben. Für die Polynominterpolation sollen fünf, sieben und neun Stützstellen mit der Verteilung $x_j = 1/(j+1)$ gewählt werden

Welche Ergebnisse entnehmen Sie der Grafik?

Zum Abschluß dieses Abschnittes folgt ein Beispiel, in dem eine Idee der *Romberg-Extrapolation* zur Berechnung der Ableitung einer Funktion an einer festen Stelle vermittelt werden soll.

2.5.6 *Numerische Differentiation durch Extrapolation*

Zur Berechnung der Ableitung einer Funktion $f(x)$ an der Stelle x_0 wird der zentrale Differenzenquotient von Formel (2.15)

$$\delta_h f(x_0) = \frac{1}{2h}(f(x_0 + h) - f(x_0 - h))$$

benutzt. Dabei gilt:

$$\lim_{h \to 0} \delta_h f(x_0) = f'(x_0)$$

Eine Grundidee der *Romberg-Methode* zur Bestimmung der Ableitung einer Funktion an einer festen Stelle ist es, $\delta_h f(x_0)$ als Funktion von h und mit Hilfe der Polynominterpolation zu den Stützstellen

$$h_0, \quad h_0/2, \quad h_0/4, \quad h_0/8, \quad \ldots, h_0/2^n,$$

an der Stelle $h = 0$ zu extrapolieren. Das Interpolationspolynom wird jeweils mit den Formeln von *Aitken-Neville* ausgewertet, mit denen man den Funktionswert des Interpolationspolynoms in der Newtonschen Darstellung an einer festen Stelle berechnen kann. (Vgl. eines der zum Thema *Interpolation* angegebenen Lehrbücher.)

Diese Idee läßt sich anhand eines konkreten Beispiels ausgezeichnet veranschaulichen: Zur Berechnung der Ableitung der Funktion $f(x) = \tan(x)$ an der Stelle $x_0 = 0.5$ erhalten Sie folgenden zentralen Differenzenquotienten:

$$\delta_h f(0.5) = \frac{1}{2h}(\tan(0.5 + h) - \tan(0.5 - h)).$$

Für die Programmeingabe wird δ_h als Funktion von h durch f(x) ersetzt. Sie erhalten dann mit $h_0 = 1$ und $n = 3$, also den Stützstellen 1, 1/2, 1/4 und 1/8, die folgenden Eingaben:

$$f(x) = \frac{1}{2x}(\tan(0.5 + h) - \tan(0.5 - h)), \quad x \in [0, 1],$$

Y-Intervallgrenzen unbestimmt lassen, Interpolationsintervall:[0.125, 1], $x \in (0, 1]$, vier Stützstellen freier Wahl bei $x_0 = 0.125$, $x_1 = 0.25$, $x_2 = 0.5$, $x_3 = 1.0$, Zeichnung der Polynominterpolation.

Der näherungsweise Ableitungswert an der Stelle $x_0 = 0.5$ läßt sich in der Grafik dort ablesen, wo die Interpolierende auf die y-Achse trifft.

Veranschaulichen Sie sich die Romberg-Extrapolation auch für $n = 2$ und $n = 4$. Die untere Grenze des Interpolationsintervalls muß dabei jeweils geändert werden. Experimentieren Sie auch mit äquidistanten Stützstellen ($x_0 = 0.2$, $x_1 = 0.4, \ldots, x_4 = 1.0$ oder $x_0 = 0.1$, $x_1 = 0.2, \ldots, x_9 = 1.0$). Warum ist diese Strategie weniger erfolgreich?

2.6   Interpolation von Meßwerten

Innnerhalb diese Programms wird nicht zwischen den Stützstellen einer Funktion interpoliert, sondern es besteht die Möglichkeit, eigene Stützwerte (z.B. Meßwerte) einzugeben und zwischen diesen zu interpolieren.

Beispiel *Kurve*

Innerhalb dieses Programms ist die Eingabe von bis zu 100 Meßpunkten möglich. Diese können auch über eine Datei eingelesen werden.

Sie können die angebotenen Interpolationsmethoden miteinander vergleichen und sich dann entscheiden, welche der Interpolationsmethoden für ein gegebenes Problem am geeignetsten erscheint, wobei Sie sich immer bewußt sein sollten, daß diese Entscheidung einiges Vorwissen über die erwartete Lösung erfordert.

Ebenso wie für die X-Achse braucht für die Y-Achse keine Begrenzung angegeben zu werden, da diese direkt aus den vom Benutzer eingegebenen Meßpunkten entnommen werden.

Mit dem Beispiel erhalten Sie bei 6 Interpolationsstützpunkten die auf der folgende Seite abgebildete Grafik.

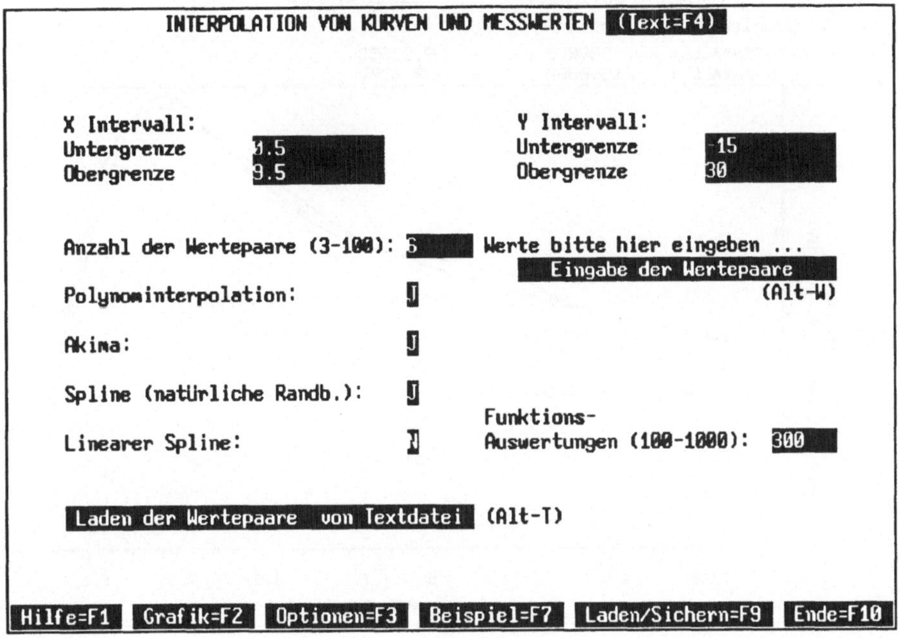

```
      INTERPOLATION VON KURVEN UND MESSWERTEN  (Text=F4)


   X Intervall:                    Y Intervall:
   Untergrenze      8.5            Untergrenze       -15
   Obergrenze       9.5            Obergrenze        30


   Anzahl der Wertepaare (3-100): 6    Werte bitte hier eingeben ...
                                          Eingabe der Wertepaare
   Polynominterpolation:          J                        (Alt-W)

   Akima:                         J

   Spline (natürliche Randb.):    J
                                       Funktions-
   Linearer Spline:               J    Auswertungen (100-1000):  300


      Laden der Wertepaare  von Textdatei  (Alt-T)



  Hilfe=F1   Grafik=F2   Optionen=F3   Beispiel=F7   Laden/Sichern=F9   Ende=F10
```

Aufgaben

2.6.1

Zeichnen Sie Interpolationskurven zu folgenden Werten:

$$x_0 = 1., \quad x_1 = 2., \quad x_2 = 3., \quad x_3 = 4., \quad x_4 = 5., \quad x_5 = 6., \quad x_6 = 7.,$$
$$y_0 = 2., \quad y_1 = 2., \quad y_2 = 2., \quad y_3 = 4., \quad y_4 = 2., \quad y_5 = 2., \quad y_6 = 2..$$

Wie sind die Unterschiede zwischen der *Spline-*, der *Akima-* und der *Polynominterpolation* zu erklären?

2.6.2 *Schiffskonstruktion (I)*

In dieser Aufgabe soll mit möglichst einfachen Rechenvorschriften die Geometrie eines Schiffes von 20m Länge festgelegt werden. Die vom Bug zum Heck durchnumerierten neun Spanten S_j, $j = 1, 2, \ldots, 9$, haben zwei Meter Abstand voneinander bzw. von Bug und Heck. Jeder Spant ist symmetrisch und senkrecht zum Kiel und alle haben die Höhe H_0. Die Breite B_j, $j = 1, 2, \ldots, 9$, der Spanten in der Höhe H_0 über dem Kiel wird einfach durch folgende Ellipsengleichung festgelegt:

$$B_j = 2/5 \, (2j \, (20 - 2j))^{0.5}, \quad j = 1, 2, \ldots, 9.$$

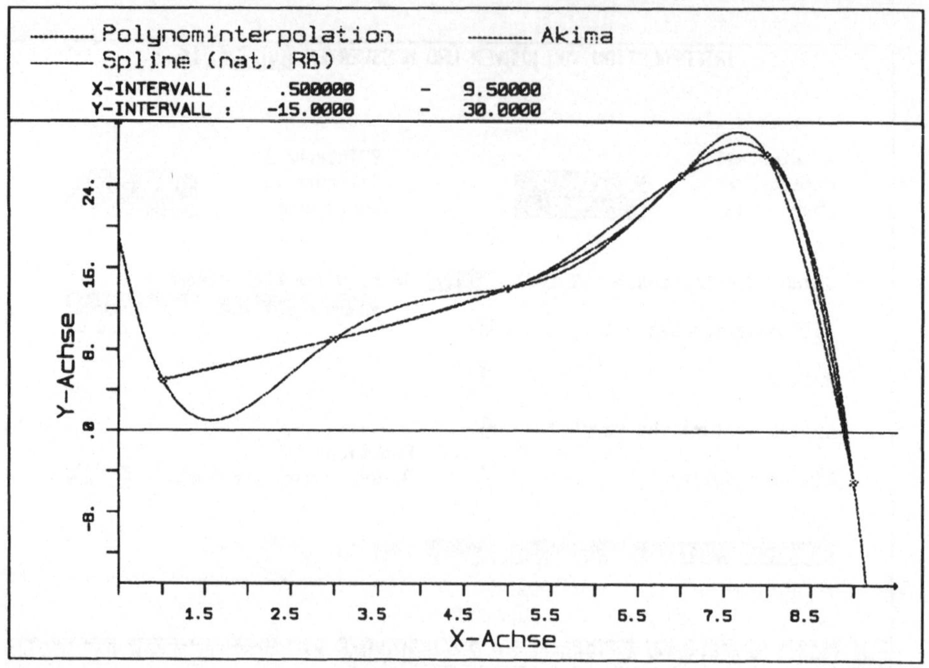

Vergleich der Interpolationsmethoden (Grafik zum Beispiel 2.6)

Gezeichnet werden sollen nun die Stringer, d.h. die in der Höhe H_0 in Längsrichtung verlaufenden Planken. Legt man die X-Achse so auf den Kiel, daß Bug und Heck bei $x = 0$ bzw. $x = 20$ liegen, so ergeben sich zur Berechnung des Stringers auf der Steuerbordseite die Stützpunkte

$$P_j := (2j, \frac{1}{2}b_j(H)), \quad j = 1, 2, \ldots, 9$$

$$\text{und } P_0 = (0,0), \quad P_{10} = (20,0).$$

Interpolieren Sie der Einfachheit halber zunächst nur die Stützpunkte P_0, $P_1 = (2., 2.4)$, $P_2 = (4., 3.2)$, $P_5 = (10., 4.)$, $P_8 = (16., 3.2)$, $P_9 = (18., 2.4)$ und P_{10}. Achten Sie darauf, daß Sie für die X- und die Y-Achse den gleichen Maßstab wählen und nehmen Sie für $x \in [0., 20.]$ und $y \in [0., 10.]$ entsprechende Achsenlängen von 20 bzw. 10 Einheiten.

Interpolieren sie in einer weiteren Grafik nur mit drei oder vier Punkten.

Aufgrund des Ellipsenansatzes sieht der Bug des so konstruierten Schiffes nicht sonderlich wirklichkeitsgetreu aus, es besteht aber die Möglichkeit, einige Stützstellen auf der Basis des vorhandenen Ansatzes gezielt zu verändern.

Um den Umriss des Schiffes zeichnen zu können, also auch die Form der Stringer in jeder Höhe festlegen zu können, muß noch die Breite des Schiffes abhängig von der Höhe festgelegt werden. Dies könnte man z.B. durch eine Parabel höherer Ordnung tun.

2.6.3 *Schiffskonstruktion (II)*

Angegeben werden die Werte der Wasserlinie des Vorschiffes der "Nieuw Amsterdam":

$$x_0 = 0., \quad x_1 = 0.1, \quad x_2 = 0.2, \quad x_3 = 0.3, \quad x_4 = 0.4, \quad x_5 = 5.,$$
$$y_0 = 1.0, \quad y_1 = 0.989, \quad y_2 = 0.959, \quad y_3 = 0.900, \quad y_4 = 0.810, \quad y_5 = 0.691,$$

$$x_6 = 06., \quad x_7 = 0.7, \quad x_8 = 0.8, \quad x_9 = 0.9, \quad x_{10} = 1.0,$$
$$y_6 = 0.549, \quad y_7 = 0.395, \quad y_8 = 0.243, \quad y_9 = 0.110, \quad y_{10} = 0.0.$$

Diese Aufgabe ist aus den Büchern von Becker/Dreyer/Haacke/Nabert und Rösingh/Berghuis entnommen.

2.6.4 *Arbeitslosenstatistik*

In den Jahren 1986/87 wurden folgende Monatswerte (siehe nächste Seite) für die Arbeitslosenzahl in der BR Deutschland veröffentlicht. Interpolieren Sie die statistischen Werte mit linearen und kubischen Splines sowie mittels Polynomen. Wählen Sie eine X-Einheit pro Monat.

2.7 Parameterdarstellung der Spline- und der Akima-Interpolation

Mit den bisher vorgestellten Interpolationsmethoden konnten keine Kurven erzeugt werden, die zu einem X-Wert mehrere Y-Werte besitzen, es war also nur das Zeichnen von Funktionen möglich. Für das Anfertigen von Kurven, wie z.B. Tragflügelprofilen, reichen diese Programme daher nicht aus. Dieses Problem läßt sich mittels einer Parameterdarstellung der Kurve lösen.

Für die gesuchte Kurve wird die Parameterdarstellung $x = x(t)$ und $y = y(t)$ mit t als Kurvenparameter verwendet. Dabei entspricht t der aufsummierten Wegstrecke, die bei der Verbindung der Punkte durch gerade Linienstücke entsteht.

Man setzt:

$$t_0 = 0, \quad t_k = t_{k-1} + ((x_k - x_{k-1})^2 + (y_k - y_{k-1})^2)^{1/2}, \quad k = 1, 2, \ldots, n.$$

Monat	Arbeitslose in Tausend	Monat	Arbeitslose in Tausend
1.86	2590.3	11.86	2067.7
2.86	2593.0	12.86	2218.0
3.86	2447.6	1.87	2497.2
4.86	2230.1	2.87	2487.8
5.86	2122.0	3.87	2412.4
6.86	2078.2	4.87	2215.9
7.86	2131.8	5.87	2098.7
8.86	2120.2	6.87	2096.9
9.86	2046.1	7.87	2175.8
10.86	2026.3		

(Quelle: *Fischer Weltalmanach 1988*)

Damit lassen sich die Funktionen (t_k, x_k) und (t_k, y_k), $k = 1, 2, \ldots, n$, tabellieren.

Das Programm berechnet zu den beiden Funktionen die kubischen Spline-Interpolierenden mit naürlichen Randbedingungen sowie die Akima-Interpolierende. Durch die Paare $(x(t), y(t))$, $t \in [0, 1]$ wird die Kurve beschrieben.

Beispiel *Herzform*

Es dürfen zwischen drei und 20 Wertepaare eingegeben werden, ihre Eingabe erfolgt in einem getrennten Menü nach Aufruf von Eingabe der Wertepaare. Auch in diesem Programm braucht weder eine X- noch eine Y-Achsenbegrenzung eingegeben werden, da diese im Programm selbständig ermittelt werden.

Vergleichen Sie das hier mit 19 Interpolationspunkten gezeichnete Herz mit dem aus dem Beispiel zu Programm 3.3. Beachten Sie insbesondere die abzuspeichernden Datenmengen.

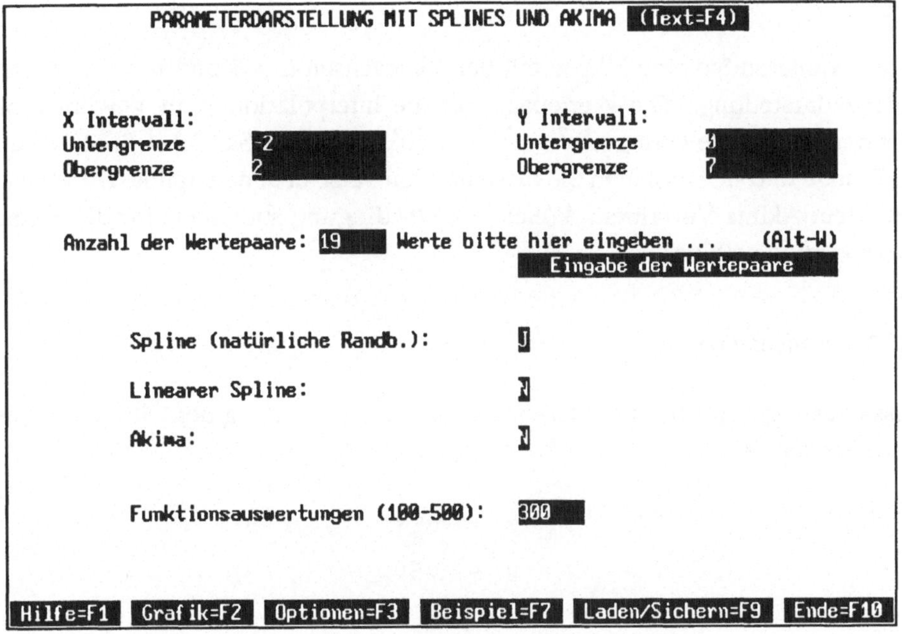

Menü zu Programm 2.7

Aufgaben

2.7.1 *Phasendiagramm einer Differentialgleichung*

Folgende Wertepaare sind zu verbinden:

$$x_0 = 1.5, \quad x_1 = 0.9, \quad x_2 = 0.2, \quad x_3 = 0.35, \quad x_4 = 1.1, \quad x_5 = 1.15,$$
$$y_0 = 0.5, \quad y_1 = 0.9, \quad y_2 = 0.7, \quad y_3 = 0.2, \quad y_4 = 0.25, \quad y_5 = 0.65,$$

$$x_6 = 0.4, \quad x_7 = 0.7, \quad x_8 = 1.0, \quad x_9 = 0.6, \quad x_{10} = 0.8, \quad x_{11} = 0.9,$$
$$y_6 = 0.7, \quad y_7 = 0.3, \quad y_8 = 0.6, \quad y_9 = 0.65, \quad y_{10} = 0.4, \quad y_{11} = 0.6.$$

Wählen Sie die Akima- und die Spline-Interpolation, Sie können die X- und Y-Intervalle wie folgt begrenzen:$x \in [0., 1.5]$ und $y \in [0., 1.]$.

In diesem Beispiel werden die gerundeten diskreten Lösungspunkte der Phasenebene eines numerisch integrierten Systems von zwei Differentialgleichungen erster Ordnung verwendet (Lösungverfahren dafür werden in den Abschnitten 6.6 und 6.7 vorgestellt). Welche der beiden Interpolationsarten scheint sich besser zur Interpolation der Lösungspunkte zu eignen?

2.7.2 *Approximation einer Ellipse*

Approximieren Sie eine Ellipse mit den Halbachsen $a = 3$ und $b = 1$ mit einer
Kurvendarstellung. Die Wertepaare für die Interpolationspaare gewinnen Sie
aus der Ellipsengleichung $x^2 b^2 + y^2 a^2 = a^2 b^2$. Erzeugen Sie sich $4, 8, 12, 16$ oder
20 Punkte und interpolieren Sie diese mit den verschiedenen Spline-Variationen
und dem Akima-Verfahren. Welche Randbedingung sollten Sie für die Spline-
Interpolation wählen?

2.7.3 *Lissajous-Figuren*

Lissajous-Figuren sind die Phasenraumkurven der Lösung des Differentialgleichungssystems

$$x'' = -\omega_1^2 x$$
$$y'' = -\omega_2^2 y\,.$$

Dieses hat die Lösung

$$x(t) = A_1 \sin(\omega_1 t + \phi_1)$$
$$y(t) = A_2 \sin(\omega_2 t + \phi_2)\,.$$

Wenn das Verhältnis von ω_1/ω_2 rational ist, ergeben sich geschlossene Kurven.
Wählen sie $\omega_1 = 0.4$ und $\omega_2 = 0.7$ und erzeugen Sie sich die (x, y)-Wertepaare
zu $t = 0.03, 0.06, 0.09, \ldots.$ Verbinden Sie diese Wertepaare sowohl mit kubischen
Splines als auch mittels der Akima-Interpolation.

2.7.4 *Tragflügelprofil*

Das Profil eines Tragflügels sei durch die auf nächster Seite folgende Wertetabelle
gegeben.Wählen Sie eine genügende Anzahl von Punkten aus und interpolieren
Sie mit den hier möglichen Verfahren! Die Unterschiede werden deutlich, wenn
Sie nur wenige Punkte auswählen oder nur einen kleinen Ausschnitt des Profils
zeichnen lassen.

Weitere Daten für Tragflügelprofile lassen sich beispielsweise bei *Althaus/Wort-
mann* oder *Riegels* finden.

x	y_{oben}	y_{unten}
0.0	0.0	0.0
2.5	5.38	−4.20
5.0	7.50	−5.85
10.0	10.64	−8.10
15.0	13.00	−9.90
20.0	15.00	−11.20
30.0	17.90	−13.20
40.0	20.00	−14.20
60.0	22.80	−15.10
80.0	23.20	−14.75
100.0	22.30	−13.35
120.0	20.10	−11.30
140.0	16.50	−8.80
160.0	12.00	−6.15
180.0	6.75	−3.15
190.0	3.70	−1.60
200.0	0.0	0.0

2.8 Differentation von Interpolierenden

Zur Approximation der Ableitung f′(x) einer Funktion f(x) wird diese Funktion interpoliert. Anschließend wird die Ableitungsfunktion der Interpolierenden berechnet und kann mit der analytisch bestimmten Ableitung f(x) grafisch verglichen werden.

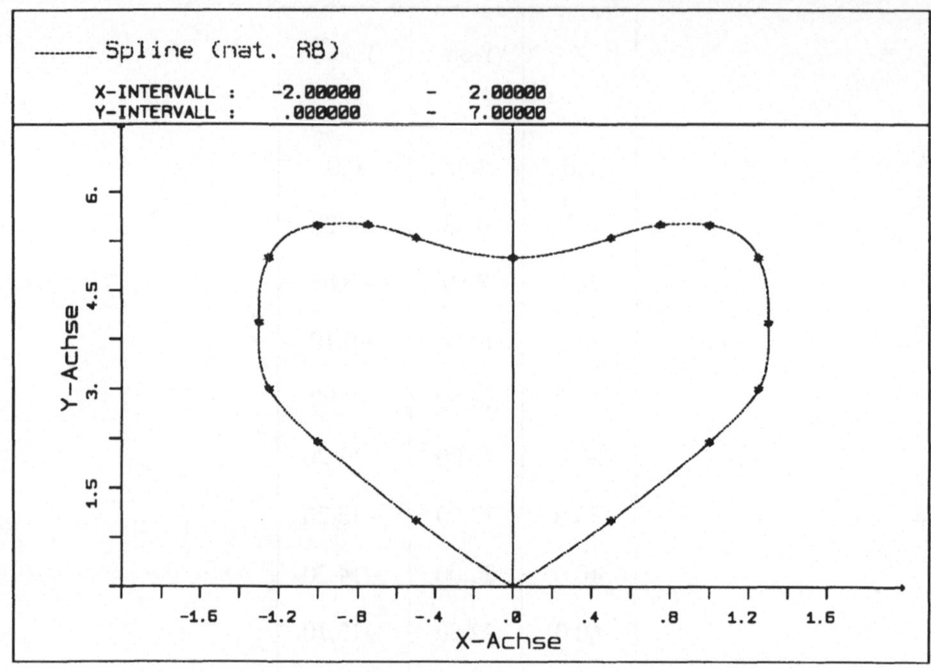

Bild der Herzform in dem Beispiel 2.7

Mit Hilfe der Differentation einer Interpolationsfunktion kann ihre Glattheit besser beurteilt werden als durch bloßen Augenschein. Damit sind konkretere Aussagen über die Qualität der Interpolationsfunktion möglich.

Beispiel *Sinusfunktion*

Ausgewählt werden können in diesem Programm wiederum alle vorgestellten Interpolationsverfahren bei zwei bis 20 Stützpunkten im Interpolationsintervall, wobei dieses äquidistante oder Tschebyscheff-Stützstellen sein können. Es kann jeweils nur mit einer Interpolationsmethode gearbeitet werden.

Beachten Sie vor allem den Unterschied der Ableitungsfunktionen zwischen der Interpolation mit kubischen Splines und mit der Akima-Methode.

Aufgaben

2.8.1 *Zentraler Differenzenquotient*

$f(x) = \sin(x)$, $f'(x) = \cos(x)$, X- und Interpolationsintervall: $[0, 1]$, Y-Intervallgrenzen unbestimmt lassen, zwei äquidistante Stützstellen bei der Polynominterpolation.

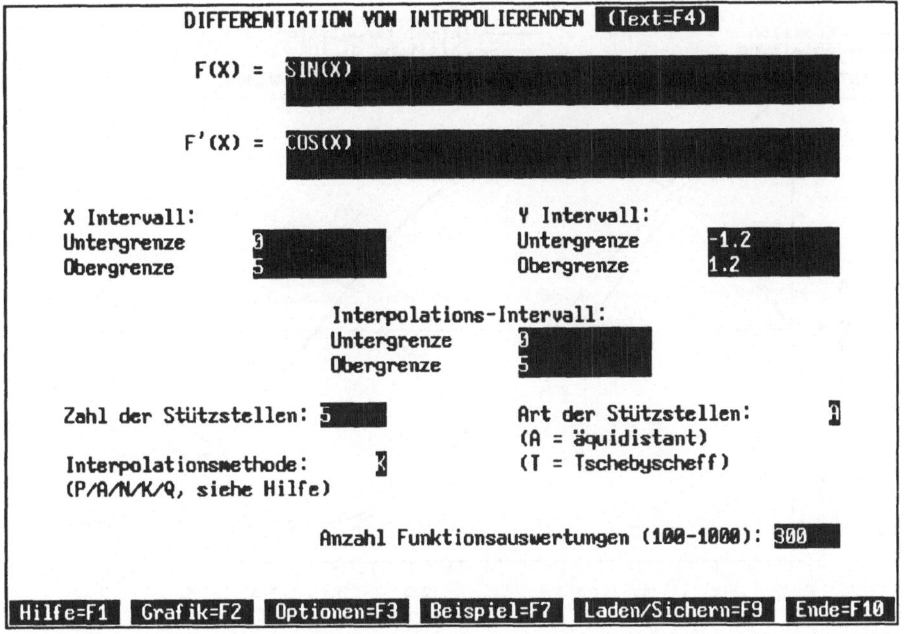

Der Funktionswert des abgeleiteten Interpolationspolynoms an der Stelle $x_0 = 0.5$ ist gleich der Näherung des zentralen Differenzenquotienten nach Formel (2.15) für die Ableitung $f'(x_0)$ mit einer Schrittweite von $h = 0.5$. Sie werten also nur für einen Punkt aus.

2.8.2 *Differenzenformeln mit höherer asymptotischer Genauigkeit*

$f(x) = \cos(x)$, $f'(x) = -\sin(x)$, X- und Interpolationsintervall: [1, 2], Y-Intervallgrenzen unbestimmt lassen, vier äquidistante Stützstellen bei der Polynominterpolation.

Analog zur Herleitung der Formeln (2.15) und (2.16) erhalten Sie für den Differenzenquotienten, den Sie mittels der Ableitung des Interpolationspolynoms zu den Stützstellen $x_0 - 2h$, $x_0 - h$, $x_0 + h$ und $x_0 + 2h$ berechnen, die Formel

$$p'(x) = \frac{1}{6h}(-11f(x) + 18f(x + h) - 9f(x + 2h) + 2f(x + 3h))$$

mit einem Fehler $p'(x) = f'(x) + O(h^3)$. $p'(x)$ ist also eine Näherung der Ordnung 3 für die Ableitung $f'(x)$, damit wird die Ableitung an der Stelle $x_0 = 1$ in dieser Aufgabe exakter berechnet als in Aufgabe 2.8.1.

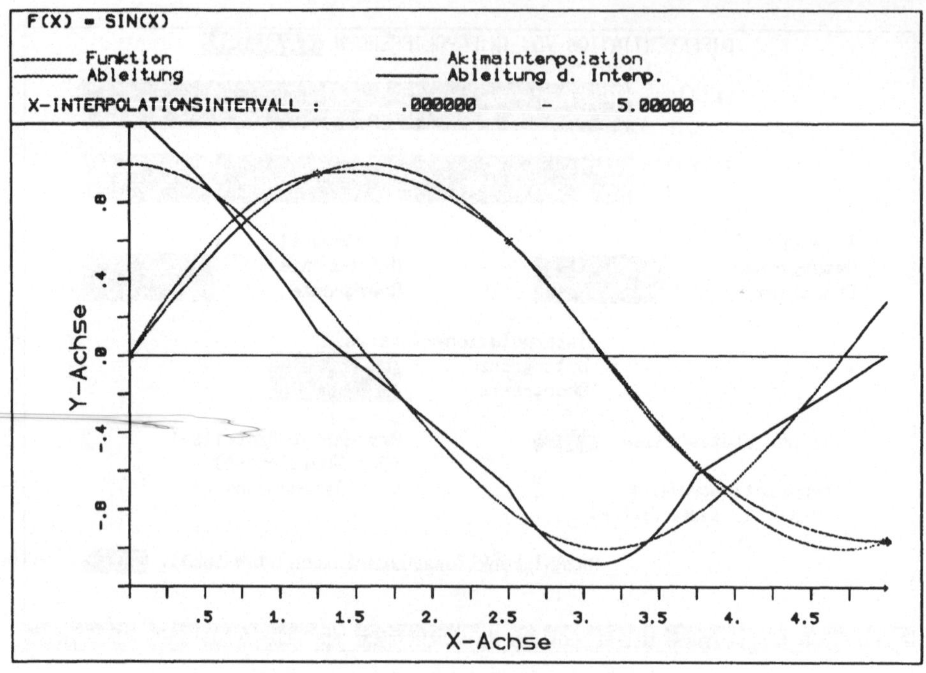

Akima-Interpolierende und ihre Differentation für f(x) = sin x

2.8.3 *Variationen des Beispiels*

Testen Sie die verschiedenen Interpolationsverfahren für die Funktion $f(x) = x \sin(x)$ auf ihre Tauglichkeit für die numerische Differentiation. Was stellen Sie fest?

2.9 Erläuterungen und Lösungen zum 2. Kapitel

Stützstellenstrategien zur Polynominterpolation

Aufgabe 2.3.1: An diesem Fall wird deutlich, daß die Polynominterpolation mit äquidistanten Stützstellen völlig unzureichende Ergebnisse liefert und zur Approximation des Verlaufes einer Funktion in vielen Fällen kaum zu gebrauchen ist. Da der Fehler des Interpolationspolynoms sich besonders an den Rändern des Intervalls auswirkt, liegt es nahe, Tschebyscheff-Stützstellen zu verwenden, die aufgrund der Eigenschaften der Kosinusfunktion am Rand des zugrunde gelegten Interpolationsintervalls eine dichtere Verteilung aufweisen als in dem

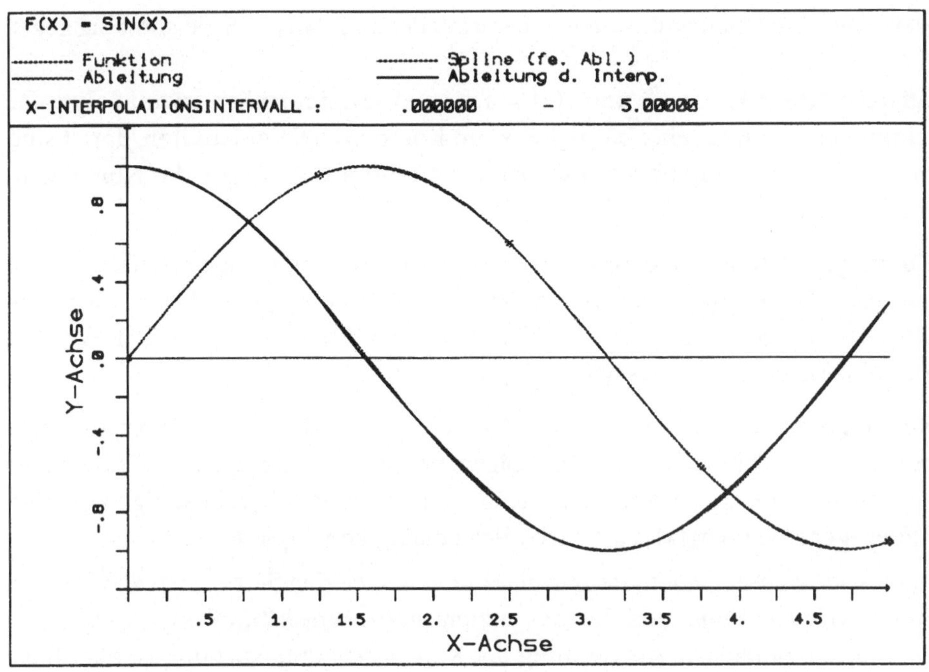

Spline-Interpolierende und ihre Differentation für $f(x) = \sin x$

inneren Bereich. Mit dieser Strategie erhält man, wie auch die Aufgabe 2.3.3 zeigt, tatsächlich bessere Ergebnisse.

Runge konnte 1901 zeigen, daß die Folge der Interpolationspolynome $\{p_n(x)\}$ mit jeweils $n+1$ äquidistanten Stützstellen zur Funktion $f(x) = 1/(1+x^2)$ nur für $|x| \leq 3.63$ konvergiert, ansonsten jedoch divergiert. *Bernstein* bewies entsprechend die Divergenz für $f(x) = |x|$ in $(-1, 1)$. (Vgl. dazu *Natanson*).

Allgemein sind zum Thema der Konvergenz von Folgen von Interpolationspolynomen folgende drei Sätze wichtig, die an dieser Stelle lediglich aufgeführt, aber nicht bewiesen werden sollen.

Konvergenzsatz 1: Sei f eine ganze, für reelle Werte reellwertige, Funktion, d.h. die Potenzreihenentwicklung

$$f(z) = \sum_{j=0}^{\infty} a_j z^j, \quad a \in \mathbb{R}, \quad z \in \mathbb{C},$$

konvergiere in der gesamten komplexen Ebene. Dann konvergiert die Folge $\{p_n(x)\}_{n \in \mathbb{N}}$, $x \in \mathbb{R}$, der Interpolationspolynome zu f mit je $n+1$ beliebigen paarweise verschiedenen Stützstellen im Stützstellenintervall [a, b] gleichmäßig gegen f.

Beispiel: $f(x) = 1/(1 + x^2)$ und $f(x) = \arctan(x)$ sind im reellen zwar analytische Funktionen, besitzen aber bei $z_{1,2} = \pm i$ im Komplexen Singularitäten, damit sind sie keine ganzen Funktionen und erfüllen die Voraussetzungen des Konvergenzsatzes nicht.

Konvergenzsatz 2 (Marcinkiewicz): Zu jeder auf [a, b] stetigen Funktion kann man eine Folge von Interpolationspolynomen $\{p_n(x)\}_{n \in \mathbb{N}}$ mit den jeweiligen Stützstellen $x_{n0}, \ldots, x_{nn}$, $x_{nj} \in [a, b]$ und $p(x_{nj}) = f(x_{nj})$, $j = 0, \ldots, n$, finden, die gleichmäßig gegen f konvergiert.

Konvergenzsatz 3 (Faber): Zu jeder Folge $\{p_n(x)\}_{n \in \mathbb{N}}$ von Interpolationspolynomen mit jeweils $n + 1$ beliebigen paarweise verschiedenen Stützstellen $x_{nj} \in [a, b]$, $j = 0, \ldots, n$, kann man eine auf dem Intervall [a, b] stetige Funktion finden, gegen die $\{p_n(x)\}_{n \in \mathbb{N}}$ nicht gleichmäßig konvergiert.

Interessierte Leser finden die Beweise der ersten beiden Sätze beispielsweise bei *Hämmerlin/Hoffmann* und den des letzten bei *Brosowski/Kreß* oder *Natanson*.

Für die praktische Anwendung der Konvergenzuntersuchung ist allerdings nur der Konvergenzsatz 1 von Bedeutung.

Aufgabe 2.3.2: Auf die Funktion $f(x) = \sin(x)$ läßt sich der Konvergenzsatz 1 für jedes beliebige Interpolationsintervall anwenden. Deshalb verbessert sich die Approximationsqualität des Interpolationspolynoms mit zunehmender Anzahl der Stützstellen.

Auf die drei Funktionen der Aufgabe 2.3.1 läßt sich der Konvergenzsatz 1 hingegen nicht anwenden, da auf dem vorgegebenen Intervall keine der drei eine ganze Funktion ist.

Aufgabe 2.3.3: Aufgrund der Gültigkeit des Konvergenzsatzes 1 ist klar, daß sich für $f(x) = \sin(x)$ keine grundlegenden Unterschiede im Konvergenzverhalten zwischen der Wahl von Tschebyscheff- oder äquidistanten Stützstellen ergeben.

Während die Folge der Interpolationspolynome zu $f(x) = 1/(1 + x^2)$ für äquidistante Stützstellen auf dem Intervall $[-5,5]$ divergiert, liegt bei der Wahl von Tschebyscheff-Stützstellen Konvergenz vor. (Vgl. hierzu auch *Schwarz*).

Auch für $f(x) = |x|$ und $f(x) = \arctan(x)$ schmiegt sich das Polynom bei einer höheren Anzahl von Tschebyscheff-Stützstellen viel besser an die Funktion an als bei gleichviel äquidistanten Stützstellen.

Aufgabe 2.3.4: Trotz der Ergebnisse von Aufgabe 2.3.3 kann der Interpolationsfehler aufgrund von Rundungsfehlern bei einer größeren Anzahl von Stützstellen wieder anwachsen. Im Programm ist die Anzahl der Stützstellen deswegen auf 20 begrenzt, weil der Rundungsfehlereinfluß sich wegen der in MAYA verwendeten Genauigkeit der Zahlendarstellung häufig bereits bei einer Stützstellenanzahl zwischen 20 und 30 sehr stark auszuwirken beginnt. Durch eine höhere Genauigkeit der Zahlendarstellung im Rechner ließe sich dieser Effekt verschieben, so daß mehr Stützstellen benutzt werden könnten.

Ein weiterer bemerkenswerter Punkt ist, daß das Approximationsverhalten der Interpolierenden mit einer geraden Anzahl von Stützstellen bei der Funktion $f(x) = 1/(1 + x^2)$ in der Nähe des Maximums deutlich schlechter ist als mit einer ungeraden Anzahl von Stützstellen, da der Stützstelle in der Intervallmitte hier eine besondere Bedeutung zukommt.

Mit der Konvergenzproblematik beschäftigt sich auch die Aufgabe 2.5.5.

Extrapolation mit Interpolationspolynomen

Aufgabe 2.3.5: Aufgrund der vorangegangenen Untersuchungen kann für äquidistante Stützstellen keine überragende Extrapolationsqualität erwartet werden. Es mag daher vielleicht überraschen, daß auch die anderen Versuche in dieser Aufgabe keine zufriedenstellenden Ergebnisse liefern. Eine Erhöhung der Anzahl der Tschebyscheff-Stützstellen verschlechtert tatsächlich nur das Ergebnis. Daraus läßt sich schließen, daß Interpolationspolynome für Extrapolationsaufgaben nicht zu gebrauchen sind.

Anders ist es allerdings, wenn eine Folge von Stützstellen, würde man sie immer weiter fortsetzen, gegen den Abzissenwert des zu extrapolierenden Punktes konvergiert. Ein solcher Fall wird in der Aufgabe 2.5.6 (Differentation durch Extrapolation) behandelt.

Interpolation von rationalen und periodischen Funktionen

Aufgabe 2.3.6: Wenn die zu interpolierende Funktion im Interpolationsintervall Polstellen besitzt, ist es nicht möglich, brauchbare Interpolationspolynome zu gewinnen, da die betragsmäßig sehr großen Stützwerte in der Nähe der Polstelle ein stärkeres Schwingen des Interpolationspolynoms hervorrufen. Abhilfe läßt sich nur durch die Wahl einer *gebrochen rationalen Funktion*, deren Darstellung z.B. bei *Schwarz* zu finden ist, schaffen.

Aufgabe 2.3.7: Je kleiner die Periode einer Funktion ist und je mehr Oszillationen sie auf dieser Periode aufweist, desto weniger ist eine Interpolation mit dem Polynom (2.2) effektiv. Zwar erhalten Sie bei der Wahl von Tschebyscheff-Stützstellen in diesem Fall recht gute Ergebnisse, mit 17 Stützstellen ist hier aber schon fast der Bereich erreicht, in dem die Rundungsfehler sich mehr oder weniger auszuwirken beginnen. Man interpoliert daher periodische Funktionen in der Regel mit *trigonometrischen Interpolationspolynomen*, deren Darstellung beispielsweise bei *Hämmerlin/Hoffmann* nachzulesen ist

Fehler bei der Polynominterpolation

Aufgabe 2.4.1: Die Wahl einer zu hohen Anzahl von Stützstellen kann die Fehler-fortpflanzung in starkem Maße begünstigen. Allerdings ist der Unterschied zwischen den Interpolationspolynomen mit und ohne extra eingefügten Fehler in der Regel dort am größten, wo das Interpolationspolynom ohnehin schon relativ stark von der zu interpolierenden Funktion abweicht.

Vergleich verschiedener Interpolationsmethoden

Aufgabe 2.5.1: Der quadratische Spline liefert auf Teilen des Intervalls sogar schlechtere Approximationsergebnisse als die Polynominterpolation. Nachdem die Funktion bei $x = 0$ ihr Maximum erreicht, schaukelt sich die quadratische Spline- Interpolierende zu immer größeren Fehlern auf.

Die kubische Spline-Funktion interpoliert in dieser Aufgabe am besten, auch wenn bei der Polynominterpolation Tschebyscheff-Stützstellen gewählt werden. Bei der Spline- Interpolation wirken sich Rundungs- und Eingabedatenfehler bei einer größeren Anzahl von Stützstellen nicht so fehlervergößernd aus.

Kubische Splines sind der Polynominterpolation für praktische Aufgaben daher in jedem Fall vorzuziehen. Die eigentlich interessanten Vergleiche sind also zwischen den verschiedenen Arten der Spline-Interpolation und der ebenfalls stückweisen Akima-Interpolation anzustellen.

Aufgabe 2.5.2: Die Polynominterpolation kann sich besonders schlecht Funktionen anpassen, die sich nach Durchlaufen eines Extremwertes asymptotisch einer Achse annähern, weil ein einmal begonnenes Schwingen des Interpolationspolynoms sich fortsetzt. In diesem Fall, in dem die Funktion $f(x) = 1/(1 + x^2)$ nur für ein positives Argument betrachtet wird, erhält man ein wesentlich besseres Ergebnis. Eine weitere Erhöhung der Stützstellenanzahl würde allerdings ein erneutes Aufschwingen des Fehlers begünstigen.

Auch Spline-Interpolierende haben speziell bei asymptotisch sich annähernden Funktionen Schwachpunkte. Eine einmal begonnene Schwingung ist - wie sich hier zeigt - nicht mehr abzustellen. Bei den Splines mit an den Interpolationsintervallrändern fest vorgegebenen Steigungen wirkt sich dieser Umstand in dieser Aufgabe besonders gravierend aus, da er mit der Steigung $m_0 = 0$ beginnt und sich deswegen weit von der Funktion entfernt.

Die Akima-Interpolation ist in diesem Fall der Spline-Interpolation deutlich überlegen, da sie die Steigungen der linearen Splines aus den jeweils benachbarten

Teilintervallen berücksichtigt und deswegen bei asymptotischen Annäherungen der zu interpolierenden Funktion weniger zu Schwingungen neigt.

Aufgabe 2.5.3: Sie finden in diesem Beispiel eine Bestätigung der in den beiden vorangegangenen Aufgaben gewonnenen Erkenntnisse. Die Approximationsqualität der Polynominterpolation ist katastrophal schlecht, während die Akima-Interpolation bei dem relativ "ruhigen" Verlauf der Funktion besser als die Spline-Interpolation ist. Die Splines mit fest vorgegebenen Steigungen an den Interpolationsintervallrändern sind hier völlig unbrauchbar, weil sie sich wegen der großen Anfangssteigung zu sehr von der zu interpolierenden Funktion entfernen.

Aufgabe 2.5.4: Im Gegensatz zu Kurven mit asymptotischen Verhalten ist bei schwingenden Funktionen die Spline-Interpolation der Akima-Methode überlegen. Die Steigungen der linearen Splines aus den benachbarten Teilintervallen, die bei der Akima-Methode einbezogen werden, vergrößern nur den Fehler. Insbesondere die Splines mit fest vorgegebenen Steigungen an den Interpolationsintervallrändern erweisen sich hier als geeignet. Eine periodische Funktion kann unter der Voraussetzung, daß ihre Periodenlänge bekannt ist, ideal durch Splines mit periodischen Randbedingungen interpoliert werden.

Konvergenz

Aufgabe 2.5.5: Die Folge der Interpolationspolynome konvergiert nur im Punkt $x = 0$ und den Punkten $x_n = 1/(n+1)$, $n = 1, 2, \ldots$ gegen die interpolierte Funktion.

Differentation durch Extrapolation

Aufgabe 2.5.6: Für $n = 4$ kann der Wert $f'(0.5) \approx 1.298$ direkt als Untergrenze des Y-Intervalls aus der Zeichnung abgelesen werden. Denselben Wert erhalten Sie, wenn Sie $f'(x) = 1/\cos^2(0.5)$ mit dem Taschenrechner bestimmen. Wird derselbe Versuch mit äquidistanten Stützstellen durchgeführt, dann ist das Ergebnis aus den bei Aufgabe 2.3.5 geschilderten Gründen unbefriedigender.

Interpolation von Meßwerten

Aufgabe 2.6.1 Anhand dieser Aufgabe wird noch einmal der grundlagende Unterschied zwischen der Spline- und der Akima-Interpolation deutlich. Die Meßwerte liegen, bis auf den mittleren, auf einer zur X-Achse parallelen Gerade. Der Ordinatenwert des mittleren Punktes ist deutlich größer als die der übrigen. Durch die Spline-Interpolation werden die Punkte mittels einer schwingenden Kurve miteinander verbunden, während die Akima-Interpolation dazu führt, daß die drei äußeren Punkte tatsächlich durch eine nahezu parallel zur X-Achse verlaufende Linie verbunden werden, die nur beim mittleren Punkt deutlich ausschert. Die Polynominterpolation oszilliert extrem stark.

Parameterdarstellung

Aufgabe 2.7.1: Die spiralförmige Kurve des Phasendiagramms wird sehr viel besser mit kubischen Splines angenähert, da die Übergänge an den Stützpunkten runder werden.

Aufgabe 2.7.2: Mit den natürlichen Splines bekommen Sie ein relativ unzureichendes Ergebnis, da am Anfangs- und Endpunkt der Ellipse eine Nase entsteht. Am günstigsten wäre sicherlich die Anwendung periodischer Splines.

Numerische Differentation

Aufgabe 2.8.3: Die Qualität der Ableitung einer Interpolationsfunktion ist abhängig von der Eignung der Interpolierenden für die Approximation der Funktion. Die Ergebnisse aus Abschnitt 2.5 gelten daher auch hier.

Die Interpolationspolynome (2.2) sind nur dann geeignet, wenn die Ableitung der betreffenden Funktion an einer festen Stelle ausgewertet wird und die Stützstellen an dieser Stelle angenähert werden können, wie es bei der Anwendung der Differenzenquotienten oder der Romberg-Extrapolation geschieht. Wird auf diese Weise die gesamte Ableitungsfunktion approximiert, so ist dieses sogar die beste numerische Differentiationsmethode.

Die Akima-Interpolierende ist ungeeignet, da sie an den Übergangsstellen der Teilintervalle nur einmal stetig differzierbar ist.

Die kubische Spline-Interpolierende kommt für die einmalige Auswertung einer Ableitungsfunktion auf einem Intervall folglich am ehesten in Frage. Das ist auch das aus der Grafik ablesbare Resultat. Allerdings ist der Spline mit natürlichen Randbedingungen häufig nicht geeignet, da seine Ableitungsfunktion an den Intervallrändern stets die Steigung $m = 0$ aufweist. Der quadratische Spline ist wiederum wegen seiner nur einfachen Diffferenzierbarkeit untauglich.

In der Praxis wertet man Ableitungsfunktionen mit Hilfe von Differenzenquotienten aus.

Literatur zum zweiten Kapitel

Die Bücher von *Engeln-Müllges / Reutter, Hämmerlin / Hoffmann, Niederdrenk / Yserentant, Schwarz* und *Stoer* enthalten Darstellungen zur Polynom-, Spline- und Hermite-Interpolation und den Formeln von Aitken-Neville. Das Buch von *de Boor* beschäftigt sich speziell mit der Spline-Interpolation. Im Werk von *Engeln-Müllges / Reutter* sind außerdem viele Differenzenformeln zur Approximation von Differentationen tabelliert. Die Akima-Interpolation ist in der Originalarbeit gut verständlich dargestellt.

Konstruktion von Kurven mit Bézier-Polynomen   3

In den sechziger Jahren setzten sich NC-Werkzeugmaschinen in der Produktion immer mehr durch, der Entwurfsprozeß eines Produktes (z.B. eines Autos) bis zur Produktion war aber noch rein manuell. So haben Konstrukteure (z.B. in der Autoindustrie) noch mit Hilfe von Kurvenlinealen gearbeitet. Aus ihren Entwürfen wurden dann dreidimensionale Urformen der zu produzierenden Teile (beispielsweise ein Kotflügel) hergestellt und von diesen wiederum die Ansteuerung für die NC-Werkzeugmaschinen ermittelt. Dieser Prozeß war natürlich nicht nur fehlerbehaftet, sondern führte unweigerlich immer wieder zu Abweichungen vom ursprünglichen Entwurf, damit zu Diskussionen und zusätzlichen Kosten. Relativ schnell wurde aber von P. de Casteljau bei Citroën und P. Bézier bei Renault erkannt, daß dieser Flaschenhals der modernen Produktion überwunden werden könnte, wenn es möglich wäre, diese Kurven und Flächen möglichst einfach zu beschreiben. Unabhängig voneinander fanden sie zu dem gleichen Konzept parametrischer Kurven und Flächen, die heute unter dem Namen Béziers bekannt sind.

Beliebige Kurven und Flächen können nun mit Hilfe von Bezier-Polynomen parametrisiert werden. Darin ist auch immer eine Approximation eingeschlossen, denn diese Kurven oder Flächen müssen nicht analytisch darstellbar sein. In einem Rechner braucht aber nur noch eine relativ kleine Punktmenge abgespeichert werden.

In diesem Kapitel wird nach einer mathematisch orientierten Einführung in die wichtigsten Eigenschaften der Bézier-Kurven gezeigt, wie mit ihrer Hilfe Freiform-Kurven entworfen werden. Dabei wird aber nicht darauf eingegangen, wie moderne Grafik- und Entwurfsprogramme aus einer gegebenen Kurve die Parametrisierung, die ja auch nur eine Approximation an eine analytisch nicht gegebene Kurve darstellt, bestimmen.

3.0 Einführung: Bernstein-Polynome und das Schema von de Casteljau

Bei der Konstruktion von Kurven mit Bézier-Polynomen wird von der strengen Interpolationsforderung abgegangen. Das sich hierbei ergebende Polynom verläuft nur noch durch den ersten und den letzten der vorgegebenen Stützpunkte. Es besteht aus Basispolynomen, die in dem vorgegebenen Intervall nicht oszillieren und jeweils nur ein Maximum haben. Diese Basispolynome sind die *Bernstein-Polynome*.

Bernstein-Polynome

Die Bernstein-Polynome sind auf dem Intervall $[0, 1]$ definiert und lauten:

$$B_i^n(t) = \binom{n}{i}(1 - t)^{n-i}t^i, \qquad i = 0, \dots, n. \tag{3.1}$$

Sie sind Polynome vom Grad n und haben die folgenden Eigenschaften:

$$\text{a)} \quad \sum_{i=0}^{n} \binom{n}{i}(1 - t)^{n-i}t^i = ((1 - t) + t)^n = 1, \tag{3.2}$$

(Binomischer Lehrsatz)

b) $B_i^n(t)$ hat eine i-fache Nullstelle für $t = 0$, $\qquad\qquad$ (3.3)

c) $B_i^n(t)$ hat eine $(n - i)$-fache Nullstelle für $t = 1$, $\qquad$ (3.4)

d) $B_i^n(t)$ hat an der Stelle $t = \dfrac{i}{n}$ sein einziges Maximum . $\quad$ (3.5)

Es ist möglich, sich die Bernstein-Polynome mit Hilfe des Funktionsinterpreters im Programm 1.1 (Aufgabe 1.1.8) zu veranschaulichen.

Bézier-Polynome

Die Bernstein Polynome sind wegen der Eigenschaften (3.3) und (3.4) linear unabhängig. Das *Bézier-Polynom* ist eine Linearkombination von Bernstein-Polynomen, es lautet:

$$p(t) = \sum_{i=0}^{n} b_i B_i^n(t), \qquad t \in [0, 1]. \tag{3.6}$$

Durch die Wahl der *Bézier-Koeffizienten* $b_i, i = 0, \dots, n$, wird der Verlauf des Polynoms bestimmt.

Eigenschaften der Bézier-Polynome

i) Die Berechnung des Béziers-Polynoms an den Rändern ergibt:

$$p(0) = b_0, \qquad p(1) = b_n. \tag{3.7}$$

Das Bézier-Polynom verläuft also durch die Punkte $(0, b_0)$ und $(1, b_n)$.

ii) Da das Bernstein-Polynom $B_i^n(t)$ bei $t = i/n$ sein Maximum hat, sind die Punkte

$$(\frac{i}{n}, b_i), \qquad i = 0, \dots, n,$$

von besonderer Bedeutung. Das Polygon mit diesen Punkten als Ecken wird *Bézier-Polygon* genannt. Die Werte der Bézier-Koeffizienten werden also mit äquidistantem Abstand im Intervall $[0, 1]$ aufgetragen. Das Bézier-Polynom verläuft selbst nur durch die beiden äußeren dieser Punkte, es paßt sich jedoch dem Verlauf des Polygons in etwa an.

iii) Differenzieren der Bernstein-Polynome liefert für die Ableitung des Bézier-Polynoms an den Rändern:

$$p'(0) = n(b_1 - b_0), \qquad p'(1) = (b_n - b_{n-1}). \tag{3.8}$$

Aufgrund der Eigenschaft (3.8) kann durch die Wahl der ersten und letzten beiden Bézier-Koeffizienten die Steigung des Polynoms an den Intervallrändern beeinflußt werden. Entsprechendes gilt für die zweite Ableitung:

$$p''(0) = n(n - 1)(b_2 - 2b_1 + b_0), \qquad p''(1) = n(n - 1)(b_n - 2b_{n-1} + b_{n-2}). \tag{3.9}$$

Das Schema von de Casteljau

Mit dem Schema von *de Casteljau* wird der Funktionswert $b_{0,\dots,n}(t)$ des Bézier-Polynoms zu den Bézier-Koeffizienten $b_0, \dots, b_n$ für $t \in [0, 1]$ berechnet. Die Auswertung über dieses Schema ist effizienter als die direkte Berechnung des Polynoms an der gewünschten Stelle. Anhand der grafischen Darstellung des Schemas, die mit dem Programm 3.1 möglich ist, wird der Zusammenhang zwischen Bézier-Polynom und Bézier-Polygon sehr anschaulich.Das Schema hat folgende Gestalt:

$$
\begin{array}{c|ccccc}
 & b_0 & & & & \\[1ex]
 & b_1 & b_{0,1} & & & \\[1ex]
1-t & b_2 & b_{1,2} & b_{0,1,2} & & \\[1ex]
 & b_3 & b_{2,3} & b_{1,2,3} & b_{0,1,2,3} & \\[1ex]
t & \vdots & \vdots & & & \ddots \\[1ex]
 & b_n & b_{n-1,n} & & & & b_{0,\dots,n} = p(t).
\end{array}
\tag{3.10}
$$

Allgemein findet man dabei den Wert $b_{r,\dots,s}(t)$ des Bézier-Polynoms vom Grade $s - r$ zu den Bézier-Koeffizienten $b_r, b_{r+1}, \dots, b_s$ über die Zwischenschritte

$$b_{i,\dots,k} := (1 - t)b_{i,\dots,k-1} + tb_{i+1,\dots,k}, \quad k = r + 1, r + 2, \dots, s, \quad i = k - 1, k - 2, \dots, r.$$

$$(3.11)$$

In Abschnitt 3.1 wird die Berechnung des Bézier-Polynoms zusammen mit der Visualisierung an einem Beispiel demonstriert.

Das Schema von de Casteljau ist sehr flexibel, weil es auf fortgesetzter linearer Interpolation beruht. Es ist daher nicht nötig, äquidistante Stützstellen vorzugeben, diese können vielmehr beliebig verteilt sein. Ein Aufstellen und Auswerten der Bézier-Polynome mit Hilfe der Bernstein-Polynome wird unnötig. In der Praxis ist dies auch die Methode, die angewendet wird. Der folgende Abschnitt dient daher vornehmlich dazu, einige Hintergründe und Zusammenhänge etwas zu beleuchten.

Bézier-Funktionen

Durch die Veränderung der Bézier-Koeffizienten kann der Verlauf des Bézier-Polynoms beeinflußt werden. Bei Konstruktionsaufgaben möchte man sich natürlich nicht nur auf das Intervall $[0,1]$ beschränken und würde gern Polynome verschiedenen Grades aneinander setzen. Das Intervall $[0,1]$ kann mit dem zugehörigen Bézier-Polynom auf ein beliebiges Intervall der reellen Zahlen transformiert werden. Setzt man mehrere Intervalle aneinander, so nennt man die einzelnen Teilintervalle auch *Segmente*, die Segmentränder heißen dann *Trennstellen*. Die Konstruktion von Bézier-Funktionen, die sich über mehrere Segmente erstrecken, wird in dem Programm 3.2 behandelt. Die dazu nötigen Formeln werden für den vereinfachten Fall, daß die Bézier-Polynome in jedem Segment den gleichen Grad n besitzen, im folgenden entwickelt.

Ausgegangen wird also von einer Einteilung

$$x_0 < x_1 < x_2 < \dots < x_m \qquad (3.12)$$

des Intervalls $[x_0, x_m]$, wobei für jedes Segment $[x_k, x_{k+1}]$, $k = 0, 1, \dots, m - 1$, ein Bézier-Polynom n-ten Grades vorgegeben wird. Daraus folgen die insgesamt $(m \cdot n) + 1$ Bézier-Koeffizienten

$$b_0, b_1, \dots, b_n, b_{n+1}, \dots, b_{2n}, \dots, b_{mn}, \qquad (3.13)$$

wobei $b_{kn}, b_{kn+1}, \dots, b_{(k+1)n}$ die Bézier-Koeffizienten des Polynoms im Segment $[x_k, x_{k+1}]$, $k = 0, \dots, m - 1$ sind.

Die Transformation von $[0,1]$ auf $[x_k, x_{k+1}] \subset \mathbb{R}$ wird mit

$$t = \frac{x - x_k}{x_{k+1} - x_k} \quad , \quad x = x_k + t(x_{k+1} - x_k) \quad t \in [0,1], \quad x \in [x_k, x_{k+1}]$$

durchgeführt.

Sei $p_k(t)$ das Bézier-Polynom des Segmentes $[x_k, x_{k+1}]$, also

$$p_k(t) = \sum_{j=0}^{n} b_{nk+j} B_j^n(t) \quad ,$$

dann gilt für die stückweise definierte Bézier-Funktion B_n, die sich über das gesamte Intervall $[x_0, x_m]$ erstreckt:

$$B_n(x) = p_k \left(\frac{x - x_k}{x_{k+1} - x_k} \right), \quad x \in [x_k, x_{k+1}], \quad k = 0, 1, \ldots, m - 1. \tag{3.14}$$

Die Funktionswerte der auf diese Weise konstruierten Bézier-Funktion an den Rändern und Trennstellen sind nach (3.7) genau die Bézier-Koeffizienten b_{kn}, $k = 0, 1, \ldots, m$. Die Bézier-Funktion kann als Interpolierende mit den Trennstellen als Stützstellen und den entsprechenden Bézier-Koeffizienten als Stützwerten aufgefaßt werden.

Zusammenhang mit der Spline-Interpolation

Die konstruierte Bézier-Funktion ist genau dann eine Spline-Interpolierende der Ordnung n, wenn sie $(n - 1)$-mal stetig differenzierbar ist. Wir wollen im folgenden untersuchen, wie die Bézier-Koeffizienten einer Spline-Interpolierenden aussehen. Für die l-te Ableitung der Bézier-Funktion (3.14) ergibt sich:

$$B_n^{(l)}(x) = (x_{k+1} - x_k)^{-l} p_k^{(l)} \left(\frac{x - x_k}{x_{k+1} - x_k} \right), k = 0, \ldots, m - 1. \tag{3.15}$$

Stetige Differenzierbarkeit bedeutet für die Trennstellen, daß

$$p_k(0) = p_{k-1}(1), \quad k = 1, \ldots, m - 1,$$

oder anders ausgedrückt,

$$B_n'(x_k + 0) = B_n'(x_k - 0), \quad k = 1, \ldots, m - 1, \tag{3.16}$$

ist. Mit $h_k := x_{k+1} - x_k$, $k = 0, \ldots, m - 1$, folgt wegen (3.8):

$$B_n'(x_k + 0) = \frac{1}{h_k} p_k'(0) = \frac{n}{h_k}(b_{nk+1} - b_{nk})$$

und

$$B'_n(x_k - 0) = \frac{1}{h_{k-1}} p'_{k-1}(1) = \frac{n}{h_{k-1}}(b_{nk} - b_{nk-1}).$$

Die Bedingungen für stetige Differenzierbarkeit lauten damit unter Ausnutzung von (3.16):

$$b_{nk} = \frac{h_{k-1}}{h_{k-1} + h_k} b_{nk+1} + \frac{h_k}{h_{k-1} + h_k} b_{nk-1}, \quad k = 1, \ldots, m - 1. \tag{3.17}$$

Für die zweimalige stetige Differenzierbarkeit gilt analog mit (3.9):

$$B''_n(x_k + 0) = \frac{n(n - 1)}{h_k^2}(b_{nk+2} - 2b_{nk+1} + b_{nk}), \quad k = 0, \ldots, m - 1,$$

und

$$B''_n(x_k - 0) = \frac{n(n - 1)}{h_{k-1}^2}(b_{nk} - 2b_{nk-1} + b_{nk-2}), \quad k = 1, \ldots, m.$$

Also ergibt sich

$$\frac{b_{nk+2} - 2b_{nk+1} + b_{nk}}{h_k^2} = \frac{b_{nk} - 2b_{nk-1} + b_{nk-2}}{h_{k-1}^2}, \quad k = 1, \ldots, m - 1,$$

und durch Einsetzen von (3.17)

$$\frac{b_{nk+1} - b_{nk-1}}{h_{k-1} + h_k} = \frac{h_k}{h_{k-1} + h_k} \cdot \frac{b_{nk-1} - b_{nk-2}}{h_{k-1}} + \frac{h_{k-1}}{h_{k-1} + h_k} \cdot \frac{b_{nk+2} - b_{nk+1}}{h_k},$$

$$k = 1, \ldots, m - 1. \tag{3.18}$$

Bei äquidistanten Stützstellen x_k, $k = 0, \ldots, m$, vereinfachen sich obige Formeln für die einfache stetige Differenzierbarkeit zu:

$$b_{nk} = \frac{1}{2}(b_{nk+1} - b_{nk-1}), \quad k = 1, \ldots, m - 1, \tag{3.19}$$

und für zweifache stetige Differenzierbarkeit zu:

$$2b_{nk-1} - b_{nk-2} = 2b_{nk+1} - b_{nk+2}, \quad k = 1, \ldots, m - 1. \tag{3.20}$$

Im Fall einer kubischen Spline-Interpolierenden fehlen jetzt noch die Randbedingungen. Bei natürlichen Randbedingungen folgt mit (3.9) und (3.15):

$$b_2 - 2b_1 + b_0 = 0$$

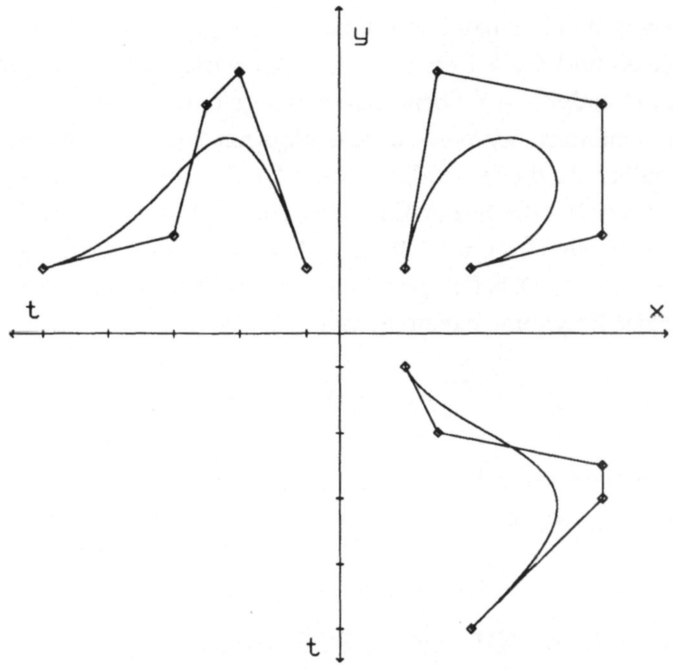

Bézier-Kurven über einen Parameter t

und

$$b_{3m} - 2b_{3m-1} + b_{3m-2} = 0, \qquad (3.21\,\text{a, b})$$

bei periodischen Randbedingungen mit (3.8), (3.9) und (3.15):

$$\frac{b_1 - b_0}{h_0} = \frac{b_{3m} - b_{3m-1}}{h_{m-1}}$$

sowie

$$\frac{b_2 - 2b_1 + b_0}{h_0^2} = \frac{b_{3m} - 2b_{3m-1} + b_{3m-2}}{h_{m-1}^2}. \qquad (3.22\,\text{a, b})$$

Konstruktion mit Bézier-Kurven

Ebenso wie mit der Spline-Interpolation (Abschnitt 2.7) ist es bei der Konstruktion mit Bézier-Polynomen möglich, Kurven zu entwerfen, die keine Funktionen sind. Dabei müssen die Werte der Bézier-Koeffizienten sowohl in X- als auch in Y-Richtung aufgetragen werden. Der Punkt $\mathbf{b}$, der aus den beiden Komponenten $b_x(t)$ und $b_y(t)$ besteht, heißt dann *Bézier-Punkt*.

Entsprechend wird das Bézier-Polynom für $t \in [0, 1]$ geschrieben:

$$\mathbf{p}(t) = \sum_{i=0}^{n} \mathbf{b}_i B_i^n(t), \qquad t \in [0,1], \quad \mathbf{p} : [0,1] \to \mathbb{R}^2, \mathbf{b}_i \in \mathbb{R}^2. \qquad (3.23)$$

Das Schema von de Casteljau kann direkt übertragen werden, d.h. es wird getrennt für die X- und die Y-Komponente ausgewertet und das Ergebnis wieder zu einem Punkt in der X − Y-Ebene zusammengefügt.

Falls man mehrere Segmente aneinandersetzt, brauchen in diesem Fall der Einfachheit halber nur die Intervalle $[k, k+1]$, $k = 0, \ldots, m-1$, gewählt zu werden. Entsprechend werden die Bézier-Koeffizienten $b_x(t)$ und $b_y(t)$ an ihren Achsen jeweils über die Stellen $k + i/n$, $i = 0, \ldots, n$, $k = 0, \ldots, m-1$, aufgetragen. Für den Bézier-Punkt $\mathbf{b} = (b_x(t), b_y(t))$ sind diese Stellen jedoch ohne Bedeutung. Die einzelnen Bézier-Polynome haben die Gestalt:

$$\mathbf{p}_k(t) = \sum_{j=0}^{n} \mathbf{b}_{nk+j} b_j^n(t), \qquad t \in [k, k+1]. \tag{3.24}$$

Das Verfahren bleibt einfach wie im eindimensionalen, da auch hier die Bézier-Polynome nie ausgewertet werden, sondern immer nur das Schema von de Casteljau.

3.1   Schema von de Casteljau

Das im vorhergehenden Abschnitt vorgestellte Schema (3.10) von de Casteljau zur Berechnung der Funktionswerte des Bézier-Polynoms $p(t)$ an beliebigen Stellen $t^* \in [0, 1]$ wird in dem folgenden Programm veranschaulicht.

Die Bézier-Koeffizienten sind hierbei äquidistant über das X-Intervall verteilt, was aber keinesfalls unbedingt notwendig ist. Vielmehr ist die im folgenden noch einmal beschriebene fortgesetzte lineare Interpolation auch bei einer nicht gleichmäßigen Verteilung der Stützstellen anwendbar, und zwar ohne eine Änderung des sehr einfachen Algorithmus, der dem Schema von de Casteljau zugrunde liegt.

Beispiel: *Lineare Interpolation*

Sie können zwischen zwei und 15 Bézier-Koeffizienten angeben, d.h. maximal ein Polynom 14.Grades konstruieren. Der Auswertpunkt ist der Punkt, für den das Schema von de Casteljau gezeigt wird, während die Anzahl der Auswertungen angibt, wie genau des Bézier-Polynom gezeichnet werden soll. Die Werte der Bézier-Koeffizienten b_i werden stets über den Abszissen i/n, $i = 0, \ldots, n$, aufgetragen.

Die grafische Darstellung des Berechnungsschemas hat folgenden Ablauf:
Das Bézier-Polygon mit den vier Punkten $(\frac{i}{n}, b_i)$, $i = 0, \ldots, n$, als Ecken wird als erstes gezeichnet.

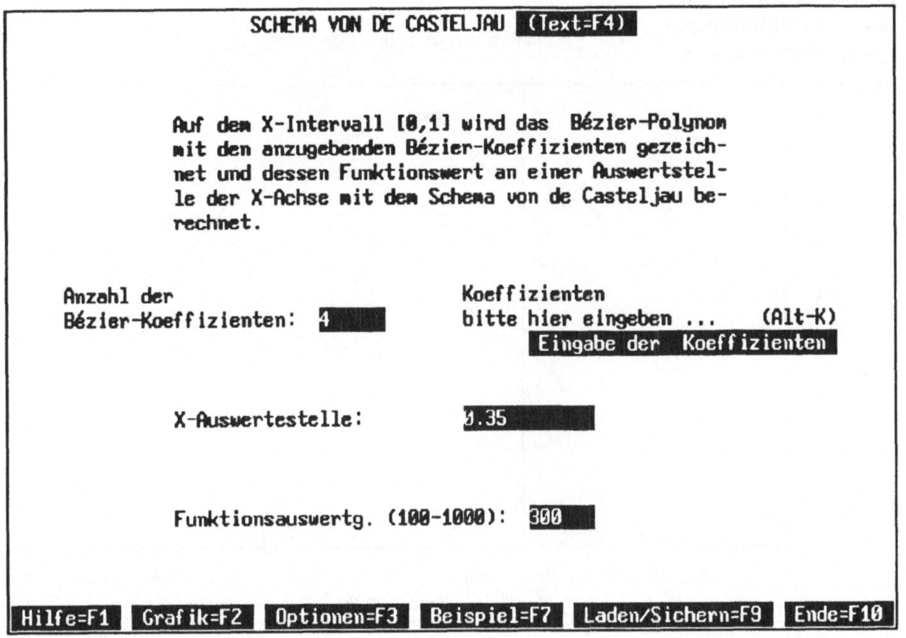

Die Polygonpunkte mit den Funktionswerten $b_{0,1} = t^* b_0 + (1 - t^*)b_1$, $b_{1,2} = t^* b_1 + (1 - t^*)b_2$ und $b_{2,3} = t^* b_2 + (1 - t^*)b_3$ teilen die drei Polygonstücke im gleichen Verhältnis, in der das Intervall $[0, 1]$ durch die Stelle t^* geteilt wird.

Die so erhaltenen Punkte $(\frac{t^* i}{n}, b_{i-1,i})$, $i = 1, 2, 3$ werden wiederum durch ein Polygon verbunden und dessen beiden Teilstrecken nochmals im gleichen Verhältnis geteilt.

Dadurch ergeben sich die Punkte $b_{0,1,2} = t^* b_{0,1} + (1 - t^*)b_{1,2}$ und $b_{1,2,3} = t^* b_{1,2} + (1 - t^*)b_{2,3}$. Diese beiden werden wieder miteinander verbunden.

Die Strecke zwischen den beiden Punkten wird wieder im gleichen Verhältnis geteilt und es ergibt sich der Punkt des Bézier-Polynoms $b_{0,1,2,3} = t^* b_{0,1,2} + (1 - t^*)b_{1,2,3}$. Dieser durch die fortgesetzte lineare Interpolation ermittelte Punkt liegt genau an der Stelle t^*.

Aufgabe

3.1.1

Lassen Sie sich für die vier Bézier-Koeffizienten $b_0 = 2$, $b_1 = 3$, $b_2 = 7$ und $b_3 = 4$ die Auswertung des Bézier-Kontrollpolygons am Punkt $x^* = 0.8$ zeichnen.

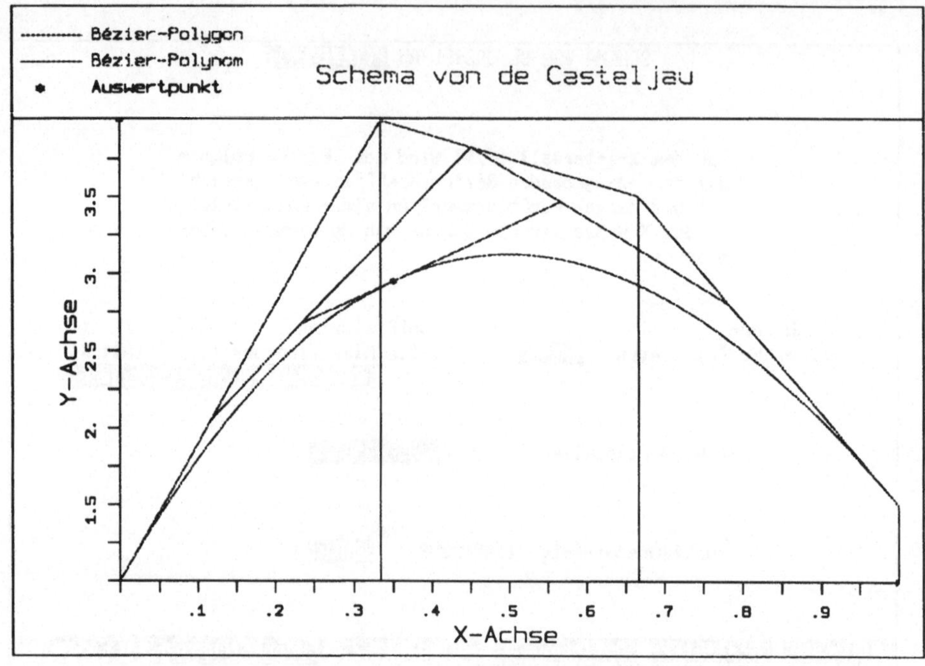

Lineare Interpolation mit dem Schema von de Casteljau (Beispiel 3.1)

Das Schema von de Casteljau hat folgende Gestalt:

$$
\begin{array}{l|llll}
& b_0 = 2. & & & \\
0.8 & b_1 = 3. & b_{0,1} = 2.2 & & \\
0.2 & b_2 = 7. & b_{1,2} = 3.8 & b_{0,1,2} = 2.52 & \\
& b_3 = 4. & b_{2,3} = 6.4 & b_{1,2,3} = 4.42 & b_{0,1,2,3} = 2.88 \,.
\end{array}
$$

3.2   Zusammengesetzte Bézier-Funktionen

Mit n Punkten wird ein Bézier-Polynom $n - 1$-ten Grades eindeutig bestimmt. Viele Formen und Umrisse lassen sich aber mit Polynomen nur unzureichend beschreiben, beispielsweise, weil sie Ecken und Kanten besitzen. Mit stückweise zusammengesetzten Bézier-Polynomen ist dies möglich.

Beispiel: *Stetige, aber nicht stetig differenzierbare Kurve*

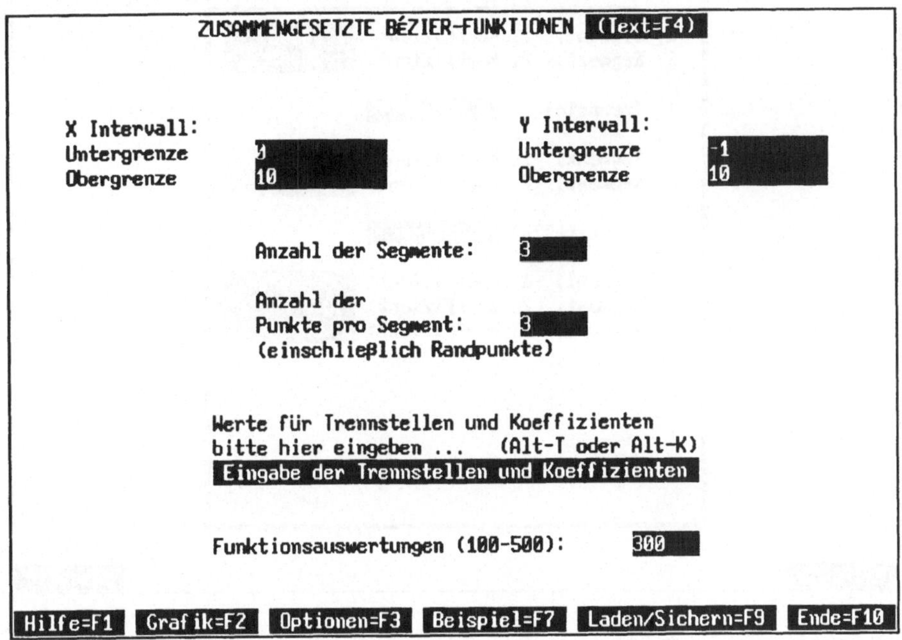

Sie können bis zu vier Segmente eingeben und in jedem Segment zwischen zwei und fünf Bézier-Koeffizienten. Es können in jedem Segment also maximal Bézier-Polynome 4. Grades erzeugt werden. Der Grad der Bézier-Polynome ist dabei in diesem Programm in jedem Segment gleich, dies muß aber nicht immer so sein. Der Verlauf der Bezier-Polynome paßt sich dem Kontroll-Polygonen umso mehr an, je mehr Eckpunkte es besitzt.

An den Trennstellen, den Stellen also, an denen ein Bézier Polynom endet und ein anderes beginnt, ist die erzeugte Kurve nur stetig. Soll die Bézier-Kurve zusätzlich C^1- oder C^2-stetig sein, dann müssen die Formeln (3.17) und (3.18) bzw. (3.19) und (3.20) ausgewertet werden.

Innerhalb des Programms kann die Bézier-Kurve an 100 bis 500 Stellen berechnet werden, die Eckpunkte der Kontrollpolygone an den Trennstellen müssen jeweils nur einmal eingegeben werden (siehe Abb.).

Aufgaben

3.2.1 *Kubische Spline-Interpolation*

Konstruieren Sie eine kubische Spline-Interpolierende zu 3 (ggf. äquidistanten) Stützstellen mit passender Wahl der Übergangsbedingungen oder berechnen Sie die Bezier-Koeffizienten der kubischen Spline-Interpolierenden durch die Punkte

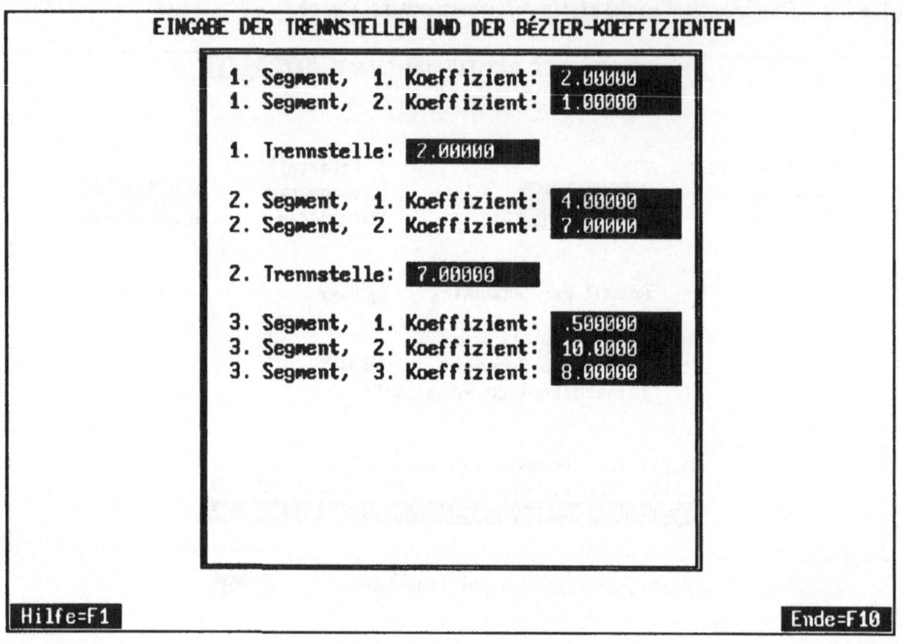

Tafel zur Eingabe der Bézier-Koeffizienten

(0., −2.), (2., 2.) und (4., 10.) für eine Zeichnung! Wie wirken sich die Übergangsbedingungen (3.17) und (3.18) auf das Aussehen des Bézier-Polygons aus? Was
bedeuten natürliche und periodische Randbedingungen ((3.21) und (3.22)) geometrisch?

3.2.2 *Kubische B-Splines*

In dieser Aufgabe soll als weiteres Beispiel ein *B-Spline* konstruiert werden. Der
Name B-Spline ist eine Abkürzung für basic spline curve. Hier wird eine geome-
trische Darstellung gewählt, aber es ist auch die Angabe von Rekursionsformeln
möglich (wie z.B. bei *de Boor*).

Der Einfachheit halber wird eine Beschränkung auf ein äquidistantes Gitter
getroffen (i.a. ist dies natürlich nicht notwendig). Wird nun die Bedingung (3.20)
für eine zweimalige stetige Differenzierbarkeit an den Trennstellen der Segmente
gesetzt:

$$d_k = 2b_{3k-1} - b_{3k-2} = 2b_{3k+1} - b_{3k+2}, \qquad k = 1, \ldots, m - 1,$$

so wird als kubischer B-Spline $N_{k,3}(x)$ derjenige Spline definiert, für den gilt:

$$d_k = 1 \quad \text{für } j = k \qquad \text{und } d_k = 0 \quad \text{für } j \neq k.$$

Im nächsten Abschnitt werden die Bézier-Koeffizienten von $N_{k,3}$ bestimmt.

i) Aus $d_{k-i} = 0$, $i = 1, 2, \ldots, k$, folgt mit (3.20) und bei Wahl natürlicher Randbedingungen mit (3.21):

$$b_j = 0 \quad \text{für alle } j \leq 3(k-1) - 1 = 3k - 4.$$

ii) Entsprechend ergibt sich aus $d_{k+i} = 0$, $i = 1, 2, \ldots, m - k$:

$$b_j = 0 \quad \text{für alle } j \geq 3(k+1) + 1 = 3k + 4.$$

iii) Mit (3.19) folgt dann:

$$2b_{3k-3} = b_{3k-4} + b_{3k-2} = b_{3k-2}, \quad \text{da } b_{3k-4} = 0,$$

$$\text{ferner} \quad 2b_{3k-2} - b_{3k-1} = d_{k-1} = 0$$

$$\text{sowie} \quad 3b_{3k-1} - b_{3k-2} = d_k = 1.$$

Daraus folgt:

$$b_{3k-1} = \frac{2}{3}, \quad b_{3k-2} = \frac{1}{3}, \quad b_{3k-3} = \frac{1}{6}.$$

iv) Die rechte Seite wird entsprechend ausgerechnet, womit sich

$$b_{3k+1} = \frac{2}{3}, \quad b_{3k+2} = \frac{1}{3}, \quad b_{3k+3} = \frac{1}{6}$$

ergibt.

v) Schließlich ist wiederum mit (3.19):

$$2b_{3k} = b_{3k-1} + b_{3k+1}, \quad \text{also } b_{3k} = \frac{2}{3}.$$

Die damit bestimmten Bézier-Koeffizienten des kubischen B-Splines werden nun in eine Tabelle eingetragen:

j	0	1	2	3	4	……
$b_{3k\pm j}$	2/3	2/3	1/3	1/6	0	0

Diese Tabelle können Sie in ihren Rechner übertragen und damit den kubischen B-Spline zeichnen lassen.

Der kubische B-Spline $N_{k,3}$ ist nur für $x_{k-2} < x, x_{k+2}$ von Null verschieden. Für die Grafik können Sie beispielsweise $x_k = k$, $k = 0, 1, \ldots, m$ wählen und

$N_{3,3}(x)$ konstruieren. Insgesamt bilden die $m + 3$ B-Splines $n_{k,3}(x)$ für $k = -1,\ldots,m + 1$, eine Basis der kubischen Splines in $[x_0, x_m]$. Vgl. zur Darstellung der B-Splines in dieser Aufgabe auch *Böhm / Gose / Kahmann*.

Ganz analog zu diesem Vorgehen lassen sich auch *lineare* und *quadratische Splines* konstruieren.

Die linearen Splines $N_{k,1}(x)$ ergeben sich mit $b_k = 1$ für $j = k$ und $b_j = 0$ für $j \neq k$. Die $m + 1$ B-Splines $N_{k,1}$, $k = 0, 1, \ldots, m$, die jeweils für $x_{k-1} < x < x_{k+1}$ von Null verschieden sind, bilden eine Basis des Raumes der linearen Splines in $[x_0, x_m]$.

Quadratische Splines $N_{k,2}$ werden mit $b_{2k+1} = 1$ und $b_{2j+1} = 0$, $j \neq k$ definiert. Damit folgt aus den Differenzierbarkeitsbedingungen:

$$b_{2k} = \frac{1}{2}, \quad b_{2k+1} = 1, \quad \text{und } b_{2k+2} = \frac{1}{2}.$$

Alle übrigen Bézier-Koeffizienten sind Null. Die Basis des Raumes der quadratischen Splines wird entsprechend von den $m + 2$ B-Splines $N_{k,2}(x)$, $k = -1, \ldots, m$, die jeweils für $x_{k-1} < x < x_{k+1}$ von Null verschieden sind, aufgespannt.

Die Konstruktion der B-Splines entspricht der Forderung, daß sie auf einem möglichst großen Teil des Definitionsintervalls $[x_0, x_m]$ identisch verschwinden oder - anders formuliert - einen möglichst kleinen Träger besitzen sollen. Es gibt keinen Spline, bei dem mehr Bézier-Koeffizienten gleich Null sind als beim jeweiligen B-Spline.

3.2.3 Umriß einer Autokarosserie

Entwerfen Sie den Umriß einer Autokarosserie (z.B. VW-Golf, Porsche 911) mit Hilfe von vier kubischen, an den Übergangsstellen stetigen Bézier-Polynomen (z.B. eingeteilt in Vorderhaube, Frontscheibe, Dach, Heck) so, daß nur an den Übergangsstellen der Frontscheibe Ecken entstehen.

Anhand dieser Aufgabe können sie selber etwas von der großen Bedeutung, die Bézier-Polynome für den Entwurf von Formen haben, erfahren. Der Umriß wird durch das Bézier-Polygon bestimmt, welches sich im Rechner sehr leicht abspeichern und sehr schnell an vielen Punkten auswerten läßt. Eine kontrollierte Veränderung der Form ist sehr leicht möglich.

Bei dieser Konstruktionsaufgabe sind die Stetigkeits- und Differenzierbarkeitsbedingungen an den Übergangsstellen wichtig. An den jeweiligen Enden der Frontscheibe sollen Ecken erzeugt werden, d.h. an diesen Übergangsstellen darf die Kurve nicht differenzierbar sein. Diese Bedingung ist natürlich leicht zu erfüllen, im Gegensatz zu Übergangsstellen, an denen die Kurve stetig differenzierbar sein soll, denn dort müssen (im Fall kubischer Bézier-Polynome) der dritte Punkt des k-ten, der Trennstellenpunkt und der zweite Punkt des k + 1-ten Bézier-Polynoms auf einer Linie liegen.

3.3 Entwerfen mit Bézier-Kurven

Bereits in Kapitel 3.2 wurde mit Hilfe von Bézier-Kurven entworfen. Dort bestand aber der Nachteil, daß die gezeichneten Kurven stets Funktionen sein mußten. Dies ist bei Konstruktionen nicht erwünscht, denn dort werden geschlossene Kurven aller Art, z.B. bei dem Umriß der Autokarosserie der Unterboden, häufig gebraucht.

Kurven, bei denen einem X-Wert mehrere Y-Werte zugeordnet sind, lassen sich aber auch mit Bézier-Kurven zeichnen, indem sie parametrisiert werden. Der Parameter ist dabei die Länge des Polygonzuges durch alle Eckpunkte der Bézier-Polygone.

In der praktischen Auswertung kommt hier sehr erleichternd zum Tragen, daß das Schema von de Casteljau, welches hier getrennt für den X- und den Y-Anteil der Kurve ausgewertet wird, völlig unabhängig von der Art (Stützpunkte äquidistant oder nicht) der Unterteilung ist, da es, wie schon erwähnt, auf linearer Interpolation beruht.

Der endgültige Kurvenpunkt ergibt sich, indem der X- und der Y-Wert, die zu einem Parameterwert gehören, zu einem (x, y)-Punkt zusammengefaßt werden.

Beispiel: *Herzform*

In diesem Programm sind zwischen einem und zehn Segmenten bei zwei bis fünf Bézier-Punkten möglich, wobei alle Segmente die gleiche Anzahl von Bézier-Punkten haben. Die einzelnen Punkte der Kontrollpolynome sind auf einer zweiten Tafel einzugeben. Die Intervallgrenzen müssen den Werten des Kontrollpolygons angepaßt sein.

Aufgaben

3.3.1 *Differenzierbarkeit*

Verschieben Sie die Bézier-Punkte des Beispiels so, daß das Bézier-Polynom an allen Segmentübergängen ein- bzw. zweimal stetig differenzierbar ist.

3.3.2 *Umriß einer Autokarosserie*

Entwerfen Sie wie in Kapitel 3.2 eine Autokarosserie, zeichnen Sie diesesmal allerdings auch den Umriß des Unterbodens und der Kotflügel.

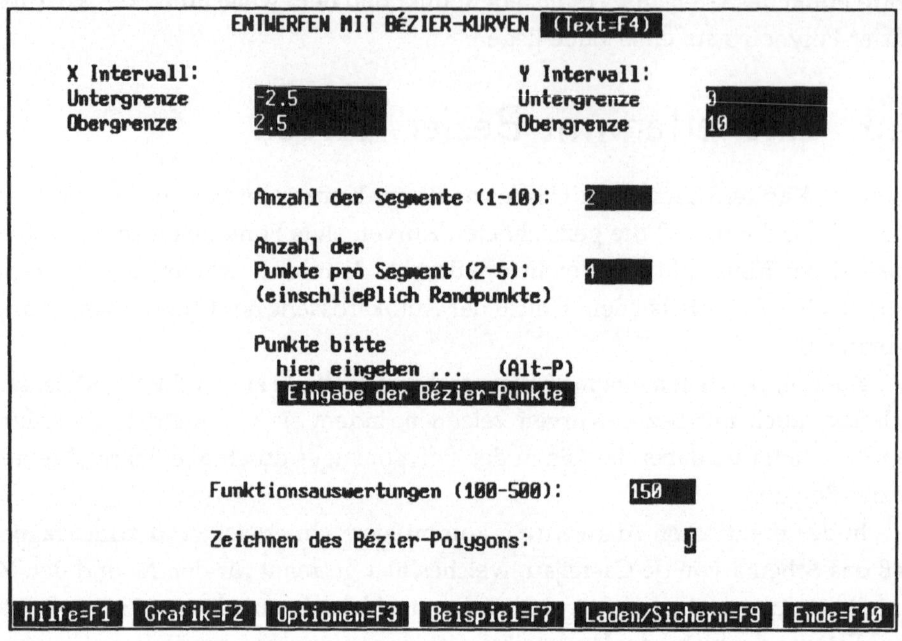

3.3.3 *Vase*

Zeichnen Sie mit Hilfe von Segmenten mit vier Bézier-Punkten eine dreidimensionale Ansicht einer Vase ihrer Wahl.

3.4 Erläuterungen und Lösungen zum dritten Kapitel

Zusammenhang mit den Splines

Aufgabe 3.2.1: a) Eine kubische Spline-Interpolierende mit drei Stützstellen erstreckt sich über zwei Segmente, für die jeweils die Werte von vier Bézier-Koeffizienten benötigt werden. Für die zu konstruierende Spline-Interpolierende durch die vorgegebenen Punkte sind damit bereits $b_0 = -2$, $b_3 = 2$ und $b_6 = 10$ bekannt. Die Auswertung der Bedingungen (3.19), (3.20) und (3.21) ergibt bei Wahl von natürlichen Randbedingungen $b_1 = -1$, $b_4 = 4$ und $b_5 = 7$.

Bei der Wahl von periodischen Randbedingungen muß Formel (3.22) anstelle von (3.21) angewendet werden, dann ergibt sich $b_1 = 0$, $b_2 = 0$, $b_4 = 4$ und $b_5 = 8$.

b) Einmalige Differenzierbarkeit an den Übergangsstellen bedeutet, daß die Poly-

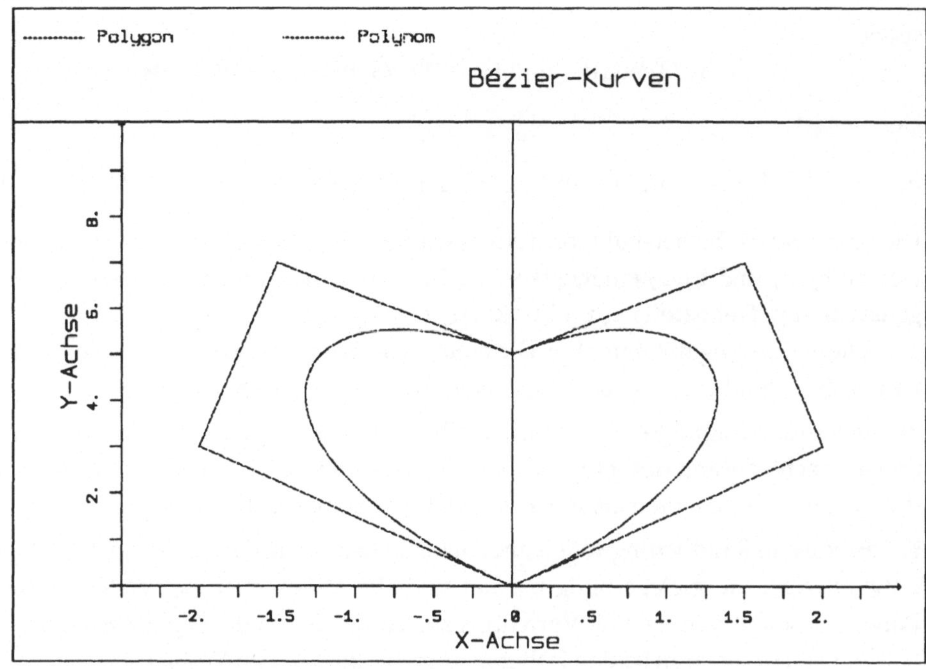

Grafik der Herzform zum Beispiel, vgl. mit Kap. 2.7

gonpunkte mit den Funktionswerten b_{3k-1}, b_{3k} und b_{3k+1}, $k = 1, 2, \ldots, m - 1$, auf einer Geraden liegen müssen, das Bézier-Polygon darf bei b_{3k} also keinen Knick haben. Dies bedeutet, daß

$$\frac{b_{3k+1} - b_{3k}}{h_k/3} = \frac{b_{3k} - b_{3k-1}}{h_{k-1}/3}, \quad k = 1, \ldots, m - 1,$$

sein muß. Damit ist aber nur (3.17) umgeformt.

c) Die zweimalige Differenzierbarkeit an den Übergangsstellen ist besonders im Fall äquidistanter Stützstellen mit Splines leicht zu vergleichen. Für die Stützstellen des Bézier-Polygons gilt nach (3.20) dann

$$2b_{3k-1} - b_{3k-2} = 2b_{3k+1} - b_{3k+2}, \quad k = 1, 2, \ldots, m - 1.$$

Wird

$$d_k := 2b_{3k-1} - b_{3k-2} = 2b_{3k+1} - b_{3k+2}, \quad k = 1, 2, \ldots, m - 1,$$

definiert, dann ist der Punkt (x_k, d_k) der Schnittpunkt der Geraden durch die Punkte

$$(x_k - 2h_{k-1}/3, b_{3k-2}) \quad \text{und} \ (x_k - h_{k-1}/3, b_{3k-1}) \ \text{einerseits}$$

sowie

$$(x_k + h_k/3, b_{3k+1}) \quad \text{und} \ (x_k + 2h_k/3, b_{3k+2}) \text{ andererseits.}$$

Denn es ist

$$d_k - b_{3k-1} = b_{3k-1} - b_{3k-2} \quad \text{und} \ d_k - b_{3k+1} = b_{3k+1} - b_{3k+2}, \quad k = 1, 2, \ldots, m-1.$$

Die verlängerten Bézier-Polygonstücke zwischen den Punkten mit den Funktionswerten b_{3k-1} und b_{3k-2} einerseits sowie b_{3k+1} und b_{3k+2} andererseits treffen sich genau an der Trennstelle x_k im Punkt (x_k, d_k), $k = 1, 2, \ldots, m-1$.

Die Bedingung für einmalige Differenzierbarkeit gilt selbstverständlich, denn natürlich liegen b_{3k-1}, b_{3k} und b_{3k+1} hier auf einer Geraden.

d) Die Randbedingungen (3.21) für natürliche Splines implizieren, daß am linken und am rechten Rand des Intervalls jeweils die Punkte mit den ersten bzw. letzten drei Bézier-Koeffizienten als Funktionswerte auf einer Geraden liegen.

e) Periodische Randbedingungen gemäß (3.22) bedeuten, daß das erste und letzte Polygonstück die gleiche Steigung hat und die Differenzen der ersten beiden Polygonstück-Steigungen im Verhältnis zur Länge des ersten Segmentes mit den Differenzen der letzten beiden Polygonstück-Steigungen im Verhältnis zur Länge des letzten Segmentes übereinstimmen.

Aufgabe 3.2.2: Für die Konstruktion des B-Splines $N_{3,3}(x)$ sind folgende Programmeingaben erforderlich:

X-Intervallgrenzen: $[1, 5]$, Y-Intervallgrenzen unbestimmt lassen, vier Segmente mit den Trennstellen bei $x_{t1} = 2$, $x_{t2} = 3$ und $x_{t3} = 4$ und vier Bézier-Koeffizienten pro Segment. Die Werte der Bézier-Koeffizienten sind:

$$b_0 = b_1 = b_2 = b_{10} = b_{11} = b_{12} = 0$$
$$b_3 = b_9 = 1/6$$
$$b_4 = b_8 = 1/3$$
$$b_5 = b_6 = b_7 = 2/3$$

Den quadratischen B-Spline $N_{3,2}$ erhalten Sie mit den X-Intervallgrenzen $[2, 5]$, unbestimmten Y-Intervallgrenzen bei drei Segmenten und den Trennstellen $x_{t1} = 3$ und $x_{t2} = 4$. Sie brauchen drei Bézier-Koeffizienten pro Segment mit den Werten

$$b_0 = b_1 = b_5 = b_6 = 0$$
$$b_2 = b_4 = 1/2$$
$$b_3 = 1$$

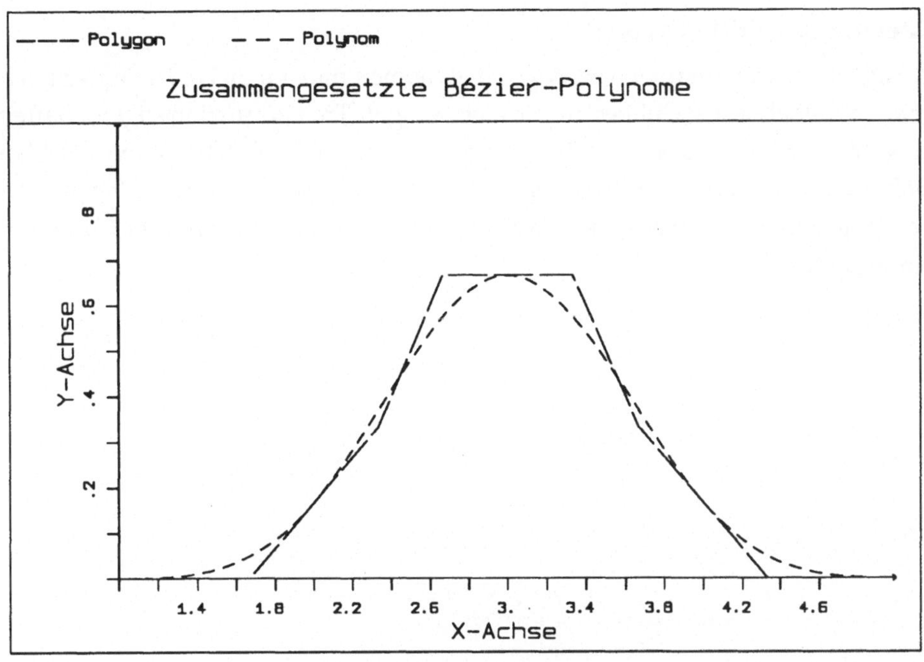

Kubischer B-Spline und sein Polygon

Der lineare B-Spline $N_{3,1}$ kann mit den Bézier-Koeffizienten $b_0 = 0$, $b_1 = 1$ und $b_2 = 0$ auf dem Intervall $[2, 4]$ gezeichnet werden.

Bézier-Kurven

Aufgabe 3.3.1: Die Differenzierbarkeitsbedingungen müssen sowohl für die X- als auch die Y-Komponente erfüllt sein. Daher gilt für einmalige Differenzierbarkeit

$$2b_3(x) = b_2(x) + b_1(x), \quad \text{was bereits erfüllt ist und}$$
$$2b_3(y) = b_2(y) + b_4(y).$$

Ein Koeffizient b_i, $i = 2, 3, 4$ ist demnach jeweils frei wählbar. Um zweimalige stetige Differenzierbarkeit an den Übergangsstellen zu erreichen, muß entsprechend vorgegangen werden.

Literatur zum dritten Kapitel

Ausführliche Darstellungen zu Bezier-Polynomen findet man bei *Farin*, der auch sehr gründlich auf B-Splines und die jeweiligen Transformationseigenschaften eingeht, und *Mortensen*. Der Zusammenhang zur Spline-Interpolation wird bei *Böhm / Gose / Kahmann* herausgearbeitet. Auf B-Splines wird außer in den bereits genannten Lehrbüchern bei *de Boor*, *Grieger* und *Hämmerlin / Hoffmann* eingegangen.

Ausgleichsrechnung 4

Die Ausgleichsrechnung, auch unter dem Begriff Regressionsmethode bekannt, ist ein wichtiges Hilfsmittel, um aus Wertepaaren funktionale Zusammenhänge herzuleiten.

Ihr wichtigstes Anwendungsgebiet hat sie in der Statistik, aber auch bei der Anpassung von Kurven an Meßdaten ist sie unentbehrlich.

In den Naturwissenschaften (z.B. Physik und Chemie) liegt häufig der Fall vor, daß man aufgrund von Vermutungen oder Modellen Funktionen erhält, deren Parameter vorerst unbestimmt bleiben. Diese Parameter sollen durch Messungen bestimmt werden. Dabei werden immer mehr Messungen gemacht als Parameter zu bestimmen sind, um so den unumgänglichen Meß- und Beobachtungsfehlern Rechnung zu tragen. In diesem Kapitel wird aus dem weiten Feld der Ausgleichsrechnung ein kleiner, aber trotzdem wichtiger Teil behandelt und visualisiert, so daß das grundsätzliche dieser Methoden deutlich wird. Die Darstellung beschränkt sich hier auf die lineare Ausgleichsrechnung, wobei als Ansatzfunktionen nur Polynome zugelassen sind.

4.0 Einführung und Problemstellung

Mathematisch läßt sich die oben beschriebene Problemstellung folgendermaßen formulieren.

Zu den Wertepaaren (x_0, f_0), (x_1, f_1), ..., (x_n, f_n) sollen für vorgegebene, linear unabhängige Ansatzfunktionen $p_0(x)$, ..., $p_r(x)$ Parameter a_0, a_1, ..., a_r so gefunden werden, daß die Summe der Fehlerquadrate

$$\sum_{j=0}^{n} \left(f_j - \sum_{k=0}^{r} a_k p_k(x_j) \right)^2 \tag{4.1}$$

minimiert wird. Dieses Maß heißt die *Gaußsche Methode der kleinsten (Fehler-)*

Quadrate, wobei es grundsätzlich auch möglich wäre, andere Maße zur Minimierung des Fehlers heranzuziehen. Diese Methode ist im Englischen als *least squares method* bekannt. Die lineare Unabhängigkeit der Ansatzfunktionen läßt sich am einfachsten erreichen, wenn für sie

$$p_i(x) = x^i, \qquad i = 0, 1, \ldots, r \tag{4.2}$$

gewählt wird. Dieser Ansatz wird auch in MAYA genommen.

Für den Fall $r = n$ wird aus dieser Ausgleichsaufgabe übrigens eine Interpolationsaufgabe, deren Interpolationspolynom einen per definitionem verschwindenden Fehler liefert. Für $r > n$ kann die Lösung der Ausgleichsaufgabe nicht mehr eindeutig sein. Der Fehler in Formel (4.1) wird minimal, wenn

$$\sum_{j=0}^{n} \left(f_j - \sum_{k=0}^{r} a_k p_k(x_j) \right)^2 \stackrel{!}{=} \text{MIN}$$

gilt. Dies ist genau dann der Fall, wenn die partiellen Ableitungen nach den Parametern $a_0, a_1, \ldots, a_r$ (die ja hier die einzigen variierbaren Größen sind) gleich Null werden:

$$\frac{\partial}{\partial a_l} \sum_{j=0}^{n} \left(f_j - \sum_{k=0}^{r} a_k x_j^k \right)^2 = 0, \quad l = 0, \ldots, r,$$

$$\Rightarrow \quad -2 \left(\sum_{j=0}^{n} \left(f_j - \sum_{k=0}^{r} a_k x_j^k \right) x_j^l \right) = 0, \quad l = 0, \ldots, r,$$

$$\Rightarrow \quad \sum_{j=0}^{n} f_j x_j^l = \sum_{k=0}^{r} a_k \sum_{j=0}^{n} x_j^k x_j^l \qquad l = 0, \ldots, r. \tag{4.3}$$

Die Gleichungen (4.3) werden auch als *Normalgleichungen* bezeichnet. Es läßt sich nachweisen, daß (4.1) genau dann minimal ist, wenn die Parameter $a_0, a_1, \ldots, a_r$ den Normalgleichungen genügen. Da (4.3) eindeutig zu lösen ist, ist damit auch die Lösung des Ausgleichsproblems eindeutig. Auch praktisch berechnet man die a_k über die Normalgleichungen.

4.1 Polynomausgleich

In diesem Programm wird ein Ausgleichspolynom zu den (x, y)-Wertepaaren gezeichnet. Der Grad des Ausgleichspolynoms kann dabei nicht größer als die um eins verminderte Anzahl der Stützstellen sein, da sonst das Problem nicht lösbar ist.

Beispiel: *Rollendes Auto*

In diesem Beispiel wird der von einem rollenden Auto auf einer schiefen Ebene zurückgelegte Weg y gegen die vergangene Zeit x aufgetragen. Um Meßfehler zu verringern, wurde die Messung öfter durchgeführt als eigentlich zur Bestimmung eines quadratischen Polynoms notwendig.

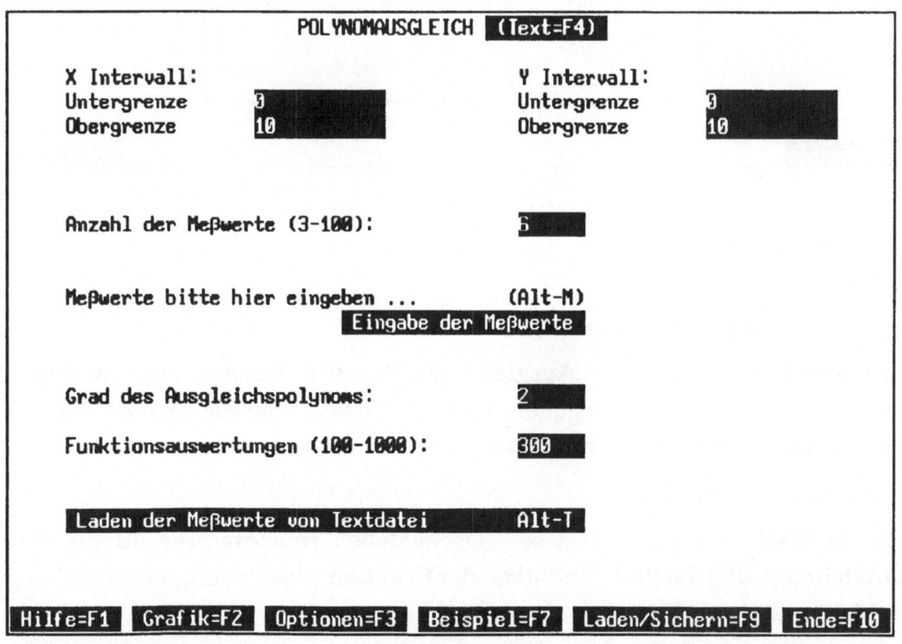

Durch das Nichteintragen der Intervallgrenzen kann auf beiden Achsen das Maximum und Minimum der Eingabewerte als Achsenbegrenzung festgelegt werden.

Es können bis zu 100 Meßwerte eingegeben werden. Der maximale Grad des Ausgleichspolynoms ist zehn.

Das sich bei der Ausgleichsrechnung ergebende Ausgleichspolynom wird oberhalb der Grafik angegeben. Die Meßwerte werden entweder per Hand auf einer zusätzlichen Seite eingegeben oder über ein File, wie im ersten Teil des

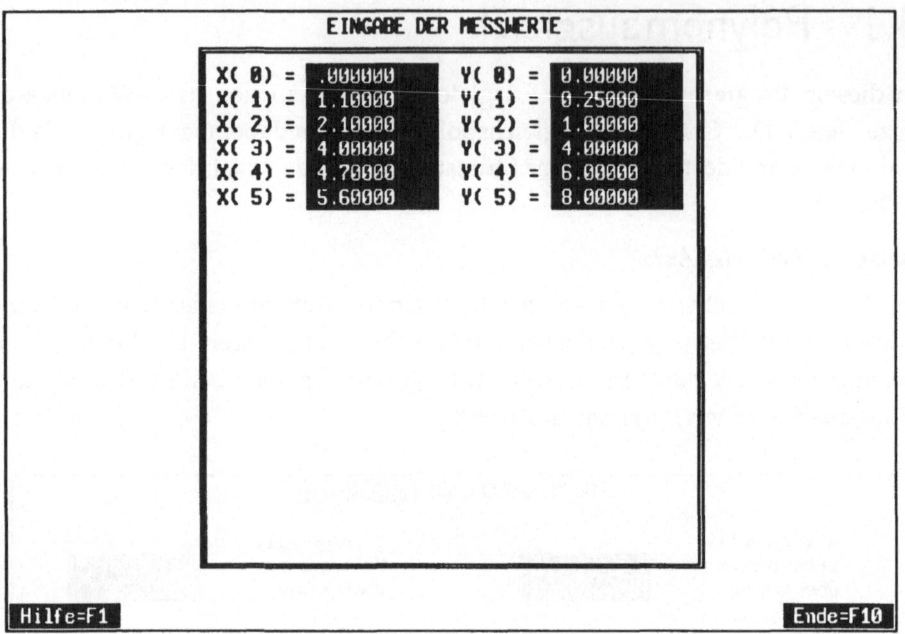

Buches beschrieben.

Aufgaben

4.1.1 *Veränderung des Polynomgrades*

Verändern Sie den Grad des Ausgleichspolynoms im Beispiel, etwa, in dem Sie ihn erhöhen. Ist dieses Vorgehen sinnvoll, erfassen Sie die mit der Messung gewonnene Information damit besser?

4.1.2 *Chemische Reaktion*

Eine chemische Reaktion wird bei verschiedenen Temperaturen durchgeführt. Man stellt fest, daß die Vollständigkeit der Reaktion von der Temperatur abhängig ist. Man mißt:

$x(°C)$	150	150	150	200	200	200
$y(\%)$	77.4	76.7	78.2	84.1	84.5	83.7
$x(°C)$	250	250	250	300	300	300
$y(\%)$	88.9	89.2	89.7	94.2	94.7	95.9

Stellen Sie fest, ob Sie diese Meßdaten mit einer Geraden oder mit einem quadratischen Polynom besser erfassen können. Welche Koeffizienten erhalten Sie bei einer Ausgleichsgeraden?

4.1.3 Funktionsapproximation

Versuchen Sie, mittels eines Polynomausgleichs die Funktion $f(x) = |x|$, $x \in [-2, 2]$, zu approximieren. Vergleichen Sie das Ergebnis mit der Interpolation. Wenn Sie als Stützstellen $x_0 = -2$, $x_1 = -1$, $x_2 = 0$, $x_3 = 1$ und $x_4 = 2$ wählen, dann erhalten Sie, unter der Voraussetzung eines quadratischen Ausgleichspolynoms, die Normalgleichungen:

$$5a_0 + 0a_1 + 10a_2 = 6$$
$$0a_0 + 10a_1 + 0a_2 = 0$$
$$10a_0 + 0a_1 + 34a_2 = 18.$$

Das Ausgleichspolynom hat damit die Form

$$p(x) = \frac{12}{35} + \frac{3}{7}x^2.$$

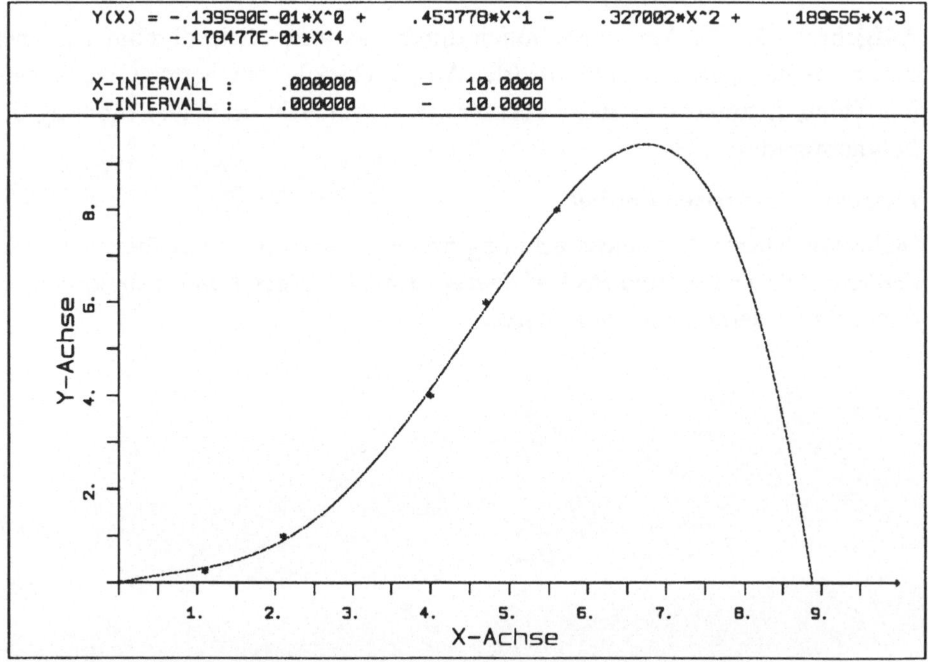

Wahl eines zu hohen Grades für das Ausgleichspolynom im Beispiel zu 4.1

4.2 Erläuterungen und Lösungen zum vierten Kapitel

Aufgabe 4.1.1: Je höher der Grad des Ausgleichspolynoms ist, desto mehr oszilliert es auch, wodurch der Sachverhalt einer Messung nicht unbedingt besser, sondern in der Regel sogar schlechter erfaßt wird. Dabei unterliegt der Funktionsverlauf insbesondere außerhalb der beiden Randpunkte starken Schwankungen, dieses Phänomen war auch schon in der Polynominterpolation zu beobachten. Entsprechend nimmt auch die Fortpflanzung von Rundungsfehlern bei höhergradigen Polynomen stark zu. Dazu kommt, daß die Normalgleichungen meistens sehr empfindlich auf Rundungsfehlereinflüsse, allgemein auf kleine Änderungen der Zahlenwerte, reagieren. Da Meßdaten immer fehlerbehaftet sind, kann hier nur durch eine Erhöhung ihrer Anzahl und durch ein möglichst von vornherein im Grad richtig gewähltes Ausgleichspolynom Abhilfe geschaffen werden.

Aufgabe 4.1.2: Mit einer Ausgleichsgeraden erhalten Sie ein völlig befriedigendes Resultat.

Aufgabe 4.1.3: Die Approximationen durch das Ausgleichspolynom wie auch durch das Interpolationspolynom (das Ausgleichspolynom vierten Grades) sind hier völlig unzureichend und verbessern sich auch nicht bei einer Erhöhung des Polynomgrades.

Literatur zum vierten Kapitel

Mehr zum Thema Ausgleichsrechnung finden Sie auch in den Büchern von *Niederdrenk / Yserentant* und *Becker/ Dreyer / Haacke / Nabert* und insbesondere in dem sehr modernen Buch von *Myers*.

Differenzengleichungen und Chaos   5

Differenzengleichungen sind eng mit der Lösung von Differentialgleichungen verknüpft. Aus einer Differentialgleichung der Form $y' = f(y)$ wird mit dem Euler-Verfahren (Kap. 6) bei einer festen Schrittweite h ein Differenzenverfahren mit der Vorschrift $y_{n+1} = h\,f(y_n) + y_n$ gewonnen. Damit steht also hinter der Differenzengleichung der Aufgabe 5.1.1 bei Zugrundelegung des Euler-Verfahrens die Differentialgleichung

$$\begin{pmatrix} x' \\ y' \end{pmatrix} = \frac{1}{h} \begin{pmatrix} a-1 & b \\ c & d-1 \end{pmatrix} \begin{pmatrix} x \\ y \end{pmatrix}.$$

Auch bei der Fixpunktiteration zur Nullstellenbestimmung treten Differenzengleichungen auf. Das Verständnis von Differenzengleichungen ist damit zur richtigen Anwendung von vielen Iterationsverfahren unerläßlich.

5.0 Einführung

Problemstellung

Behandelt werden Differenzengleichungen der Form

$$x^{(j+1)} = g(x^{(j)}), \qquad j = 0, 1, 2, 3, \ldots \tag{5.1}$$

$$x^{(j)} \in \mathbb{R}^n, \qquad j = 0, 1, 2, \ldots, \qquad g : \mathbb{R}^n \to \mathbb{R}^n.$$

Um Aussagen über das Verhalten solcher Differenzengleichungen machen zu können, werden einige Definitionen und der Banachsche Fixpunktsatz benötigt.

Fixpunkte und Orbits

Die k-te Iteration des Startwertes $x^{(0)}$ wird mit $g^{(k)}(x^{(0)})$ bezeichnet. Ein Punkt $x^* \in \mathbb{R}^n$ wird *Fixpunkt* der Differenzengleichung genannt, falls $x^* = g(x^*)$ gilt.

Ein Zyklus von p verschiedenen Punkten $\mathbf{x}^{(j)} = \mathbf{g}^{(j)}(\mathbf{x}^{(0)})$, $j = 0, 1, 2, \ldots, p - 1$, mit $\mathbf{g}^{(p)}(\mathbf{x}^{(0)}) = \mathbf{x}^{(0)}$ heißt *periodischer Orbit der Ordnung p*.

Mitunter bezeichnet man die $\mathbf{x}^{(j)}$, $j = 0, 1, 2, \ldots, p - 1$, auch als *(zyklische) Fixpunkte p-ter Ordnung*.

$$\text{Für sie gilt:} \qquad \mathbf{g}^{(p)}(\mathbf{x}^{(j)}) = \mathbf{x}^{(j)}, \qquad j = 0, 1, 2, \ldots, p - 1. \qquad (5.2)$$

Ein periodischer Orbit heißt **asymptotisch stabil**, falls die Iterationsfolge einer Differenzengleichung mit einem hinreichen nahen Startwert gegen eben diesen Orbit konvergiert. Andernfalls wird er instabil genannt.

Da ein Fixpunkt ein periodischer Orbit der Ordnung 1 ist, gibt es *stabile* und *instabile Fixpunkte*. Letztere heißen im Englischen *"repeller"*.

Banachscher Fixpunktsatz

Mittels des Banachschen Fixpunktsatzes läßt sich die Konvergenz einer Folge $\mathbf{x}^{(j)}{}_{j \in \mathbb{N}}$ gegen einen eindeutig bestimmten Fixpunkt $\mathbf{x}^*$ zeigen. Der Satz erfordert die folgenden Voraussetzungen:

i) Für alle $\mathbf{x} \in \mathbf{Q} := \{(x_1, x_2, \ldots, x_n)| \quad a_1 \leq x_1 \leq b_1, \quad a_2 \leq x_2 \leq b_2, \ldots, a_n \leq x_n \leq b_n\}$, $\mathbf{Q} \subset \mathbb{R}^n$, sei der Vektor $\mathbf{g}(\mathbf{x})$ definiert und wieder in $\mathbf{Q}$ enthalten, d.h.:

$$\forall \, \mathbf{x} \in [\mathbf{a}, \mathbf{b}] \Rightarrow \mathbf{g}(\mathbf{x}) \in \mathbf{Q}. \qquad (5.3)$$

Diese Voraussetzung bedeutet, daß die Iteriertenfolge $\mathbf{x}^{(j+1)} = \mathbf{g}(\mathbf{x}^{(j)})$ nicht aus $\mathbf{Q}$ herausläuft, wenn der Startvektor $\mathbf{x}^{(0)}$ in $\mathbf{Q}$ gewählt wird.

ii) Es existiere eine Zahl q, $0 < q < 1$, mit

$$\|\mathbf{g}(\mathbf{x}) - \mathbf{g}(\mathbf{y})\| \leq q\|\mathbf{x} - \mathbf{y}\| \quad \text{für alle } \mathbf{x}, \mathbf{y} \in \mathbf{Q} \qquad (5.4)$$

und einer Norm $\| \quad \|$ aus dem $\mathbb{R}^n$, vergleiche dazu auch Kapitel 1.

Für den eindimensionalen Fall kann anstelle von Voraussetzung (5.4) auch gefordert werden, daß es ein $q \in \mathbb{R}$, $0 < q < 1$, gebe, mit

$$|g'(x)| \leq q \text{ für alle } x \in [a, b], \quad a, b \in \mathbb{R}, \quad g \text{ stetig differenzierbar,} \qquad (5.5)$$

denn mit dem Mittelwertsatz folgt für $x, y \in [a, b]$:

$$|g(x) - g(y)| = |g'(\xi)(x - y)| \leq q|x - y| \quad \text{mit } \xi \in (x, y).$$

Analog wird für den mehrdimensionalen Fall gefordert, daß

$$\|\mathbf{J}_g(\mathbf{x})\| \leq q \quad \text{für alle } \mathbf{x} \in \mathbf{Q} \qquad (5.6)$$

gilt, wobei $J_g(x)$ die Jacobi-Matrix von g ist, mit

$$J_g(x) := \begin{pmatrix} \dfrac{\partial g_1(x_1,\dots,x_n)}{\partial x_1} & \cdots\cdots & \dfrac{\partial g_1(x_1,\dots,x_n)}{\partial x_n} \\ \vdots & & \vdots \\ \vdots & & \vdots \\ \dfrac{\partial g_n(x_1,\dots,x_n)}{\partial x_1} & \cdots\cdots & \dfrac{\partial g_n(x_1,\dots,x_n)}{\partial x_n} \end{pmatrix} \tag{5.7}$$

und $(\|\ \ \|)$ ist eine der Normen (1.4) bis (1.7).

Der *Banachsche Fixpunktsatz* lautet nun folgendermaßen:

Sind die Voraussetzungen (5.3) und (5.4) erfüllt, so konvergiert die Iterationsfolge $x^{(j+1)} = g(x^{(j)})$, $j = 0,1,2,\dots$, für jeden Startwert $x^{(0)} \in Q$ gegen einen eindeutig bestimmten Fixpunkt x^*. Ferner gelten die folgenden Fehlerabschätzungen:

$$\|x^{(j)} - x^*\| \leq \frac{q^j}{1-q}\|x^{(1)} - x^{(0)}\| \tag{5.8}$$

und

$$\|x^{(j)} - x^*\| \leq \frac{q}{1-q}\|x^{(j)} - x^{(j-1)}\| ; \tag{5.9}$$

(5.8) wird auch *a-priori-Fehlerabschätzung* und (5.9) *a-posteriori-Fehlerabschätzung* genannt.

Seltsame Attraktoren und deterministisches Chaos

Falls Iterationspunkte einer Differenzengleichung von einer Punktmenge, die kein periodischer Orbit ist, angezogen werden und sie durchlaufen, nennt man diese Menge auch einen *Attraktor*. Man spricht von einem *seltsamen Attraktor*, falls die Attraktion in starkem Maße von dem Startwert abhängig ist und eine Iterationsfolge mit geringfügig verändertem Startwert bereits in eine ganz andere Richtung verläuft. Iterationsfolgen können sich innerhalb des seltsamen Attraktors beliebig nahe kommen, doch sie konvergieren nicht gegeneinander.

Diese Formulierung ist zwar mathematisch etwas oberflächlich, doch gibt es keine einheitliche Definition, denn verschiedene Autoren versuchen, jeweils ihnen bekannte Beispiele miteinzuschließen. Noch uneinheitlicher wird der Begriff Chaos verwendet, seltsame Attraktoren werden aber in jedem Fall als chaotisch bezeichnet. Da solche Instabilitäten mit der Differenzengleichung deterministisch erzeugt werden, spricht man auch von *deterministischem Chaos*.

Eine ausführliche Diskussion der Begrifflichkeiten findet man z.B. bei *Schuster* oder bei *Kunick / Steeb*.

Metzler / Beau / Überla versuchen mit einer anschaulichen Modellvorstellung einen seltsamen Attraktor zu erklären. Sie vergleichen die Iterationsfolgen zweier Startwerte mit dem Bewegungsablauf von zwei Tischtennisbällen, die in den Strudel eines Sees geraten. Sie werden in die Tiefe gezogen, wieder hinaufgeschleudert und ständig neuen Turbulenzen unterworfen. Sie nähern sich gelegentlich einander, entfernen sich wieder, verlassen den Strudel aber nicht.

Der erste seltsame Attraktor wurde übrigens von einem Meteorologen entdeckt. Der US-Amerikaner Edward Lorenz versuchte 1963 mit einfachen mathematischen Gleichungen den Ablauf des Wettergeschehens zu simulieren und entdeckte schon bei diesen einfachen Modellen das oben beschriebene Verhalten.

Chaotische Bereiche oder periodische Orbits einer Differenzengleichung findet man grafisch durch Beobachtung der Iterationsfolge bei Veränderung des Startwertes. Natürlich ist bei der numerischen Berechnung der Iterationspunkte immer ein wenig Vorsicht geboten.

Durch die Variation der Parameter einer Differenzengleichung kann man feststellen, wann sich die Ordnung eines periodischen Orbits verändert oder ein periodischer Orbit "chaotisch" wird.

Die Eigenschaften von Differenzengleichungen lassen sich aus diesem Grunde in besonderem Maße experimentell mit Hilfe der Computergrafik erforschen. Chaotische Bereiche wurden schließlich erst mit Computern entdeckt, und man spricht in diesem Zusammenhang auch von "experimenteller Mathematik".

Durch die grafische Darstellung chaotischer Bereiche oder seltsamer Attraktoren erhält man, wenn die Iterationspunkte nach bestimmten Kriterien gefärbt werden, hübsche Bilder. *Peitgen / Richter* haben solche Bilder schon auf verschiedenen Ausstellungen präsentiert und eine eindrucksvolle Auswahl in ihrem Buch veröffentlicht.

Chaotische Bereiche können auch mit anderen Programmen aus MAYA veranschaulicht werden. In den Beispielen 6.7.3 und 6.7.4 wird bei der Diskretisierung von Differentialgleichungen und im Abschnitt 7.2 für eindimensionale Differenzengleichungen auf sie zurückgekommen.

5.1 Zweidimensionale Differenzengleichungen

Der Lösungsverlauf von zweidimensionalen Differenzengleichungen der Form:

$$x^{(j+1)} = g_1(x^{(j)}, y^{(j)}),$$
$$y^{(j+1)} = g_2(x^{(j)}, y^{(j)}),$$

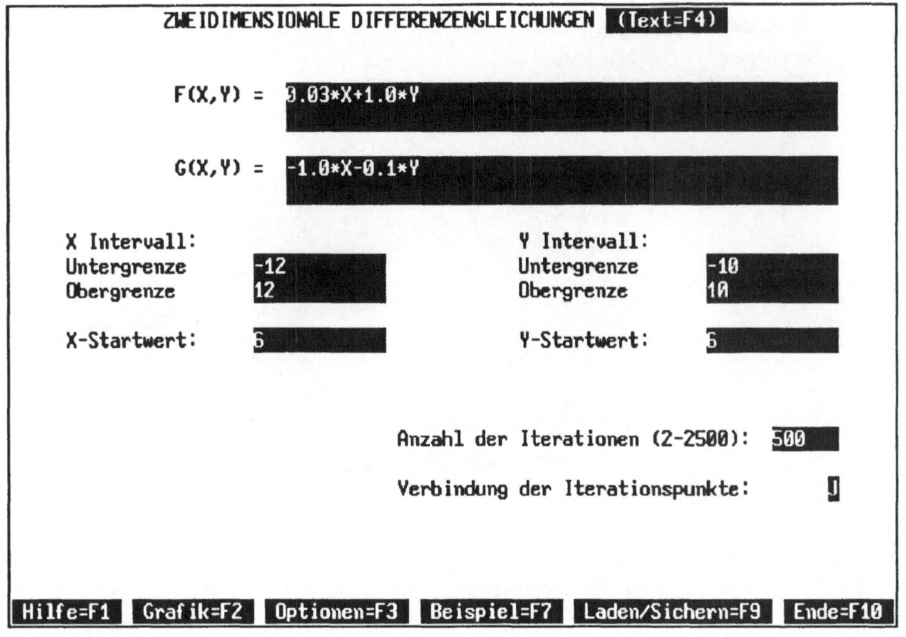

Menü zu Programm 5.1

soll grafisch dargestellt werden.

Ein großer Teil der in diesem Abschnitt aufgeführten Aufgaben ist aus Modellgleichungen für reale Probleme entstanden. Der dabei allerdings häufig sehr spezielle Hintergrund wird nur in Einzelfällen angegeben, dafür gibt es aber Hinweise auf Quellen mit weiteren Angaben.

Ziel dieses Programms ist es primär, seltsame Attraktoren und zyklische Fixpunkte zu veranschaulichen und die Suche nach ihnen zu ermöglichen. Allein vom grafischen Eindruck her läßt sich die Existenz eines seltsamen Attraktors allerdings oft nur vermuten, denn theoretisch könnte es sich genausogut um einen Orbit mit jeweils sehr hoher Ordnung handeln. Meistens erhalten Sie (je nach persönlichem Geschmack) attraktivere Grafiken, wenn Sie auf eine Verbindung der Lösungspunkte verzichten.

Beispiel *Sonne*

Das Menü zu diesem Programm ist oben abgebildet, die sich im Beispiel ergebende Grafik folgt danach.

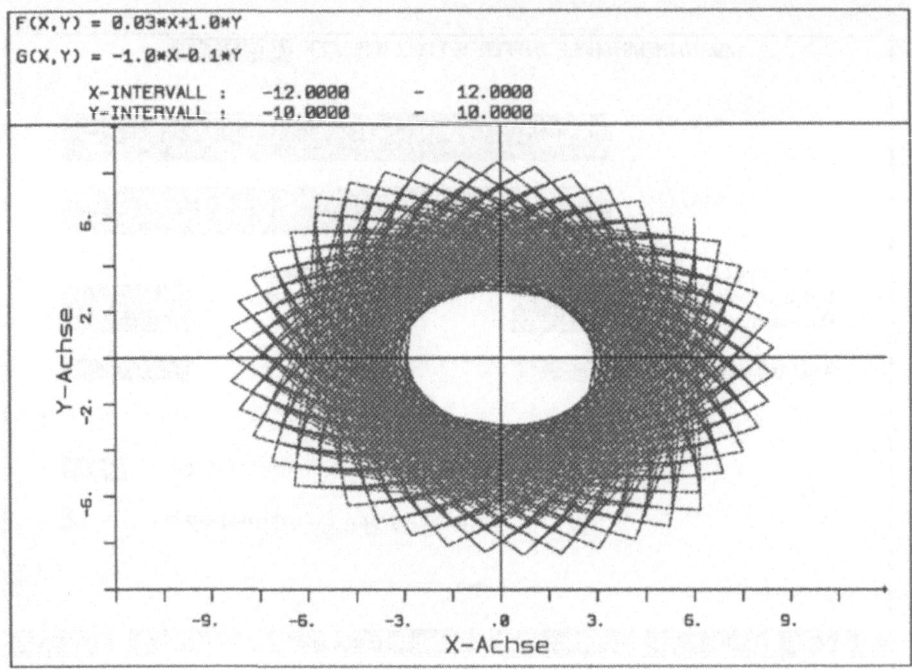

Aufgaben

5.1.1 *Spiralen*

Die Differenzengleichungen des Beispiels lassen sich in der allgemeinen Form

$$x^{(j+1)} = ax^{(j)} + by^{(j)}, \qquad y^{(j+1)} = cx^{(j)} + dy^{(j)}$$

schreiben. Durch Variation des Parameters a können Sie hier eine Reihe sehr hübscher Spiralen und Sonnen erhalten.

Wählen Sie beispielsweise:

a) $a = 0.01$, lassen Sie b, c und d im Vergleich zum Beispiel unverändert, genauso wie das X- und das Y-Intervall und den Startwert. Lassen Sie 2500 Werte der Lösungsfolge zeichnen.

b) $a = 0.14$, lassen Sie wiederum b, c und d im Vergleich zum Beispiel unverändert, genauso wie das X- und das Y-Intervall und den Startwert. Lassen Sie nur 500 Werte der Lösungsfolge zeichnen, verbinden Sie diese aber.

Quellen zu diesem Beispiel: *Devaney* S. 170, *Guckenheimer / Holmes* S. 19 und *Koçak* S. 182.

5.1.2 Henon-Attraktor

Berechnen Sie die ersten 500 Punkte der Differenzengleichung

$$x^{(j+1)} = 1.0 + y^{(j)} - 1.4x^{(j)^2}, \qquad y^{(j+1)} = 0.3x^{(j)},$$

verbinden Sie die erhaltenen Punkte nicht und geben Sie $[-1.3, 1.3]$ als X- und $[-0.5, 0.5]$ als Y-Intervall mit dem Startwert $(x^0, y^0) = (0.2, 0.2)$ vor.

Es entsteht ein sogenannter seltsamer Attraktor. Dieser verschwindet bei einer Veränderung der Parameter der Differenzengleichung oder auch einer geringfügigen Änderung des Startwertes.

Quellen zu diesem Beispiel: *Devaney* S. 210, *Guckenheimer / Holmes* S. 245, *Thompson / Stewart* S. 183 und *Metzler / Beau / Überla*.

5.1.3 Diskretes Räuber-Beute-Modell

Mit der Differenzengleichung

$$x^{(j+1)} = ax^{(j)}(1. - x^{(j)}) - x^{(j)}y^{(j)}, \qquad y^{(j+1)} = \frac{1.}{b}x^{(j)}y^{(j)},$$

ist ein einfaches Modell für die diskrete Populationsentwicklung von Räuber- und Beutetieren $x^{(j)}$ und $y^{(j)}$ zum Zeitpunkt j gegeben. Ohne die Räuberspezies gilt für die Populationsentwicklung die logistische Gleichung einer Spezies, die in Aufgabe 7.2.7 behandelt wird. Hier ist die Anzahl der Nachkömmlinge der Räuberspezies proportional zur Anzahl der von den Räubertieren gefressenen Beutetiere. Sehr simple Ökosysteme kann man übrigens mit diesen Gleichungen relativ gut modellieren.

Nehmen Sie z.B. folgende Parameter, um mit diesem Modell zu experimentieren:

a)

$$a = 2.5, \qquad b = 0.31,$$

$$x \in [0.1, 0.7], \qquad y \in [0.1, 1.0], \qquad \text{Startwert: } (0.2, 0.2)$$

berechnen Sie 500 Lösungspunkte, lassen Sie diese einmal verbinden und einmal nicht.

b)

$$a = 3.43, \qquad b = 0.31,$$

$$x \in [0.1, 0.7], \qquad y \in [0.1, 2.4], \qquad \text{Startwert: } (0.2, 0.2)$$

berechnen Sie 500 Lösungspunkte, lassen Sie diese einmal verbinden und einmal nicht.

c)

$$a = 3.65, \qquad b = 0.31,$$

$$x \in [0.1, 0.7], \quad y \in [0.1, 2.4], \qquad \text{Startwert: } (0.2, 0.2)$$

berechnen Sie 1000 Lösungspunkte, lassen Sie diese einmal verbinden und einmal nicht.

Quellen zu diesem Beispiel: *Koçak* S. 187, *Maynard-Smith* S. 27 ff.

5.1.4 *Gingerman-Gleichung*

Die Differenzengleichungen

$$x^{(j+1)} = 1. - y^{(j)} + |x^{(j)}|, \qquad y^{(j+1)} = x^{(j)}$$

besitzen an der Stelle $(1, 1)$ einen Fixpunkt. Wählen Sie nacheinander die beiden Startwerte $s_1 = (0.288, 0.2)$ und $s_2 = (4.333, 3.456)$ mit den Intervallen $x \in [-4., 10.]$ und $y \in [-4., 9.]$, berechnen Sie 1000 Schritte und verbinden Sie die Lösungspunkte nicht. Diese Differenzengleichungen haben periodische Orbits, probieren Sie auch andere Startwerte aus.

Quelle zu diesem Beispiel: *Koçak* S. 190.

5.1.5 *Eiffel-Turm von Kassel*

Die Differenzengleichungen

$$x^{(j+1)} = x^{(j)} + a(x^{(j)} - x^{(j)^2} + y^{(j)}), \qquad y^{(j+1)} = y^{(j)} + a(y^{(j)} - y^{(j)^2} + x^{(j)})$$

liefern je nach der Wahl des Parameters a verschieden Ergebnisse.

a) Mit $0 < a < 0.5$ ergeben sich zwei Fixpunkte, einer bei $(0, 0)$ und einer bei $(2, 2)$. Sind diese Fixpunkte stabil oder instabil? Probieren Sie mehrere Startwerte aus.

b) Wählen Sie nun a aus dem Bereich $0.5 < a < 0.6$. Was geschieht bei dieser Wahl von a mit den beiden vorgenannten Fixpunkten? Ergeben sich Veränderungen, wenn a langsam im Intervall $(0.5, 0.6)$ verändert wird?

c) Testen Sie aus dem Wertebereich $a > 0.6$ verschiedene Parameterwerte aus, insbesondere sollten Sie auch $a_1 = 0.614$, $a_2 = 0.66$, $a_3 = 0.678$ und $a_4 = 0.684$ wählen. Was sehen Sie? Woher kommt wohl der Name "Eiffel-Turm"?

Quelle zu diesem Beispiel: *Beau / Metzler / Überla*.

5.1.6 *Zwei-Schritt-Adams-Bashforth-Verfahren*

Zur Lösung eines Anfangswertproblems der Form

$$y' = g(y), \qquad y(0) = y_0$$

erhält man für das Zwei-Schritt-Adams-Bashforth-Verfahren folgendes Differenzenverfahren:

$$y_{j+1} = y_j = \frac{h}{2}(3g(y_j) - g(y_{j-1})), \quad j = 0, 1, 2, 3, \ldots$$

Das Adams-Bashforth-Verfahren zählt zu den sogenannten Mehrschrittverfahren (im Gegensatz zu den Einschrittverfahren), bei denen immer ein Satz von Startwerten gegeben sein muß. In diesem Fall müssen also zwei Start- bzw. Anfangswerte vorgegeben sein (vergleichen Sie dazu auch Kapitel 6).
Setzt man

$$x^{(j)} = y_{j-1}, \quad j = 1, 2, 3, \ldots,$$

so ergibt sich das Differenzengleichungssystem

$$x^{(j+1)} = y^{(j)}$$

$$y^{(j+1)} = y^{(j)} + \frac{h}{2}(3g(y^{(j)}) - g(x^{(j)})).$$

Betrachten Sie nun die Differentialgleichung

$$y' = g(y) \text{ mit } g(y) = y(1 - y)$$

und versuchen Sie die Lösung approximativ mit dem Zwei-Schritt-Adams-Bashforth-Verfahren , also der oben beschriebenen Überführung einer Differentialgleichung in ein System von zwei Differenzengleichungen, zu bestimmen.

Wählen Sie dafür unter anderem die Schrittweiten $h_1 = 1.468$ und $h_2 = 1.6$ bei dem Startwert $(0.5, 0.5)$ und den Intervallen $x \in [0., 1.5]$ und $y \in [0., 1.5]$. Rechnen Sie 1000 Schritte. Können Sie durch eine Variation von h periodische Orbits, Fixpunkte oder seltsame Attraktoren feststellen?

Quelle zu diesem Beispiel: *Peitgen / Richter*

5.2 Erläuterungen und Lösungen zum fünften Kapitel

Aufgabe 5.1.2: Schon bei einer Verschiebung des Startwertes auf $s = (0.2, 0.4)$ verschwindet der Henon-Attraktor.

Aufgabe 5.1.3: Für $a = 2.5$ erhalten Sie in der Grafik einen stabilen Fixpunkt, daß heißt, beide Populationen sind in ihrer Größe stabil. Auch bei der Wahl von

$a = 3.43$ bleiben beide Populationen erhalten, diesmal aber in einem periodischen Zyklus. Mit $a = 3.65$ erhalten Sie einen seltsamen Attraktor.

Aufgabe 5.1.5: a) Der Fixpunkt bei $(0., 0.)$ ist instabil, was man herausfindet, indem man Startwerte nimmt, die sehr nahe bei ihm liegen. Der andere Fixpunkt bei $(2., 2.)$ ist hingegen stabil

Zum Beispiel mit dem Startwert $(1.2, 1.3)$ erhalten Sie folgende weitere Ergebnisse:

b) Es entsteht ein stabiler periodischer Orbit der Ordnung 2.

c) Es entwickelt sich ein seltsamer Attraktor für die Wahl von $a = 0.648$, dessen Entstehung über verschiedene Orbits durch Veränderung dieses Parameters zu beobachten ist. Der seltsame Attraktor enthält ein Gebilde, das dem Eiffel-Turm ähnlich sieht.

Für Startwerte mit gleicher X- und Y-Komponente gelten die Ergebnisse **b)** und **c)** allerdings nicht.

Aufgabe 5.1.6: Bei der Wahl der Schrittweite $h = 1.6$ ist das Resultat ein seltsamer Attraktor, während Sie für $h = 1.468$ einen asymptotisch stabilen Orbit der Ordnung 8 erhalten.

Literatur zum fünften Kapitel

Mehr zum Thema Differenzengleichungen und Chaos können Sie in den bereits erwähnten Büchern von *Devaney, Guckenheimer / Holmes, Kunick / Steeb, Schuster* und *Thompson / Stewart* nachlesen.

Anfangswertaufgaben $\quad$ 6

Viele Aufgaben der Natur- und der Ingenieurwissenschaften führen bei einer mathematischen Formulierung auf Differentialgleichungen. Für diese lassen sich in den allermeisten Fällen keine analytischen Lösungen angeben, so daß man auf numerische Lösungen angewiesen ist. Differentialgleichungen, die am Beginn des Intervalls, über das sie gelöst werden sollen, bestimmt sind, liefern *Anfangswertaufgaben*. Davon zu unterscheiden sind *Randwertaufgaben*, bei denen jeweils ein Teil der Zustände, die mit der Differentialgleichung bzw. dem Differentialgleichungssystem berechnet werden sollen, am Anfang und am Ende des Intervalls vorgegeben ist. Eine einfache, auch analytisch lösbare Anfangswertaufgabe liefert der lineare Einmassenschwinger. Die ihn beschreibende Differentialgleichung lautet $mz'' = -cz$, wobei z die Auslenkung der masselosen Feder, c die Steifigkeit der Feder und m die angehängte Masse ist. Dies ist eine Differentialgleichung zweiter Ordnung, die sich aber sehr leicht durch eine Substitution in ein System von zwei Differentialgleichungen umwandeln läßt. Hier kann man dies mit $y_1 = z$ und $y_2 = z'$ erreichen.

6.0 Einführung

Gesucht ist die Lösung $y(x)$ des *Anfangswertproblems* für ein System *gewöhnlicher Differentialgleichungen 1.Ordnung*

$$y'(x) = f(x, y(x)), \qquad y(a) = \alpha, \tag{6.1}$$

mit einer Funktion $f(x, y)$, die für alle $y \in \mathbb{R}^n$ definiert sei und $\alpha \in \mathbb{R}^n$.

(6.1) kann auch folgendermaßen geschrieben werden:

$$y_1'(x) = f_1(x, y_1(x), \ldots\ldots, y_n(x)) \qquad y_1(a) = \alpha_1$$

$$\vdots \qquad\qquad \vdots \qquad\qquad\qquad \vdots \qquad\qquad \vdots \tag{6.2}$$

$$y_n'(x) = f_n(x, y_1(x), \ldots\ldots, y_n(x)) \qquad y_n(a) = \alpha_n$$

Die Bedeutung dieser Formeln soll anhand der Differentialgleichungen für den Einmassenschwinger kurz erläutert werden. Die y's bestimmen dabei den Zustand des Systems (nämlich den Ort und die Geschwindigkeit der Masse) zu einem bestimmten Zeitpunkt x. (Für Anfänger ist es häufig schwierig zu erkennen, wo in einer Differentialgleichung die Zeit enthalten ist, wenn sie nicht explizit auftaucht. Dies muß man aber wissen, da die Lösungen auch immer für bestimmte Zeitpunkte berechnet werden.) Wenn bei einer Bewegungsdifferentialgleichung die Geschwindigkeit in [m/s] angegeben ist, dann ist die benutzte Zeiteinheit die Sekunde, ein Schritt auf der x-Achse mit der Länge eins also eine Sekunde lang.

Beispiel

Die skalare Differentialgleichung $y' = -2xy$ hat die allgemeine Lösung $y = k\exp(-x^2)$. Ein sich veränderndes k ergibt eine Lösungsschar, die mit dem Programm 6.1 veranschaulicht werden kann. Wird eine Anfangswertbedingung für diese Differentialgleichung festgelegt, beispielsweise $y(0) = 1$, so ist die Lösung $y(x) = \exp(-x^2)$ eine spezielle Kurve aus der Lösungsschar. Die Konstante k ist dabei durch die Anfangsbedingung mit $k = 1$ festgelegt.

Differentialgleichungen höherer Ordnung

Gewöhnliche Differentialgleichungen n-ter Ordnung können grundsätzlich in ein System (wie (6.2)) von n Differentialgleichungen erster Ordnung überführt werden.

Ist die Anfangswertaufgabe

$$y^{(n)}(x) = f(x, y(x), y'(x), \ldots, y^{(n-1)}(x)),$$

$$\text{mit } y(a) = \alpha_1, \quad y'(x) = \alpha_2, \ldots, y^{(n-1)} = \alpha_n,$$

und $x \in [a, b] \subset \mathbb{R}, \quad \alpha_1, \quad \alpha_2, \ldots, \alpha_n \in \mathbb{R}$, zu lösen, so wird

$$y_1(x) := y(x), \quad y_2(x) := y'(x), \ldots, y_n(x) = y^{(n-1)}(x)$$

gesetzt und es wird analog zu (6.2)

$$
\begin{aligned}
y_1'(x) &= y_2(x), & y_1(a) &= \alpha_1 \\
y_2'(x) &= y_3(x), & y_2(a) &= \alpha_2 \\
&\ \vdots & &\ \vdots \\
y_{n-1}'(x) &= y_n(x), & y_{n-1}(a) &= \alpha_{n-1} \\
y_n'(x) &= f(x, y_1(x), y_2(x), \ldots, y_n(x)), & y_n(a) &= \alpha_n
\end{aligned}
$$

erhalten. In den Aufgaben 6.6.1, 6.6.3 und 6.6.4 wird diese Umformung an zwei verschiedenen Differentialgleichungen vorgenommen.

In Anwendungen ergeben sich häufig Systeme von Differentialgleichungen zweiter Ordnung, so im technischen Bereich, in der Chemie und in der Biologie. Allerdings werden in diesem Bereich kaum Differentialgleichungen von höherer als vierter Ordnung anzutreffen sein.

In MAYA wird mit Ausnahme der Abschnitte 6.6 und 6.7, in denen Systeme von zwei Differentialgleichungen behandelt werden, nur der eindimensionale Fall abgehandelt, das heißt, es ist immer $y \in \mathbb{R}$.

Existenz und Eindeutigkeit

Die Lösbarkeit eines Anfangswertproblems ist mit dem *Satz von Peano* bereits dadurch sichergestellt, daß die Funktionen $f_i(x, y_1, y_2, \ldots, y_n)$ stetig und beschränkt sind.

Die Eindeutigkeit der Lösung wird nach dem *Satz von Picard-Lindelöf* garantiert, wenn die Lipschitzbedingung erfüllt ist, also wenn es ein $L > 0$ gibt, so daß für alle $x \in [a, b]$ und alle $y, z \in \mathbb{R}^n$ mit einer der Normen (1.4) - (1.7) gilt:

$$\|f(x, y) - f(x, z)\| \leq L\|y - z\|.$$

Im allgemeinen kann die Eindeutigkeit einer Lösung nachgewiesen werden, indem gezeigt wird, daß die f_i, $i = 1, 2, \ldots, n$, stetige partielle Ableitungen nach den y_k besitzen und diese beschränkt sind, also

$$\left| \frac{\partial f_i}{\partial y_k}(x, y_1, \ldots, y_n) \right| \leq K, \qquad i, k = 1, 2, \ldots, n.$$

Sind die genannten Voraussetzungen für Existenz und Eindeutigkeit des Anfangswertproblems (6.1) erfüllt, dann läßt sich zeigen, daß die Lösung $y(x)$ stetig vom Anfangswert abhängt.

In MAYA werden folgende zur Runge-Kutta-Klasse gehörende Verfahren zur Verfügung gestellt:

A. Euler-(Cauchy)-Verfahren

$$y_{j+1} = y_j + h\,f(x_j, y_j), \qquad j = 0, 1, \ldots, n - 1 \tag{6.3}$$

mit $y_0 = \alpha$.

B. Implizites Euler-Verfahren

$$y_{j+1} = y_j + h\,f(x_{j+1}, y_{j+1}), \qquad j = 0, 1, \ldots, n - 1 \tag{6.4}$$

mit $y_0 = \alpha$.

C. Verbessertes Euler-Verfahren

$$y_{j+1} = y_j + h\,f(x_j + \frac{h}{2}, y_j + \frac{h}{2}f(x_j, y_j)), \qquad j = 0, 1, \ldots, n-1 \qquad (6.5)$$

mit $y_0 = \alpha$.

D. Trapezmethode (implizit)

$$y_{j+1} = y_j + \frac{h}{2}(f(x_j, y_j) + f(x_{j+1}, y_{j+1})), \qquad j = 0, 1, \ldots, n-1 \qquad (6.6)$$

mit $y_0 = \alpha$.

Im Spezialfall einer skalaren linearen Differentialgleichung der Form

$$y'(x) = a(x)y(x) + b(x) \qquad (6.7)$$

wird hier in Programm 6.4 zur Berechnung von y_{j+1} eine explizite Rekursions-
formel benutzt. Indem die rechte Seite der linearen Differentialgleichung in die
Formel der Trapezmethode eingesetzt wird, ergibt sich

$$y_{j+1} = \frac{(2 + h\,a(x_j))y_j + h(b(x_j) + b(x_{j+1}))}{2 - h\,a(x_{j+1})} \qquad j = 0, 1, \ldots, n-1 \qquad (6.9)$$

mit $y_0 = \alpha$. Die Trapezmethode wird in MAYA nur für lineare Differentialgleichungen betrachtet.

E. Heun-Verfahren

Das Heun-Verfaren ist auch unter dem Namen *Prädiktor-Korrektor-Methode*
bekannt.

$$y_{j+1} = y_j + \frac{h}{2}(f(x_j, y_j) + f(x_{j+1}, y_{j+1}^{(P)})), \qquad j = 0, 1, \ldots, n-1 \qquad (6.9)$$

mit $y_0 = \alpha$.

F. Klassisches Runge-Kutta-Verfahren

$$k_1 = f(x_j, y_j)$$

$$k_2 = f(x_j + \frac{1}{2}h, y_j + \frac{1}{2}hk_1)$$

$$k_3 = f(x_j + \frac{1}{2}h, y_j + \frac{1}{2}hk_2)$$

$$k_4 = f(x_j + h, y_j + hk_3)$$

mit $y_0 = \alpha$.

Für den Wert von y_{j+1} an der Stelle $x_j + h$ erhält man:

$$y_{j+1} = y_j + \frac{h}{6}(k_1 + 2k_2 + 2k_3 + k_4) \qquad j = 0, 1, \ldots, n-1. \qquad (6.10)$$

Das klassische Runge-Kutta-Verfahren hat unter den Runge-Kutta-Verfahren eine besondere Rolle, da es nicht nur sehr einfach strukturiert ist, sondern auch, weil es als vierstufiges Verfahren von vierter Ordnung genau ist, während von fünfter Ordnung genaue Verfahren mindestens sechs Stufen erfordern.

G. Verfahren von Gragg-Burlisch-Stoer (Zweischrittverfahren)

Als einziges Verfahren, das nicht zu den Einschrittverfahren gehört, soll hier das Gragg-Burlisch-Stoer-Verfahren vorgestellt werden, das ein Spezialfall der *Methode von Nyström* ist und den nächsten Funktionswert durch zwei Schritte approximiert. Es ist auch unter dem Begriff *Mittelpunktregel* bekannt.

$$y_{j+1} = y_{j-1} + 2h\,f(x_j, y_j), \qquad j = 1, 2, \dots, n - 1 \tag{6.11}$$

mit dem zusätzlichen Startvektor $y_1 = y_0 + h\,f(x_0, y_0)$.

Dieses Verfahren wird mit folgender Rechnung abgeschlossen:

$$y_n^* = y_{n-2} + 2h\,f(x_{n-1}, y_{n-1})$$
$$y_n = \frac{1}{2}(y_{n-1} + y_n^* + h\,f(x_n, y_n^*)). \tag{6.12}$$

Sämtliche Verfahren werden hier nur für eine feste Schrittweite vorgestellt, eine Schrittweitensteuerung ist also nicht möglich. Dabei ist allerdings zu bemerken, daß , obwohl eine Schrittweitensteuerung den Anschein einer sehr eleganten Lösung bei Differentialgleichungen stark veränderlicher Steigung erweckt, bei technischen Problemen häufig ein Lösungsverfahren ohne Schrittweitensteuerung stabiler verläuft.

Ebenso ist anzumerken, daß das klassische Runge-Kutta-Verfahren zwar nicht besonders raffiniert ist, aber einfach in seiner Bedienung, relativ schnell und fast immer mindestens ausreichend, um eine gute Abschätzung des zu erwartenden Ergebnisses zu liefern.

Auf die Einbeziehung weiterer Mehrschrittverfahren wie das *Adams-Bashforth-* oder das *Adams-Moulton-Verfahren* wurde hier verzichtet. Ihr Vorteil liegt hauptsächlich darin, daß bei einem kompliziertem Aufbau der rechten Seite einer Differentialgleichung gegenüber dem klassischen Runge-Kutta-Verfahren nicht so viele Funktionsauswertungen nötig sind. Entscheidet man sich aber schon für ein Mehrschrittverfahren, so nimmt man meistens das Verfahren von *Gear*, welches zwar relativ kompliziert ist, aber auch sehr gute Ergebnisse liefert (bei nicht immer sehr kurzen Rechenzeiten).

Qualität der Verfahren

Alle hier behandelten expliziten Einschrittverfahren lassen sich in der allgemeinen Form

$$y_{j+1} = y_j + h\,f_h(x_j, y_j), \qquad j = 0, \ldots, n-1, \tag{6.13}$$

mit $y_0 = \alpha$ schreiben.

Dabei ist $f_h(x_j, y_j)$ die Verfahrensfunktion.

Die Qualität der verschiedenen Anfangswert-Verfahren kann man anhand des *lokalen* und des *globalen Diskretisierungsfehlers*, der *Konsistenz* sowie der *Fehlerordnung* beurteilen.

Der *lokale Diskretisierungsfehler* beschreibt die Abweichung, die sich nach einem Schritt für die Näherungslösung bei einem gewählten Verfahren von der exakten Lösung ergibt. Er ist definiert mit:

$$d(x_j) := y(x_{j+1}) - y(x_j) - h h(x_j, y(x_j)), \qquad j = 0, 1, \ldots, n-1 \tag{6.14},$$

wobei h der durch die Verfahrensvorschrift gegebene Zuwachs in einem Schritt ist.

In der Literatur wird aber häufig auch folgende, mit der Schrittweite normierte Größe als lokaler Diskretisierungsfehler bezeichnet:

$$d_h(x_j) = d(x_j)/h, \qquad j = 0, 1, \ldots, n-1. \tag{6.15}$$

Die lokalen Diskretisierungsfehler werden für Einschrittverfahren stets mit Hilfe von Taylorentwicklungen ermittelt. Für die einzige im folgenden behandelte Mehrschrittmethode (der Methode von Gragg-Burlisch-Stoer) lautet der lokale Diskretisierungsfehler

$$d(x_j) = y(x_{j+2}) - y(x_j) - 2h f(x_{j+1}, y(x_{j+1})).$$

Der *globale Diskretisierungsfehler* ist der totale Fehler, den die Näherung y_j nach mehreren Schritten gegenüber der exakten Lösung $y(x_j)$ aufweist.

$$g(x_j) := y(x_j) - y_j \tag{6.16}$$

Ein Einschrittverfahren heißt konsistent mit der Anfangswertaufgabe, wenn

$$\max\{\|d_h(x_j)\| \mid j = 0, \ldots, n-1\} \to 0 \text{ für } h \to 0 \tag{6.17}$$

gilt.

Über die Qualität der Approximation der Lösung $y(x)$ durch die Iterierten-folge (6.13) gibt die *Konsistenzordnung* Auskunft. Ein Einschrittverfahren hat die Konsistenzordnung p, wenn

$$\max\{\|\mathbf{d}_h(x_j)\| \mid j = 0, \dots, n-1\} \leq Kh^p \tag{6.18}$$

mit einer von h unabhängigen Konstante $K \in \mathbb{R}$ gilt.

Die Konsistenzordnung eines Verfahrens kann man durch eine Taylorent-wicklung nachweisen. Für die in MAYA vorgestellten Verfahren gelten folgende Konsistenzordnungen:

Euler-Cauchy-Verfahren	1
verbessertes Euler-Verfahren	2
Heun-Verfahren	2
Trapezmethode	2
klassisches Runge-Kutta-Verfahren	4
Gragg-Burlisch-Stoer-Verfahren	2.

Wenn die Verfahrensfunktion $\mathbf{f}$ in einer Umgebung der Lösung $\mathbf{y}$ bezüglich der zweiten Komponente stetig differenzierbar ist, dann kann für ein Ein-schrittverfahren auch die *Konvergenz* in derselben Ordnung wie die Konsistenz nachgewiesen werden, d.h. es gilt

$$\max\{\|\mathbf{y}(x_j) - \mathbf{y}_j\| \mid j = 0, \dots, n-1\} \leq Ch^p \tag{6.19}$$

mit einer von Konstanten $C \in \mathbb{R}$.

6.1   Lösungsschar einer Differentialgleichung

Unter der Voraussetzung, daß die allgemeine Lösung einer Differentialgleichung bekannt ist, lassen sich mit diesem Programm mehrere Kurven der Lösungsschar zeichnen. Die allgemeine Lösung muß dabei mit einer Konstanten k eingegeben werden.

Beispiel *Exponentialfunktion*

Die Differentialgleichung

$$y' = e^{-\sin(x)} - y\cos(x)$$

hat die allgemeine Lösung $y(k, x) = (x + k) \cdot \exp(-\sin(x))$. Die im sechsten Kapi-tel vorgestellten Verfahren machen in jedem Schritt unvermeidlich Fehler, un-abhängig davon, wie genau der Rechner arbeitet. Ein Lösungsverfahren für

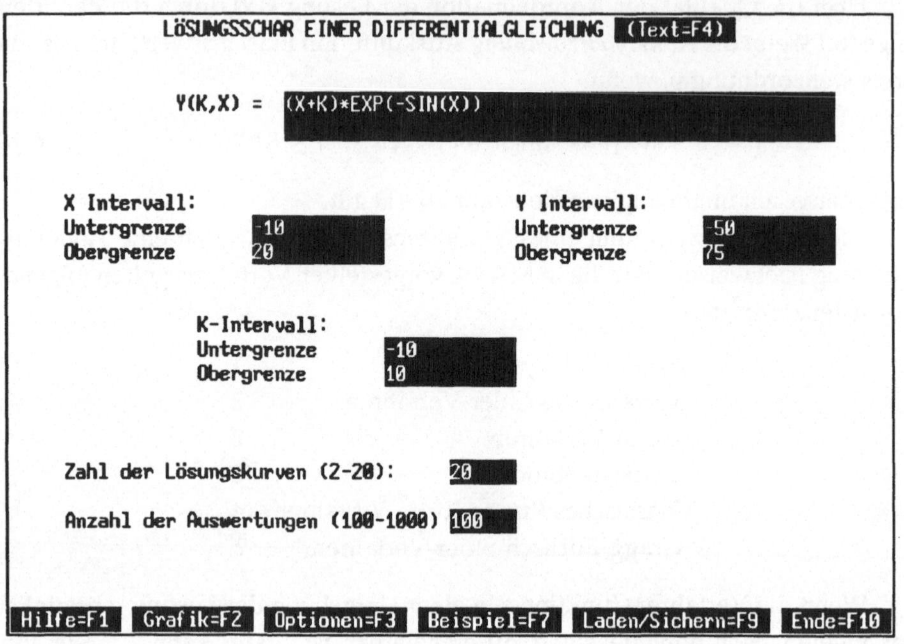

Anfangswertprobleme bleibt deshalb nicht auf einer Steigungslinie, sondern entfernt sich in jedem Lösungsschritt durch den Verfahrensfehler von der aktuellen Steigungslinie. Die numerisch gewonnene Lösung eines Anfangswertproblems weicht dadurch tendenziell immer weiter von der (unbekannten) analytischen Lösung ab.

Das anzugebende K-Intervall wird zum Zeichnen der Lösungskurven äquidistant aufgeteilt.

Aufgabe

6.1.1 *Knotenpunkt*

Zur Differentialgleichung

$$y' = (x + y)/x$$

gehört die allgemeine Lösung

$$y = x \ln |x| + kx.$$

Lassen Sie sich im Intervall $x \in [-10., 10.]$, $y \in [-10., 10.]$ für 20 Konstanten k, $k \in [-10., 10.]$ die Lösungen zeichnen.

6.1.2 *Sattelpunkt*

Die Differentialgleichung

$$y' = -y/x$$

besitzt die allgemeine Lösung

$$y = k/x.$$

Lassen Sie sich im Intervall $x \in [-10., 10.]$, $y \in [-10., 10.]$ für 20 Konstanten k, $k \in [-10., 10.]$ die Lösungen zeichnen.

6.1.3 *Wirbelpunkt*

Die Differentialgleichung

$$y' = -x/y$$

hat die allgemeine Lösung

$$y = (k - x^2)^{0.5}.$$

Lassen Sie sich im Intervall $x \in [-10., 10.]$, $y \in [0., 10.]$ aus dem Intervall $k \in [0., 200.]$ für 20 Konstanten die Lösungen zeichnen.

Die Lösungsschar dieser Aufgabe besteht aus Halbkreisen mit dem jeweiligen Radius $\sqrt{k}$. Ob in Ihrer grafischen Darstellung statt Halbkreisen Halbellipsen zu sehen sind, hängt davon ab, wie Ihre Achsmaßstäbe sind. Werden die Halbkreise bzw. Halbellipsen an ihren Enden nicht vollständig gezeichnet, dann kann durch eine höhere Anzahl von Auswertungen Abhilfe geschaffen werden.

6.1.4 *Stern*

Die Differentialgleichung

$$y' = y/x$$

besitzt die allgemeine Lösung

$$y = kx.$$

Lassen Sie sich im Intervall $x \in [-10., 10.]$, $y \in [-10., 10.]$ für 20 Konstanten k, $k \in [-3., 3.]$ die Lösungen zeichnen.

Vergleichen Sie diese Lösungskurven mit denen aus der Aufgabe 6.1.2, bei der nur das Vorzeichen der Differentialgleichung anders ist.

6.1.5 *Bernoulli-Differentialgleichung*

Zur Differentialgleichung

$$y' = -y + xy^2$$

gehört die allgemeine Lösung

$$y = \frac{1}{1 - x + ke^{-x}}.$$

Lassen Sie sich im Intervall $x \in [-3., 3.]$, $y \in [-5., 5.]$ für 20 Konstanten k, $k \in [-4., 4.]$ die Lösungen zeichnen.

Die Lösungskurven dieser Differentialgleichung sind extrem von der Wahl der Konstanten k abhängig, das heißt, daß ein kleiner Fehler eines numerischen Verfahrens sehr große Auswirkungen auf die weitere numerische Lösung haben kann.

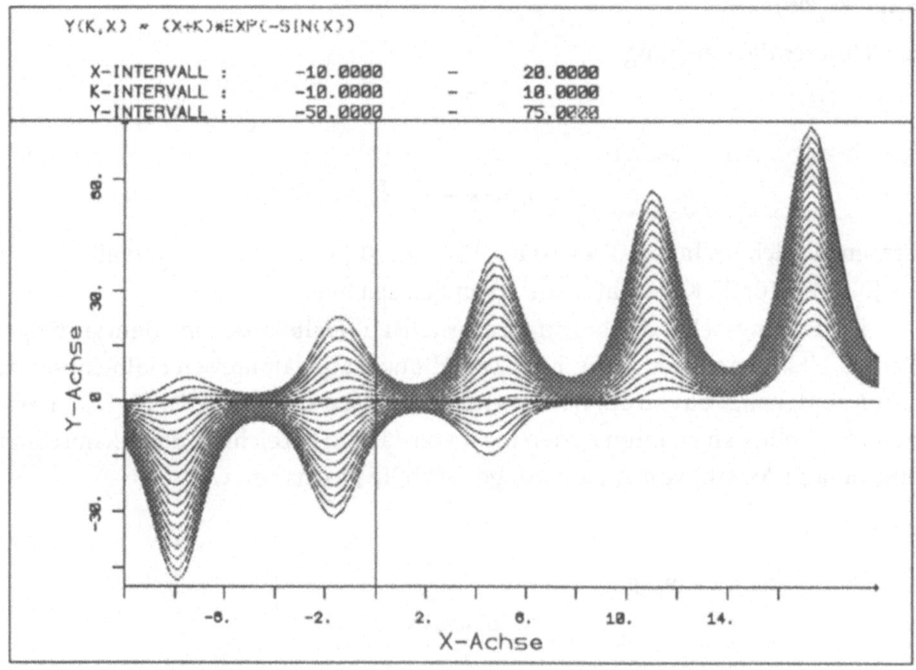

Lösungsschar der Differentialgleichung aus dem Beispiel

6.2   Funktionsweise verschiedener Verfahren

In diesem Programm kann eine Reihe wichtiger Verfahren in ihrer Funktionsweise und Genauigkeit miteinander verglichen werden. Dabei kann der lokale und der globale Diskretisierungsfehler gezeigt werden und die numerische Lösung mit der, wenn bekannt, analytischen Lösung verglichen werden. Durch die Möglichkeit, die Verfahren nach jedem Schritt anzuhalten, kann genau beobachtet werden, wie ein Verfahren abläuft. Dies ist insbesondere zum Kennenlernen des

klassischen Runge-Kutta-Verfahrens sehr hilfreich, da dabei relativ viele Linien
auf dem Bildschirm gezeichnet werden.

Aus dem gleichen Grund ist hier die Anzahl der Schritte auf den Bereich
zwei bis fünf eingeschränkt. Es wird aber unbedingt dazu geraten, von der
Höchstanzahl keinen Gebrauch zu machen und sich auf zwei bis drei Schritte zu
beschränken. Dadurch bleibt eine klare Darstellung erhalten.

Beispiel *Exponentialfunktion*

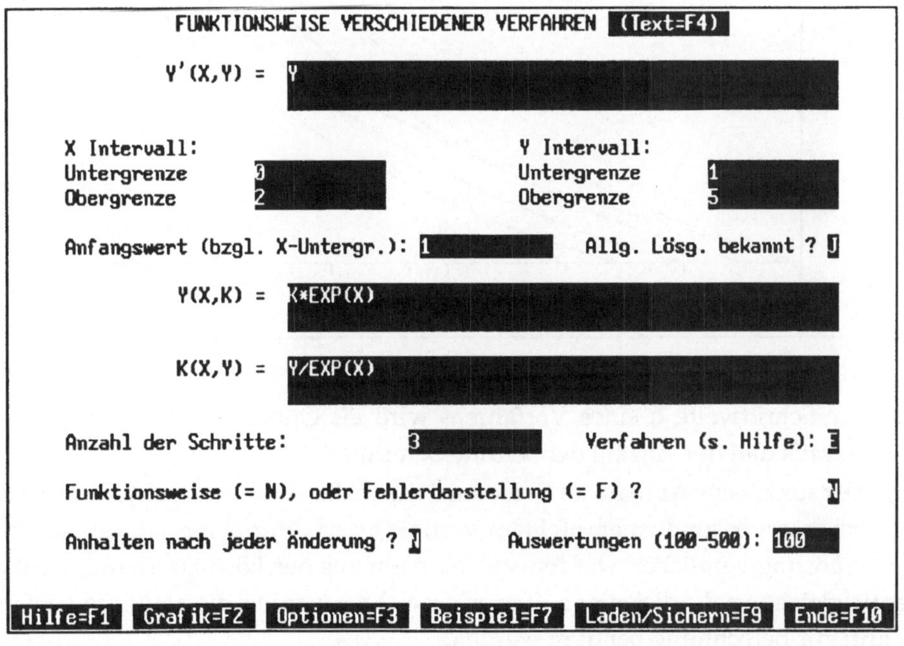

Der Anfangswert ist stets der zur unteren Grenze des X-Intervalls gehörige Funktionswert, damit ist der Anfangswert im Beispiel y(0) = 1.

Falls die allgemeine Lösung der Differentialgleichung bekannt ist, kann sie
mit einer Konstanten k eingegeben werden. Dabei ist allerdings die Lösungsfunktion nach k aufzulösen, denn sonst wäre im Programm pro Schritt jeweils eine
im allgemeinen nichtlineare Gleichung zu lösen. Dies geschieht im Programm
nicht automatisch, um etwaige numerische Probleme auszuschließen, wodurch
der Benutzer gezwungen ist, dies bei Bedarf selber vorzunehmen.

Werden die Y-Intervallgrenzen unbestimmt gelassen, dann wird der Zeich-
nungsausschnitt durch den minimalen und den maximalen Funktionswert der
Näherungslösung bestimmt.

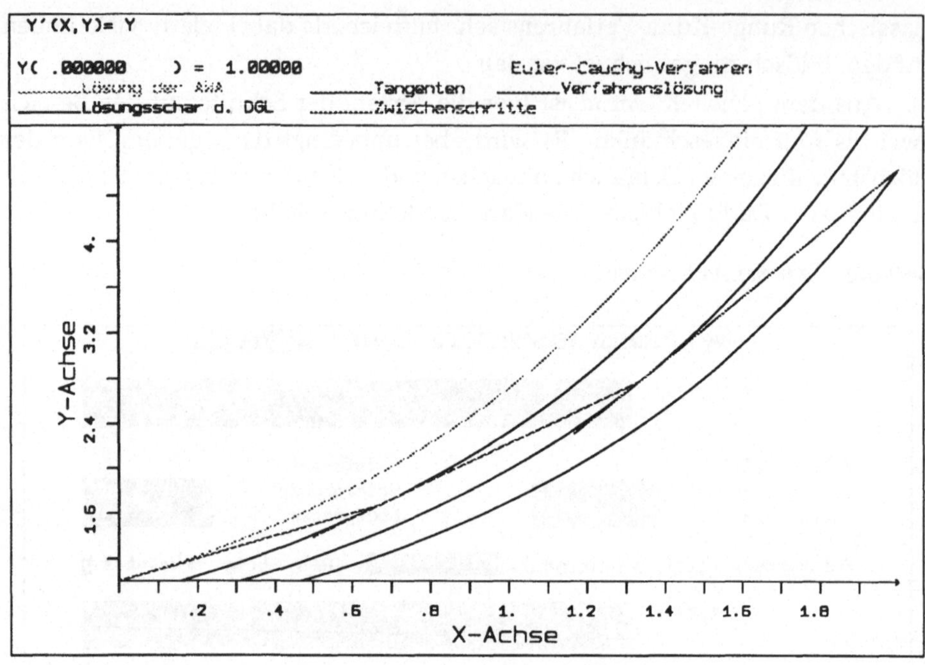

Die Schrittweite h eines Verfahrens wird als Quotient aus der Länge des X-Intervalls und der Anzahl der Schritte berechnet.

Der sukzessive Aufbau der Zeichnung durch das Anhalten nach jedem Schritt ist auch dann besonders empfehlenswert, wenn das Verfahren mit der analytischen Lösung verglichen werden soll, da dann aus der Lösungsschar der Differentialgleichung alle diejenigen Kurven gezeichnet werden, die für den jeweiligen Schritt zur Berechnung benötigt werden.

Wenn die allgemeine Lösung einer Differentialgleichung nicht bekannt ist, dann kann auch keine Kurve der analytischen Lösungsschar gezeichnet werden, deshalb bleibt dann die Funktionsweise der einzelnen Verfahren im Dunkeln.

Aufgaben

6.2.1 *Funktionsweise des Euler-Cauchy-Verfahrens*

Die Differentialgleichung

$$y' = x + y$$

hat die allgemeine Lösung

$$y = k \cdot \exp(x) - x - 1.$$

Damit erhalten Sie $k = (y + x + 1)/\exp(x)$. Zeichnen Sie zum Anfangswert $y(0) = 0$ für das X-Intervall $x \in [0., 1.]$ mit Hilfe des Euler-Cauchy-Verfahrens mit vier Schritten die numerische Lösung. Wählen Sie dafür den Wertebereich $y \in [-0.1, 0.5]$.

Das Euler-Cauchy-Verfahren berechnet in jedem Schritt die Tangente an diejenige Kurve aus der Lösungsschar der Differentialgleichung, die durch den Iterationspunkt (x_i, y_i) läuft.

6.2.2 *Funktionsweise des verbesserten Euler-Verfahrens*

Zur Differentialgleichung

$$y' = -x \cdot y$$

gehört die allgemeine Lösung

$$y = k \cdot \exp(-x^2/2).$$

Damit erhalten Sie $k = y/\exp(-x^2/2)$. Zeichnen Sie zum Anfangswert $y(0) = 1$ für das X-Intervall $x \in [0., 1.]$ mit Hilfe des verbesserten Euler-Verfahrens mit zwei Schritten die numerische Lösung. Wählen Sie dafür den Wertebereich $y \in [0.6, 1.1]$.

In der vorhergehenden Aufgabe konnten Sie feststellen, daß das Euler-Cauchy-Verfahren keine besonders gute Approximation an die analytisch gewonnene Lösungskurve $y(x)$ liefert.

Das verbesserte Euler-Verfahren beruht auf der Idee, daß die mittlere Steigung der exakten Lösung im Intervall $[x_j, x_{j+1}]$, $j = 0, 1, \ldots, n - 1$, besser durch $y'(x_j + h/2)$ approximiert wird als durch $y'(x_j)$, wie dies beim Euler-Cauchy-Verfahren der Fall ist.
Nun ist aber:

$$y'(x_j + h/2) = f(x_j + h/2, y(x_j + h/2)) \approx f(x_j + h/2, y_j + (h/2) \cdot f(x_j, y_j)).$$

Daher wird $y(x_j + h/2)$ wieder mit Hilfe des einfachen Euler-Cauchy-Verfahrens berechnet.

Der grafische Ablauf ist wie folgt: Im Punkt (x_0, y_0) wird die Tangente an die Lösungskurve gezeichnet. Auf dieser Tangente wird bis zum Abszissenpunkt $x_0 + h/2$ fortgeschritten. Damit wird in der $x - y$-Ebene der Punkt $(x_0 + h/2, y_0 + (h/2) \cdot f(x_0, y_0))$ errreicht. Hier wird also das Euler-Cauchy-Verfahren mit der Schrittweite $h/2$ angewendet.

An die durch diesen Punkt gehende Kurve der Lösungsschar wird nun eine Tangente gelegt. Diese Tangente wird vertikal so verschoben, daß sie durch den Startpunkt (x_0, y_0) läuft. An der Stelle $x_0 + h$ erhält man den Wert y_1.

Der erste Schritt ist damit beendet und vom Punkt (x_1, y_1) wird das Verfahren nun mit derselben Prozedur fortgesetzt.

6.2.3 *Funktionsweise des Runge-Kutta-Verfahrens*

Zur Differentialgleichung

$$y' = -2x \cdot y^2$$

gehört die allgemeine Lösung

$$y = \frac{1}{k + x^2}.$$

Damit erhalten Sie $k = (1/y) - x^2$. Zeichnen Sie zum Anfangswert $y(-0.5) = 0.8$ für das X-Intervall $x \in [-0.5, 0.5]$ mit Hilfe des klassischen Runge-Kutta-Verfahrens mit zwei Schritten die numerische Lösung. Wählen Sie dafür den Wertebereich $y \in [0.7, 1.1]$.

Das klassische Runge-Kutta-Verfahren ist vierstufig, das heißt, der endgültige Zuwachs in einem Schritt wird mit vier Stufen berechnet.

In der ersten Stufe wird ein Euler-Cauchy-Schritt durchgeführt, also die Tangente an die Lösungskurve im Punkt (x_0, y_0) angelegt. Dadurch erhält man den Punkt $(x_0 + h/2, y_0 + (h/2) \cdot f(x_0, y_0))$.

An die durch diesen Punkt gehende Kurve der Lösungsschar wird wieder die Tangente angelegt. Diese Tangente wird, ähnlich wie im verbesserten Euler-Verfahren, vertikal so verschoben, daß sie durch den Punkt x_0, y_0 läuft. Dadurch erhält man einen neuen Punkt $(x + h/2, y(0) + (h/2) \cdot f(x_0 + h/2, y_0 + (h/2)f(x_0, y_0)))$

Im dritten Schritt wird an diesen neuen Punkt in der Intervallmitte wieder die Tangente an die durch ihn laufende Kurve der Lösungsschar gelegt. Auch diese wird wieder so verschoben, daß sie durch den Anfangspunkt (x_0, y_0) läuft. Man gewinnt damit einen Punkt am Ende des X-Intervalls.

Durch diesen wird, wie in den vorangegangenen Schritten, wieder eine Kurve der Lösungsschar gezeichnet, daran die Tangente gelegt und diese wie vorher verschoben.

Alle vier Steigungen werden nun gewichtet gemittelt und mit h multipliziert, woraus sich der Zuwachs in einem Schritt ergibt.

6.2.4 *Funktionsweise des Gragg-Burlisch-Stoer-Verfahrens*

Zur Differentialgleichung

$$y' = y$$

gehört die allgemeine Lösung

$$y = k \exp(x).$$

Damit erhalten Sie $k = y/\exp(x)$. Zeichnen Sie zum Anfangswert $y(0) = 1$ für das X-Intervall $x \in [0., 4.]$ mit Hilfe des Gragg-Burlisch-Stoer-Verfahrens mit drei Schritten die numerische Lösung. Wählen Sie dafür den Wertebereich $y \in [0., 30.]$.

Das Gragg-Burlisch-Stoer-Verfahren ist ein Zwei-Schritt-Verfahren, das heißt, es werden zwei Startwerte benötigt. Davon ist der erste bereits gegeben, der zweite (x_1, y_1) wird mit Hilfe des Euler-Cauchy-Verfahrens berechnet.

In den weiteren Schritten ergeben sich die Werte jeweils aus den beiden direkt vorangegangenen Punkten mit Hilfe der Verfahrensvorschrift.

Dazu wird eine Tangente an die Kurve aus der Lösungsschar im Punkt $(x_0 + h, y_1)$ parallel zum Punkt (x_0, y_0) verschoben. Damit ergibt sich an der Stelle $x_0 + 2h$ der neue Funktionswert y_2. Entsprechend ist y_3 der Funktionswert der parallel zur Tangente an die Kurve der Lösungsschar durch den Punkt (x_2, y_2) laufenden Geraden durch (x_1, y_1) zum Abszissenwert $x_0 + 3h$.

Beachten Sie an der Grafik, wie der letzte Schritt von der Abschlußbedingung beeinflußt wird.

In der letzten Aufgabe werden die Diskretisierungsfehler des Euler-Cauchy-Verfahrens untersucht.

6.2.5 *Diskretisierungsfehler*

Erkennen Sie in den folgenden drei Teilaufgaben, wie sich der lokale Diskretisierungsfehler aus der exakten Lösung $y(x)$ und der verwendeten Integrationsvorschrift in jedem Schritt ergibt. Der globale Fehler ist der Gesamtfehler.

In welchem Fall ist der globale Diskretisierungsfehler gleich der Summe der lokalen Fehler? Ist es möglich, daß der lokale Fehler betragsmäßig größer ist als der globale? Kann stets aus der Größe der einzelnen Diskretisierungsfehler auf das Approximationsverhalten der Näherungslösung geschlossen werden?

a)

$$y' = \exp(x), \qquad y(0) = 1,$$

$x \in [0., 6.]$, lassen Sie die Y-Intervallgrenzen unbestimmt, wählen Sie drei Schritte für das Euler-Cauchy-Verfahren.

b)

$$y' = \cos(x), \qquad y(0) = 1,$$

$x \in [0., 10.]$, $y \in [0., 6.]$, wählen Sie drei Schritte für das Euler-Cauchy-Verfahren.

c)

$$y' = y, \qquad y(0) = 1,$$

$x \in [0., 3.]$, lassen Sie die Y-Intervallgrenzen unbestimmt, wählen Sie drei Schritte für das Euler-Cauchy-Verfahren.

6.3 Stabilität von Einschrittverfahren

In diesem Programm soll anhand einer bereits fest vorgegebenen Anfangswertaufgabe die Stabilität von Einschrittverfahren untersucht werden. Die dafür gewählte Anfangswertaufgabe

$$y'(x) = \lambda y(x)$$

mit dem Anfangswert

$$y(0) = 1$$

ist die allgemeine Testaufgabe für Anfangswertlöser. Ihre allgemeine Lösung lautet:

$$y(x) = k \exp(\lambda x).$$

Der Parameter λ entscheidet darüber, ob der Betrag der Funktionswerte der Kurve aus der Lösungsschar bei größer werdendem x exponentiell größer oder kleiner wird. Für das Näherungsverfahren können außerdem Probleme entstehen, wenn die Iterationen in den Wechselbereich geraten, bei dem der Faktor k sein Vorzeichen wechselt.

Untersucht werden soll aber, ob ein Verfahren für ein gegebenes, festes $\lambda \in \mathbb{R}$ stabil ist oder nicht, und bei welchen Schrittweiten h die Näherungslösung qualitativ dem Verhalten der Lösung entspricht.

Als Ergebnis ergibt sich der *Stabilitätsbereich* eines Verfahrens, dessen Definition in den Erläuterungen am Ende dieses Kapitels gegeben wird.

Die hier gewonnenen Ergebnisse bleiben auch für nichtlineare Differentialgleichungen gültig, da diese lokal durch eine lineare Differentialgleichung approximiert werden können.

Beispiel *Euler-Cauchy-Verfahren*

Im Beispiel wird die Stabilität des Euler-Cauchy-Verfahrens für negative Werte von λ gezeigt (λ ist auf dem Bildschirm mit A gleichgesetzt). Die eingezeichneten Lösungen sind die Verläufe aus der Lösungsschar der exakten Lösung zur Differentialgleichung, die für das jeweilige Verfahren an der Auswertungsstelle gebraucht werden.

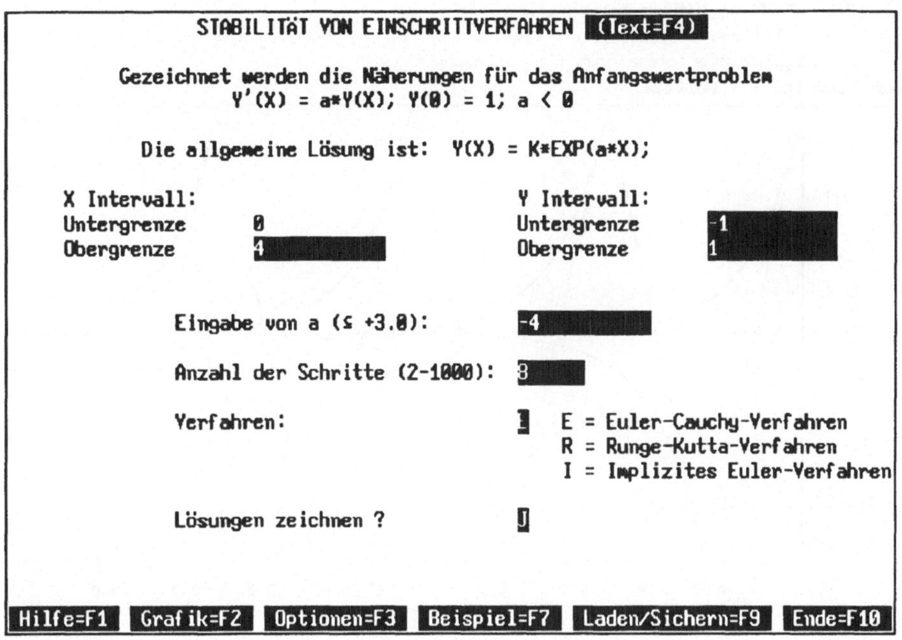

Man kann daher auf der Grafik genau erkennen, warum das Euler-Cauchy-Verfahren bei großen Schrittweiten Näherungslösungen liefert, die mit der analytischen Lösung nichts gemein haben.

Aufgaben

6.3.1 *Variation der Schrittweite*

Wählen Sie:

$$\lambda = -2, \quad x \in [0., 10.], \quad y\text{-Grenzen unbestimmt lassen.}$$

für das Euler-Cauchy-Verfahren. Variieren Sie jetzt die Schrittweite h und versuchen Sie festzustellen, wie groß die Schrittweite werden darf, damit das qualitativ richtige Verhalten der Näherungskurve erhalten bleibt, und ab welcher Schrittweite das Verfahren instabil wird und damit auch qualitativ nicht mehr das Verhalten der exakten Lösung widerspiegelt.

6.3.2 *Runge-Kutta-Verfahren*

Ziehen Sie dieselben Werte wie in der Aufgabe 6.3.1 heran, aber benutzen Sie diesmal das Runge-Kutta-Verfahren. Erhalten Sie auch bei diesem Verfahren eine Grenze für die Schrittweite, von der an das Verfahren unbrauchbar wird?

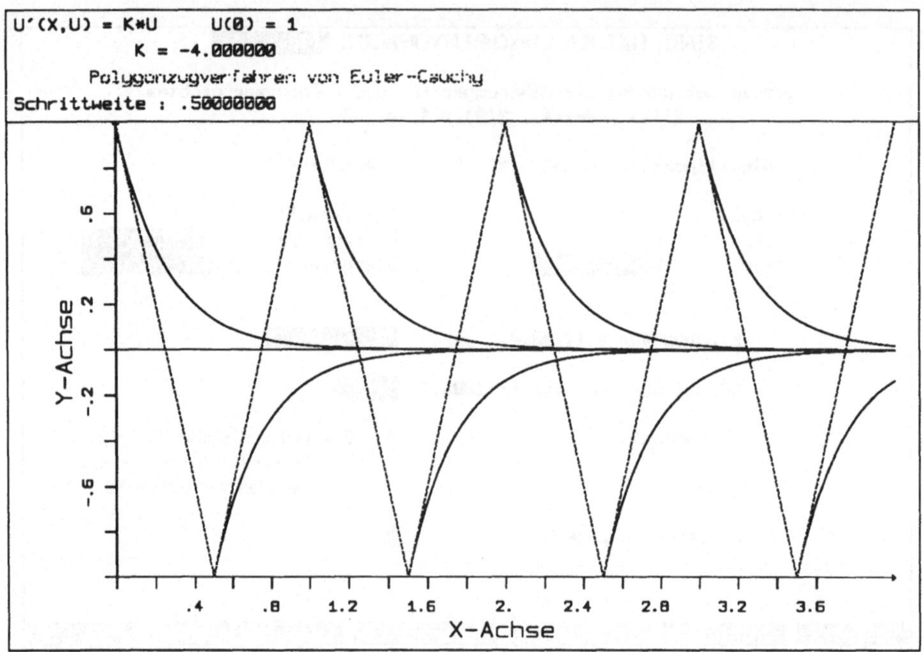

Wie groß ist der Stabilitätsbereich des Runge-Kutta-Verfahrens im Vergleich zu dem Euler-Cauchy-Verfahren?

6.3.3 *Implizites Euler-Verfahren*

Benutzen Sie wiederum dieselben Werte wie in den vorangegangenen Beispielen, diesmal aber für das implizite Euler-Verfahren. Warum unterscheidet sich das von Ihnen erhaltene Ergebnis von dem aus Aufgabe 6.3.1?

6.3.4 *Kein Abklingverhalten*

In vielen technischen Aufgabenstellungen besitzt die beschreibende Differentialgleichung auch nicht abklingende Lösungsanteile, das heißt, es gibt Terme mit einem positiven Parameter λ. Diese Differentialgleichungen müssen und werden trotzdem numerisch gelöst, unter Umständen auch unter Verzicht der Erfüllung von mathematisch begründeten Stabilitätskriterien. Die Richtigkeit der Lösung muß dann durch die Erfüllung von Kriterien sichergestellt werden, die dem jeweiligen Fachgebiet, aus dem die Differentialgleichung bzw. das System stammt, entspringen.

Untersuchen Sie für verschieden positive Werte von λ, wie sich die Lösungsverfahren dabei verhalten. Wählen Sie beispielsweise: die Intervalle $x \in [0,4]$, $y \in [0,100]$ und bei jeweils 4 Schritten mit dem Runge-Kutta-Verfahren nacheinander $\lambda = 1$, $\lambda = 1.5$, $\lambda = 2$ und $\lambda = 3$, lassen Sie in allen Fällen auch die exakten Lösungen zeichnen.

Versuchen Sie auch, die grafisch erhaltenen Ergebnisse analytisch zu untermauern!

Auch in den Abschnitten 6.4 und 6.6 dieses Buches werden weitere Beispiele behandelt, in denen die Stabilitätseigenschaften eines Verfahrens wichtig sind. Zum Beispiel wird in Aufgabe 6.6.2 ein System von zwei Differentialgleichungen betrachtet, deren Lösungsfunktionen sich aus stark verschieden rasch exponentiell abklingenden Anteilen zusammensetzten. Solche Systeme werden *steif* genannt. Das in diesem Abschnitt konstatierte Stabilitätsverhalten der Verfahren ist für die Integration steifer Differentialgleichungen, die in zahlreichen Anwendungen auftreten, entscheidend. So muß bei allen expliziten Verfahren die Schrittweite h unterhalb eines bestimmten Schwellenwertes liegen. Dieser Schwellenwert kann so klein sein, daß aufgrund der Anhäufung von Rundungsfehlern eine zufriedenstellende Näherungsberechnung mit diesen Verfahren unmöglich ist. In der Aufgabe 6.4.2 wird auch angedeutet, wie eine theoretisch zwar vorhandene Überlegenheit eines Verfahrens durch die Anhäufung von Rundungsfehlern zunichte gemacht werden kann.

6.4 Vergleich der Verfahren

In diesem Programm können die numerischen Lösungen von Differentialgleichungen mit den verschiedenen in diesem Buch vorgestellten Verfahren ermittelt und miteinander verglichen werden.

Wenn die analytische Lösung bekannt ist, kann auch diese miteingezeichnet werden.

Beispiel

Sowohl der Anfangswert als auch die Anzahl der Schritte beziehen sich immer auf das angegebene X-Intervall.

Wenn die Lösung bekannt ist, dann muß in diesem Programm die Lösung zu dem gewählten Anfangswert angegeben werden und nicht die allgemeine Lösung der Differentialgleichung, da aus der Lösungsschar nur die exakte Lösung gezeichnet wird.

Die implizite Methode kann nur im Zusammenhang mit linearen Differentialgleichungen gewählt werden, denn nur dann erübrigt sich in jedem Schritt die Lösung eines nichtlinearen Gleichungssystems. Wenn diese Bedingung erfüllt

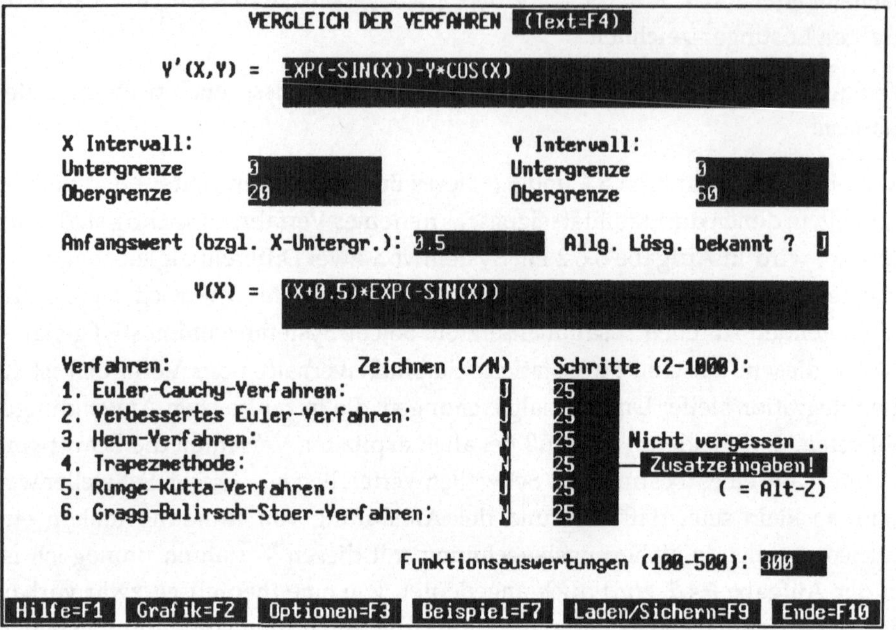

wird, dann werden die Funktionen a(x) und b(x) der Gleichung (6.7) (auf einer getrennten Tafel, siehe nächste Seite) abgefragt, andernfalls wird die Lösung mit der impliziten Trapez-Methode nicht gezeichnet.

Es dürfen alle Kurven auf einmal gezeichnet werden, allerdings ist dann mit einem etwas unübersichtlichen Bild zu rechnen.

Aufgaben

6.4.1 *Vergleich aller behandelten Verfahren*

In dieser Aufgabe werden mit Ausnahme der Trapez-Methode alle behandelten Verfahren zur Lösung von Anfangswertproblemen miteinander verglichen.
Die Differentialgleichung

$$y' = 0.5\sin(2x) - y\cos(x)$$

hat zum Anfangswert $y(0) = 4$ die allgemeine Lösung

$$y = \sin(x) - 1 + 5e^{-\sin(x)}.$$

Wählen Sie eine Schrittweite von $h = 0.5$ in den Intervallen $x \in [0., 10.], y \in [0., 15.]$.

```
                    Bei der Trapezmethode handelt es sich um
                    ein  implizites Verfahren.  Sie kann nur
                    dann explizit umgeformt werden, wenn die
                    Differentialgleichung linear ist.
                    Eine lineare  Differentialgleichung läßt
                    sich folgendermaßen schreiben:

                        Y'(X) = A(X)*Y(X) + B(X);

                    Nichtlineare     Differentialgleichungen
                    werden hier somit nicht mit  der Trapez-
                    methode berechnet.

                    Also: Ist die Differentialgleichung linear (J/N):     J


                    Geben Sie hier die Funktionen A(X) und B(X) ein:
                    A(X) = -COS(X)


                    B(X) = EXP(-SIN(X))


 Hilfe=F1                                                          Ende=F10
```

Erwartungsgemäß schneidet das Runge-Kutta-Verfahren mit Abstand am besten ab. Es zeigt sich, daß das Euler-Cauchy-Verfahren so gut wie garnicht zu gebrauchen ist. Wie groß darf beim Euler-Cauchy-Verfahren die Schrittweite maximal sein, damit dieses Verfahren annähernd so gute Ergebnisse liefert wie das Runge-Kutta-Verfahren?

6.4.2 *Überlegenes Euler-Cauchy-Verfahren*

Die exakte Lösung der Differentialgleichung

$$y' = \frac{x+y}{x}$$

mit der Lösung $y = x\ln(|x|) - x$ zum Anfangswert $y(-1) = 1$ wird durch das Euler-Cauchy-Verfahren besser approximiert als durch das Runge-Kutta-Verfahren. Wählen Sie 25 Schritte in den Intervallen $x \in [-1., 1.]$ und $y \in [-2., 2.]$.
Wie können Sie dieses überraschende Ergebnis erklären?

6.4.3 *Fehlerentwicklung*

Die Differentialgleichung

$$y' = -200xy^2$$

hat bei einem Anfangswert von $y(-1) = 0.00980\ldots = 1/101$ an der Stelle $x = 0$ die exakte Lösung $y(0) = 1$. Untersuchen Sie, wie gut die verschiedenen Verfahren dieses exakte Ergebnis approximieren. Wählen Sie dafür $x \in [-1, 0]$ und lassen Sie die Y-Intervallgrenzen unbestimmt. Probieren Sie 50, 100 und 1000 Schritte.

Wenn Sie die Näherung ohne die exakte Lösung und ohne Vorgabe von Y-Intervallgrenzen zeichnen lassen, dann können sie den Näherungswert an der Stelle $x = 0$ direkt als Obergrenze des Y-Intervalls in der Grafik ablesen.

Lassen Sie sich deshalb, nur als Vergleich, einmal die exakte Lösung zeichnen. Wie beurteilen Sie die Approximation bei einer Erhöhung der Schrittweite?
Vgl. zu dieser Aufgabe auch Burlisch / Stoer, S.121.

6.4.4 *Instabilität von Einschrittverfahren (I)*

Die Anfangswertlöser für die numerische Lösung der linearen Differentialgleichung

$$y' = 100(\sin(x) - y)$$

sind bei dem Anfangswert $y(0) = 0$ nicht in jedem Fall stabil. Um diese Behauptung zu überprüfen, nehmen Sie beispielsweise das Runge-Kutta-Verfahren mit 350 und 400 Schritten sowie die Trapezmethode mit 30 Schritten. Die exakte Lösung ist übrigens

$$y(x) = \frac{\sin(x) - 0.01 \cos(x) + 0.01 \exp(-100x)}{1.0001}.$$

Wählen Sie $x \in [0., 10]$ und $y \in [-3., 3.]$.

Zeichnen Sie die Methoden bei einem instabilen Verhalten der besseren Übersicht halber nur einzeln und diskutieren Sie die Ergebnisse.
Vgl. zu dieser Aufgabe auch Björck / Dahlquist, S.254.

6.4.5 *Instabilität von Einschrittverfahren (II)*

Das Euler-Cauchy-Verfahren für die numerische Lösung der Differentialgleichung

$$y' = -y^{\frac{12}{11}} \exp\left(\frac{x}{11}\right)$$

ist bei dem Anfangswert $y(0) = 1$ nicht in jedem Fall stabil. Überprüfen Sie diese Behauptung für verschiedene Schrittweiten und lassen Sie dabei die Y-Intervallgrenzen unbestimmt. Die exakte Lösung ist

$$y(x) = \exp(-x).$$

Vergleichen Sie die erhaltenen Ergebnisse mit denen aus Programm 6.3.

Vgl. zu dieser Aufgabe auch Grigorieff, S.93.

6.4.6 *Inhärente Instabilität einer Differentialgleichung*

Inhährent instabil nennt man solche Differentialgleichungen, deren Lösungen in hohem Maße von kleinen Änderungen des Anfangswertes abhängen. Bei ihnen werden Rundungsfehler besonders stark fortgepflanzt. Systeme von drei oder mehr Differentialgleichungen heißen bei einem solchen Verhalten *chaotisch*.

Ein Beispiel für eine inhärent instabile Differentialgleichung ist

$$y'(x) = 10 \left(y - \frac{x^2}{1 + x^2} \right) + \frac{2x}{(1 + x^2)^2}.$$

Die Lösung zum Anfangswert $y(0) = 0$ ist

$$y(x) = \frac{x^2}{1 + x^2}.$$

Begründen Sie die schlechte Approximation durch das Runge-Kutta-Verfahren, wobei Sie dieses mit 100, 500 und 1000 Schritten ausprobieren. Geben Sie dabei die Intervalle $x \in [0., 3.]$ und $y \in [-2., 2.]$ vor. Berücksichtigen Sie auch die Aufgabe 6.5.1.

Was stellen Sie bei einer Verkleinerung der Schrittweite fest? Wie gut ist die Approximation der impliziten Trapezmethode?

Quelle zu dieser Aufgabe Grigorieff, S.91; Schwarz S.402.

6.5 Abhängigkeit der Lösung von den Anfangswerten

Innerhalb dieses Programms kann untersucht werden, inwieweit das Lösungsverhalten des Euler-Cauchy- und des klassischen Runge-Kutta-Verfahrens bei verschiedenen Differentialgleichungen von den Anfangswerten abhängt.

Dabei ist es möglich, bis zu 15 verschiedene Anfangswerte anzugeben und damit einen Teil der Lösungsschar der Differentialgleichung zu veranschaulichen.

Beispiel *Lineare Funktion*

Sämtliche Anfangswerte beziehen sich auf die Untergrenze des X-Intervalls und sind auf einer gesonderten Tafel einzugeben.

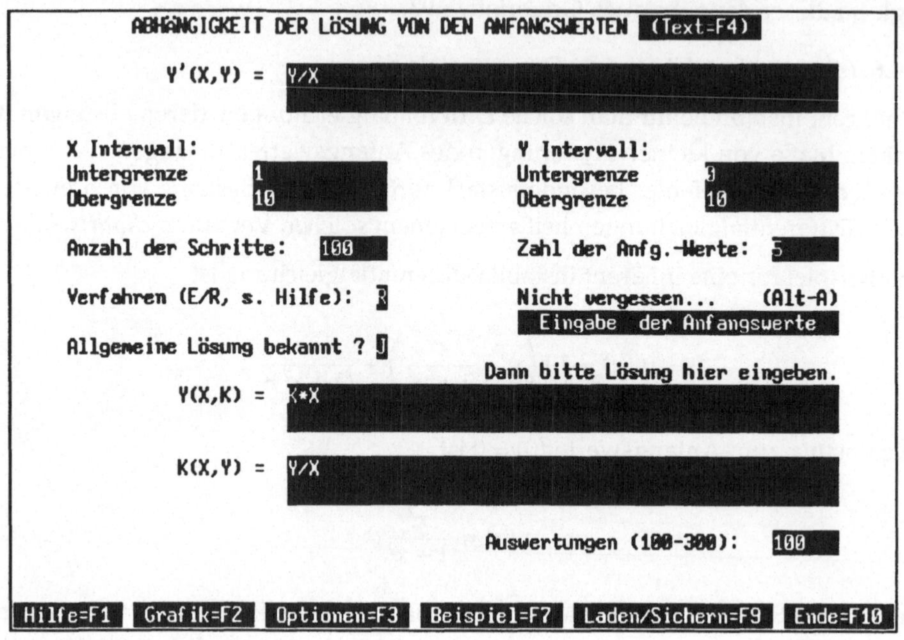

Aufgaben

6.5.1 *Inhärente Instabilität*

Die schon mit der Aufgabe 6.4.6 behandelte Differentialgleichung

$$y'(x) = 10 \left(y - \frac{x^2}{1 + x^2} \right) + \frac{2x}{(1 + x^2)^2}$$

hat die allgemeine Lösung

$$y(x) = k \exp(10x) + \frac{x^2}{1 + x^2}.$$

Wählen Sie in dem Intervall $x \in [0., 2.2]$ die Anfangswerte $y(0) = 0$, $y(0) = 0.01$ und $y(0) = -0.01$, Geben Sie das Y-Intervall mit $y \in [-100., 100.]$ vor. Lösen Sie die Aufgabenstellung mit dem Runge-Kutta-Verfahren bei einer Schrittweite von $h = 0.01$.

Warum liefert das Runge-Kutta-Verfahren bei dem Anfangswert $y(0) = 0$ so schlechte Ergebnisse? Um einen genaueren Eindruck der Lösungsschar zu erhalten, sollten Sie Programm 6.1 benutzen und sich dort beispielsweise 20 Kurven im K-Intervall von $[-0.02, 0.02]$ zeichnen lassen.

6.5.2 *Fehlerabhängigkeit vom Anfangswert*

Untersuchen Sie, wie in der Differentialgleichung

$$y' = xy^2$$

der globale Fehler des Euler-Cauchy-Verfahrens vom Anfangswert abhängt.

Nehmen Sie dafür die vier Anfangswerte $y(0) = 0.1$, $y(0) = 0.5$, $y(0) = 1.0$ und $y(0) = 1.98$ bei einer Schrittweite von $h = 0.02$. Begrenzen Sie die Darstellung auf die Intervalle $x \in [0., 1.]$ und $y \in [0., 10.]$. Die allgemeine Lösung dieser Differentialgleichung lautet

$$y(x) = \frac{-2}{x^2 + k}.$$

6.5.3 *Lösungsschar (I)*

Wenn die Lösungsschar einer Differentialgleichung nicht bekannt ist, dann kann mit Hilfe des Runge-Kutta-Verfahrens ein erster Eindruck ihres Aussehens erhalten werden. Allerdings ist, wie in einigen vorhergehenden Aufgaben schon deutlich geworden ist, sehr große Vorsicht bezüglich der Genauigkeit geboten, da die Näherungen oftmals recht ungenau sind. Bei der Abschätzung von Ergebnissen ist das Runge-Kutta-Verfahren allerdings fast immer hilfreich. In dieser Aufgabe mit der Differentialgleichung

$$y' = \frac{-x}{y}$$

sind allerdings auch die Ergebnisse zu den zehn Anfangswerten $y(-10) = \pm 1$, $y(-10) = \pm 2$, $y(-10) = \pm 3$, $y(-10) = \pm 4$ und $y(-10) = \pm 5$ im X-Intervall $x \in [-10., 10]$ zufriedenstellend. Lassen Sie die Y-Intervallgrenzen unbestimmt und vergleichen Sie das Ergebnis auch mit Aufgabe 6.1.3.

Sehr ähnlich ist auch diese Aufgabe:

6.5.4 *Lösungsschar (II)*

Für die Differentialgleichung

$$y'(x) = \frac{-2y}{x}$$

sollen in den Intervallen $x \in [-10., 0.]$ und $y \in [-2., 2.]$ mit dem Runge-Kutta-Verfahren bei 500 Schritten zu den 15 Anfangswerten $y(-10) = 0.$, $y(-10) = \pm 0.1$, $y(-10) = \pm 0.2$, $y(-10) = \pm 0.3$, $y(-10) = \pm 0.4$, $y(-10) = \pm 0.5$, $y(-10) = \pm 0.6$ und $y(-10) = \pm 0.7$ die Lösungskurven gezeichnet werden. Damit erhalten Sie auch eine Abschätzung über den genauen Verlauf der Lösungsschar. Das Ergebnis ist auf der nächsten Seite abgebildet.

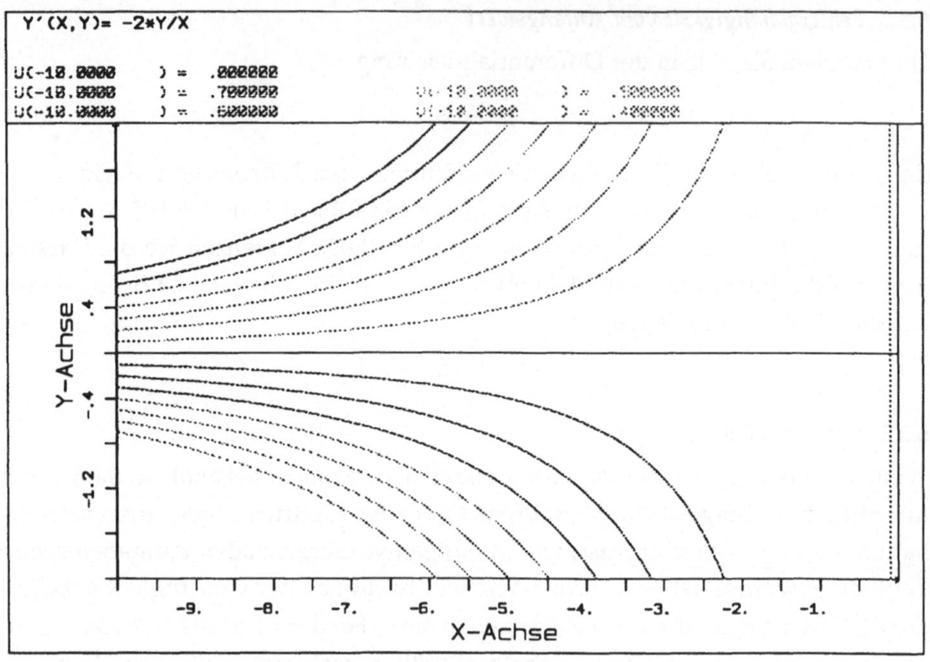

Lösungsschar zu Aufgabe 6.5.4

6.6   Zweidimensionale Anfangswertaufgaben

Im technischen Bereich sind Systeme von Differentialgleichungen sehr häufig anzutreffen, im einfachsten Fall ist dies ein System von zwei Differentialgleichungen, welches den Vorteil hat, daß eine Visualisierung seiner Lösung noch recht einfach ist. In diesem Programm können die Ergebnisse sämtlich sowohl im *Phasenraum* als auch in der *zeitabhängigen Darstellung* dargestellt werden.

Beide Darstellungsformen betonen verschiedene Aspekte der Lösung eines Differentialgleichungssystems. In der Phasenraumdarstellung ist anhand der *Phasenkurve* oder *Trajektorie* sowohl ein Abkling- bzw. Aufklingverhalten als auch die Regelmässigkeit (damit auch das Entdecken chaotischer Bereiche) der Lösung leichter als in der zeitabhängigen Darstellung. Diese Form liefert dafür aber konkrete Informationen über den Zustand eines Systems zu einem bestimmten Zeitpunkt. Die X-Koordinate ist dabei mit der Zeitkoordinate identisch.
Es wird hier also ein System der Form

$$u'(x) = f_1(x, u, v), \qquad u(x_0) = u_0,$$

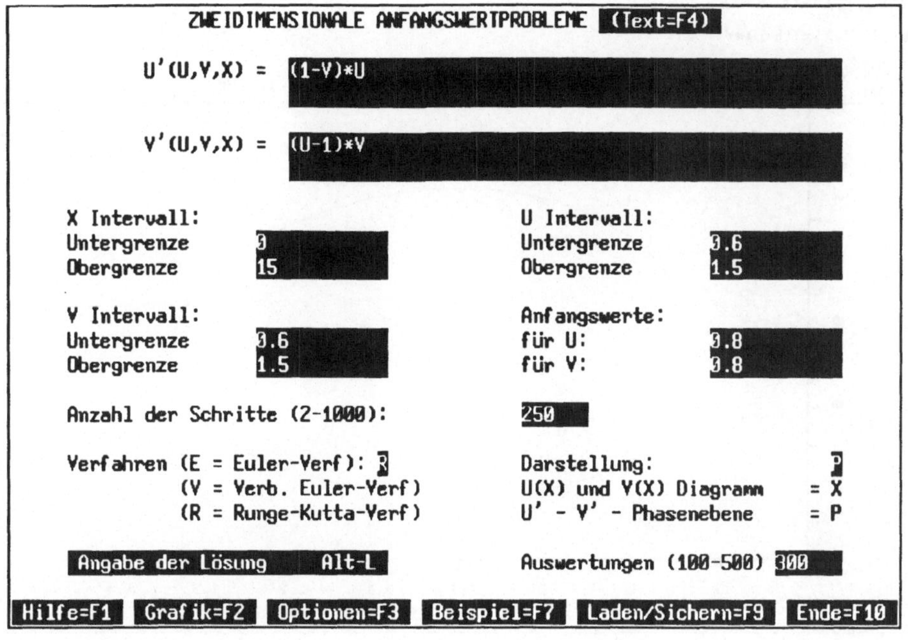

$$v'(x) = f_2(x, u, v), \qquad v(x_0) = v_0,$$

mit $u : \mathbb{R} \to \mathbb{R}, \quad v : \mathbb{R} \to \mathbb{R}, \quad u_0 \in \mathbb{R}, \quad v_0 \in \mathbb{R}$ betrachtet.

Wenn die Lösung der Differentialgleichung eindeutig bestimmt ist, dann läuft durch jeden Punkt der $U - V$-Ebene genau eine Trajektorie.

Gibt es einen Punkt (u_0, v_0) in der Ebene mit

$$f_1(x, u_0, v_0) = f_2(x, u_0, v_0) = 0,$$

dann schrumpft die Trajektorie zu einem einzigen Punkt (u_0, v_0) zusammen. Diesen Punkt nennt man einen *kritischen Punkt* oder *Gleichgewichtspunkt*.

Beispiel

Die Anzahl der gewünschten Auswertungen wird in U- und in V-Richtung vorgenommen, wodurch die Rechenzeit relativ groß werden kann. Wenn keine Intervallgrenzen für U und V vorgegeben sind, dann werden diese durch das jeweilige Maximum und Minimum der der im Programm berechneten Werte automatisch gesetzt. Die analytischen Lösungen können auf einer gesonderten Tafel eingegeben und ebenfalls gezeichnet werden.

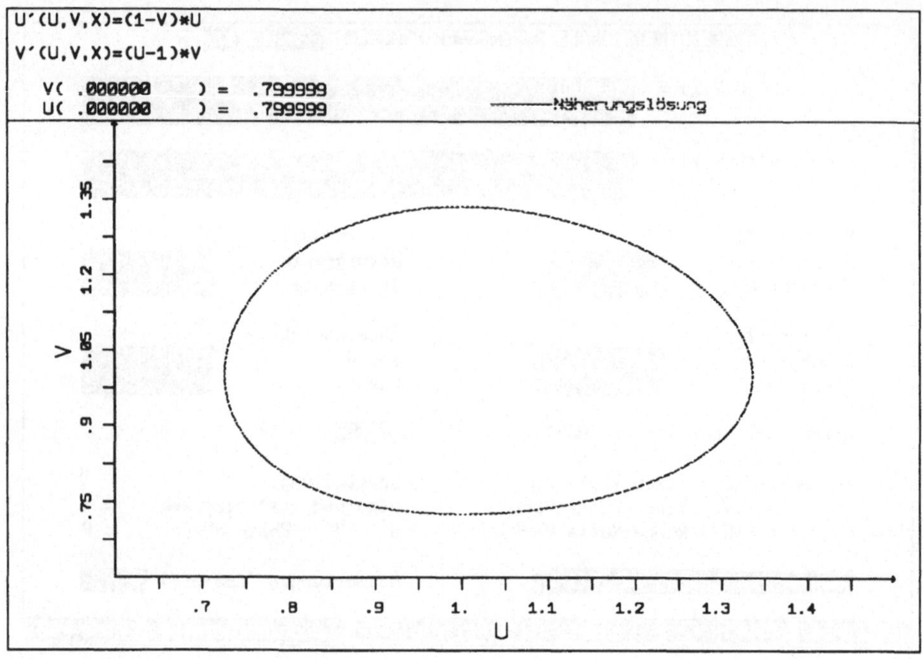

Lösung zur Lotka-Volterra-Dgl. aus dem Beispiel im Phasenraum

Aufgaben

6.6.1 *Einmassenschwinger*

Ein Einmassenschwinger an einer linearen Hookeschen Feder gehorcht bei einer vernachlässigbaren Federmasse der Differentialgleichung

$$y''(t) = -\frac{c}{m}y(t).$$

Dabei ist m die Masse in kg, y die Auslenkung in m, t die Zeit in s und c die Federsteifigkeit in kg s^{-2}.
Diese Differentialgleichung 2. Ordnung läßt sich mit

$$u = y'$$

$$v = y$$

zu zwei Differentialgleichungen 1. Ordnung substituieren. Es folgt das System

$$\begin{pmatrix} u' \\ v' \end{pmatrix} = \begin{pmatrix} 0 & -\frac{c}{m} \\ 1 & 0 \end{pmatrix} \begin{pmatrix} u \\ v \end{pmatrix}.$$

Dieses System ist sehr leicht um eine Dämpfung d in kg s^{-1} zu erweitern, auch kann eine (zeitabhängige) Kraft p in kg m s^{-2} dazugefügt werden. Solchermaßen vervollständigt ergibt sich das System

$$\begin{pmatrix} u' \\ v' \end{pmatrix} = \begin{pmatrix} -\frac{d}{m} & -\frac{c}{m} \\ 1 & 0 \end{pmatrix} \begin{pmatrix} u \\ v \end{pmatrix} + \begin{pmatrix} \frac{p}{m} \\ 0 \end{pmatrix}.$$

Lösen Sie diese Differentialgleichungssysteme:

a) für den ungedämpften freien Einmassenschwinger. Wählen Sie x $\in$ [0.50], setzen Sie c/m = 4, und geben Sie die Intervalle u $\in$ [−15, 15], v $\in$ [−10, 10] sowie den Anfangswert $(u_0, v_0) = (0, 2)$ vor.

b) für den gedämpften Einmassenschwinger mit den gleichen Daten wie in Teil a dieser Aufgabe und der Dämpfung d/m = 0.5.

c) für den ungedämpften, angetriebenen Einmassenschwinger mit der periodischen Kraft p/m = sin(2x) im Zeitintervall x $\in$ [0, 15].

d) für den gedämpften, angetriebenen Einmassenschwinger mit den gleichen Daten wie vorher, aber in den Intervallen x $\in$ [0, 70], u $\in$ [−4, 4], v $\in$ [−4, 4]. Sie erreichen bei diesen Verhältnissen einen Grenzzyklus.

Wählen Sie in allen vier Fällen eine Phasenraumdarstellung. Die Darstellung im Zeitbereich ist vor allem in der Teilaufgabe b lohnend, denn dort lassen sich Fälle wie beispielsweise Kriechen und schwache Dämpfung gut auseinanderhalten.

6.6.2 *Räuber-Beute-System*

Ähnlich wie es in Kapitel 5 schon anhand einer Differenzengleichung für die diskreten Populationsentwicklungen von Räuber-Beute-Tiergemeinschaften geschehen ist, können auch die dynamischen Verläufe von Populationsentwicklungen in Räuber-Beute-Systemen modelliert werden, bei denen die einzelnen Generationen nicht strikt voneinander getrennt sind.

Das Differentialgleichungssystem

$$u' = 3u(1 - 0.1u) - 3\frac{u \cdot v}{u + 1}$$
$$v' = 0.5v \left(1 - \frac{v}{u}\right)$$

beschreibt mit u für die Population der Beutetiere und v für die der Räuber die dynamische Entwicklung einer solchen Gemeinschaft, wobei x für die Zeit steht.

Mit den Anfangswerten u(0) = 4 und u(0) = 4 erreicht das System einen periodisch stabilen Zustand. Dies können sie mit dem Runge-Kutta-Verfahren überprüfen, wenn Sie x $\in$ [0., 30.] nehmen und die U- und V-Intervallgrenzen unbestimmt lassen, wobei sie 120 Schritte (h = 0.25) wählen.

Die Trajektorie entwickelt sich zu einer geschlossenen Kurve, woran immer ein periodischer Verlauf zu erkennen ist. Sowohl die Räuber- als auch die Beuteart sind also nicht zum Aussterben verurteilt. Verändern Sie auch die Anfangswerte und die Parameter des Differentialgleichungssystems. Beachten Sie dabei, das vermeintliche Instabilitäten auch in der Wahl einer zu großen Schrittweite begründet liegen können.

Wie stabil ist das System? Wann kann der Zustand eintreten, daß sämtliche Beutetiere gefressen werden und deshalb beide Arten aussterben?

Was für ein Lösungsverhalten erhalten Sie für die Differentialgleichung, wenn Sie das Euler-Cauchy- anstelle des Runge-Kutta-Verfahrens benutzen?

Quelle: May [1976b].

6.6.3 *Steifes Differentialgleichungssystem*

Systeme von Differentialgleichungen werden steif genannt, wenn sich ihre Lösung aus stark verschieden rasch exponentiell abklingenden Anteilen zusammensetzt. Ihre Integration ist nicht immer einfach, und die erfolgreiche Approximation der exakten Lösung hängt entscheidend von dem gewählten Verfahren und der benutzten Schrittweite ab. Erschwerend kommt hinzu, daß natürlich im allgemeinen die exakte Lösung überhaupt nicht bekannt ist.
Beachten Sie zu diesem Thema auch Abschnitt 6.3.
Ein Beispiel eines steifen Differentialgleichungssystem ist:

$$u' = -\frac{101}{2}u + \frac{99}{2}v$$
$$v' = -\frac{99}{2}u - \frac{101}{2}v.$$

Die analytische Lösung zu den Anfangswerten $u(0) = 3$ und $v(0) = 1$ ist

$$u = 2\exp(-x) + \exp(-100x)$$
$$v = 2\exp(-x) - \exp(-100x).$$

Lassen Sie die U- und V-Intervallgrenzen unbestimmt und lösen Sie das Differentialgleichungssystem in dem Bereich $x \in [0., 10.]$ mit dem Euler-Cauchy-Verfahren.

Verändern Sie die Schrittweite und überprüfen Sie, wann sich die Näherungen in ihrem Verlauf qualitativ wie die exakte Lösung verhalten. Vergleichen Sie dieses Ergebnis auch mit der beim Runge-Kutta-Verfahren benötigten Schrittweite.

Allgemein hat dieses Differentialgleichungssystem die folgende Form:

$$u' = \frac{\lambda_1 + \lambda_2}{2}u + \frac{\lambda_1 - \lambda_2}{2}v$$

$$v' = \frac{\lambda_1 - \lambda_2}{2}u + \frac{\lambda_1 + \lambda_2}{2}v,$$

wobei die Konstanten λ_1 und λ_2 negativ sind. Die allgemeine Lösung dazu lautet:

$$u = k_1 \exp(\lambda_1 x) + k_2 \exp(\lambda_2 x)$$

$$v = k_1 \exp(\lambda_1 x) - k_2 \exp(\lambda_2 x).$$

Berechnen Sie die Lösungen des Euler-Verfahrens und zeigen Sie, bis zu welcher Schrittweite sie konvergieren. Vergleichen Sie das Ergebnis mit den grafischen Resultaten.

Quelle: Grigorieff, S.89.

6.6.4 *Van der Polsche Differentialgleichung*

Die Van der Polsche Differentialgleichung ist im Zusammenhang mit der Theorie der Röhrengeneratoren aufgestellt worden. Sie lautet:

$$y''(x) = \rho(1 - y^2)y' - y.$$

Durch eine Substitution ergibt sich das System

$$u' = v$$

$$v' = \rho(1 - u^2)v - u.$$

Nehmen Sie die Anfangswerte $u(0) = 0$ und $v(0) = 1$ sowie $\rho = 10$. Lösen Sie das System in dem Bereich $x \in [0., 10.]$ mit dem Runge-Kutta-Verfahren in 1000 Schritten und lassen sie das U- und das V-Intervall unbestimmt.

Beachten sie auch den instabilen Gleichgewichtspunkt an der Stelle $(0., 0.)$.

Diese Differentialgleichung wird in vielen anderen Büchern auch behandelt, so z.B. in Heuser S.558, Luther / Niederdrenk / Reutter / Yserentant S.268.

6.6.5 *Mathematisches Pendel*

Das Mathematische Pendel ist ein Modell eines realen Pendels. Bei ihm ist eine Punktmasse m (in kg) durch eine masselose Stange der Länge l (in m) mit einem festen Punkt drehbar verbunden. Reibungskräfte und der Luftwiderstand werden vernachlässigt. Mit der Erdbeschleunigung g ($g = 9.81$ m s^{-2}) und dem Winkel α zwischen der Ruhelage des Pendels und der aktuellen Lage der Pendelstange ergibt sich als auf die Masse wirkende Kraft p die tangentiale Komponente der Schwerkraft: $p = -mg \sin \alpha$. Die Bogenlänge s ist vom Ruhepunkt des Pendels aus gesehen gleich αl und damit gilt mit dem Newtonschen Gesetz für die Bewegung der Masse

$$m\frac{d^2 s}{dt^2} = ml\frac{d^2 \alpha}{dt^2} = -mg \sin \alpha$$

$$\Rightarrow \frac{d^2 \alpha}{dt^2} + \frac{g}{l} \sin \alpha = 0.$$

Durch eine Substitution erhält man, indem der Faktor gl^{-1} vorerst gleich 1 gesetzt wird,

$$u' = v$$

$$v' = -\sin u.$$

Lösen Sie dieses System nun mit dem klassischen Runge-Kutta-Verfahren bei 1000 Schritten im Bereich $x \in [0., 20.]$ und den Anfangswerten $u(0) = 0$ und $v(0) = 1$.

An der Stelle $(0, 0)$ liegt, wie leicht ersichtlich ist, ein Gleichgewichtspunkt vor, bei $(\pi, 0)$ ein Sattelpunkt. Die weiteren Gleichgewichtspunkte liegen bei $(k\pi, 0)$, $k \in \mathbb{N}$, die Sattelpunkte bei $((k + 1)\pi, 0)$, $k \in \mathbb{N}$.

Den Verlauf verschiedener Trajektorien und die Lage der einzelnen Gleichgewichtspunkte können Sie sich am besten mit dem Programm 6.7 veranschaulichen.

Ebenso wie schon in der Aufgabe 6.6.1 gilt auch hier, daß die Differentialgleichung erweitert werden kann und daß auch hier die Koeffizienten für verschiedene physikalische Größen stehen können. Damit besteht hier die Möglichkeit, den Einfluß der einzelnen Parameter einer Differentialgleichung auf den Verlauf der zeitabhängigen Lösung auszutesten.

6.6.6 *Lissajous-Figuren*

Lissajous-Figuren wurden schon in der Aufgabe 2.7.4 samt ihrer Differentialgleichung behandelt. Wählen Sie hier

$$u' = 2 \sin(3.3x + 2.4x + 2)$$

$$v' = 3 \sin(3.3x + 3)$$

mit dem Anfangswert $(u_0, v_0) = (0, 2)$ und 1000 Schritte mit dem Runge-Kutta-Verfahren in den Intervallen $u \in [-0.5, 0.5]$, $v \in [0, 3]$, $x \in [0, 30]$.

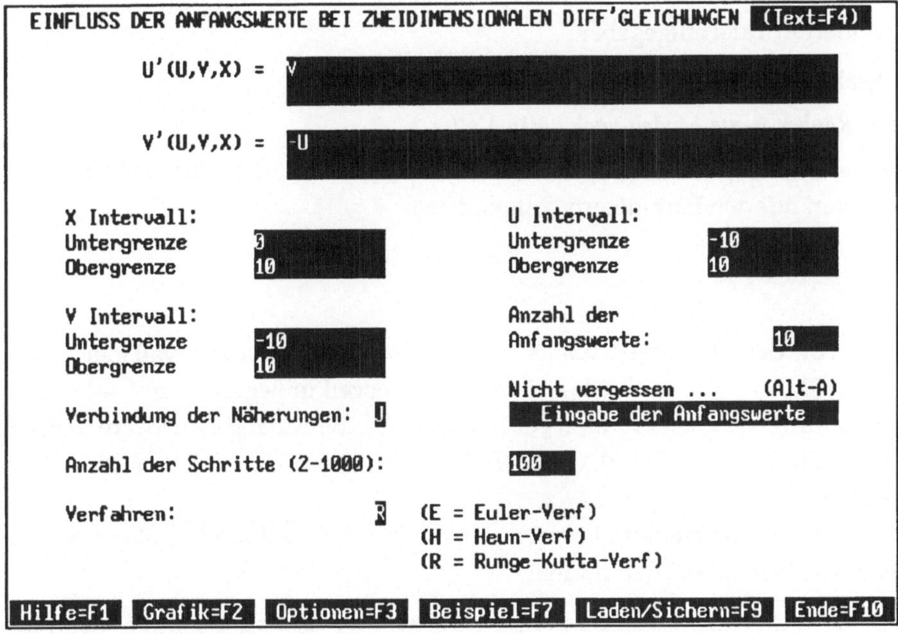

6.7 Einfluß der Anfangswerte bei zweidimensionalen Differentialgleichungen

Dieses Programm ist als eine Erweiterung zu Programm 6.6 zu verstehen. Es dient dazu, den Einfluß der Anfangswerte auf den Verlauf der Trajektorien untersuchen und verstehen zu können. Um Vergleiche zu erleichtern, können in jeder Grafik bis zu 20 Anfangswerte angegeben und damit auch ebensoviele Trajektorien gezeichnet werden. Im Gegensatz zum Programm 6.6 wird der Lösungsverlauf hier nur in der $U - V$-Phasenebene dargestellt.

Beispiel *Schwingungsdifferentialgleichung*

Als Beispiel für die Anwendung dieses Programms erhalten Sie das Differentialgleichungssystem des Einmassenschwingers (Aufgabe 6.6.1) in seiner einfachsten Form. Da hier der Faktor $c/m = 0$ gesetzt ist und keine Dämpfung vorhanden ist, ergeben sich bei einer entsprechenden Skalierung der U- und V-Achse kreisförmige Trajektorien. Bei den vorgegebenen Einstellungen ist dies aber nicht der Fall.

Zur Auswahl für die numerische Lösung stehen das Euler-Cauchy-, das Heun-

und das klassische Runge-Kutta-Verfahren. Die Anfangswerte werden auf einer gesonderten Tafel eingegeben.

Aufgaben

6.7.1 *Räuber-Beute-Modell nach Lotka-Volterra*

Das Differentialgleichungssystem aus dem Abschnitt 6.6 wird hier wieder, mit leicht veränderten Parametern, aufgegriffen:

$$u' = (1 - v)u$$
$$v' = (u - 1)v.$$

Wählen Sie den Zeitbereich (das X-Intervall ist mit dem Zeitintervall gleichzusetzen) $x \in [0., 15.]$, lassen Sie das U- und V-Intervall unbegrenzt und wählen Sie für das Runge-Kutta-Verfahren bei 100 Schritten die Anfangswertpaare (0.8, 0.8), (0.6, 0.6), (0.2, 0.2), (1.2, 1.2), (1.5, 1.0), (2.0, 2.5), (0.5, 0.2), (0.3, 1.0), (1.9, 1.9) und (2.8, 0.5).

Es gibt auch allgemeinere Formen des Räuber-Beute-Modells, z.B. ist eine bei Boyce / DiPrima, S.421 zu finden.

6.7.2 *Lienard-Form der Van der Polschen Differentialgleichung für einen Schwingkreis*

$$u' = -v$$
$$v' = -v^3 + av + u.$$

Experimentieren Sie bei dieser Differentialgleichung mit dem Parameter a.

Für $a = 2$ und die Anfangswerte (0.2, 0.2), (3., 3.) und (−3., −3.) ergibt sich bei 150 Schritten und $x \in [0., 15.]$ mit dem Runge-Kutta-Verfahren dieselbe geschlossene Trajektorie. Lassen Sie für die grafische Darstellung die U- und V-Intervalle unbegrenzt.

Wird a über Null hinaus vergrößert, so ergibt sich eine qualitative Veränderung der Differentialgleichung, die als *Hopf-Bifurkation* bezeichnet wird. Was beobachten Sie?

Vgl. dazu auch Hirsch / Smale, S. 217 und Boyce / DiPrima, S.447.

6.7.3 *Hopf-Bifurkation*

Auch mit der Differentialgleichung

$$u' = -v + u(a - (u^2 + v^2))$$
$$v' = u + v(a - (u^2 + v^2))$$

erhalten Sie mit dem Parameterwert $a = 1$ eine Hopf-Bifurkation. Wählen Sie $x \in [0., 10.]$, lassen Sie die u- und v-Achse unbegrenzt bei 250 Schritten mit dem Runge-Kutta-Verfahren.

Wählen Sie auch $a = 1.0$, $a = 0.0$ und $a = -0.4$!

Quelle: Guckenheimer / Holmes, S.150.

6.7.4 *Seltsame Attraktoren*

Das Lotka-Volterra-System aus der Aufgabe 6.7.1

$$u' = (1 - v)u$$
$$v' = (u - 1)v$$

liefert bei einer Lösung mit dem Heun-Verfahren auf den ersten Blick überraschende Ergebnisse.

Probieren Sie dazu die Schrittweiten $h = 0.1$, $h = 0.79$ und $h = 0.81$. Diese erreichen Sie genau, indem Sie den Intervallausschnitt entsprechend wählen.

Sie werden sehen, daß sich für $h = 0.1$ eine geschlossene Trajektorie bildet, das System bei einer Schrittweite von $h = 0.81$ aber divergiert. Für $h = 0.79$ bildet sich ein sogenannter **seltsamer Attraktor**. Alle Iterationspunkte liegen innerhalb eines tropfenähnlichen Gebildes und werden von dort offenbar angezogen. Sie erhalten dadurch vor allem ästhetisch zufriedenstellende Grafiken, deren Eindruck noch verbessert werden kann, wenn Sie die Iterationspunkte nicht miteinander verbinden.

Wählen Sie beispielsweise die folgenden 20 Anfangswerte

$(1.0, 1.0), (2.0, 2.0), (2.0, 1.0), (1.0, 2.0), (0.5, 0.5),$

$(0.5, 1.0), (0.5, 1.5), (0.5, 2.0), (2.0, 2.5), (1.5, 0.5),$

$(1.5, 1.0), (1.5, 1.5), (1.5, 2.0), (1.5, 2.5), (2.5., 1.0),$

$(2.0, 0.5), (2.5, 1.5), (2.5, 2.0), (2.5, 2.5), (1.0, 2.5).$

Auf der Basis dieses seltsamen Attraktors haben Peitgen / Richter eine Reihe von hübschen Computer-Grafiken erstellt, unter anderem die "Volterra-Schalen".

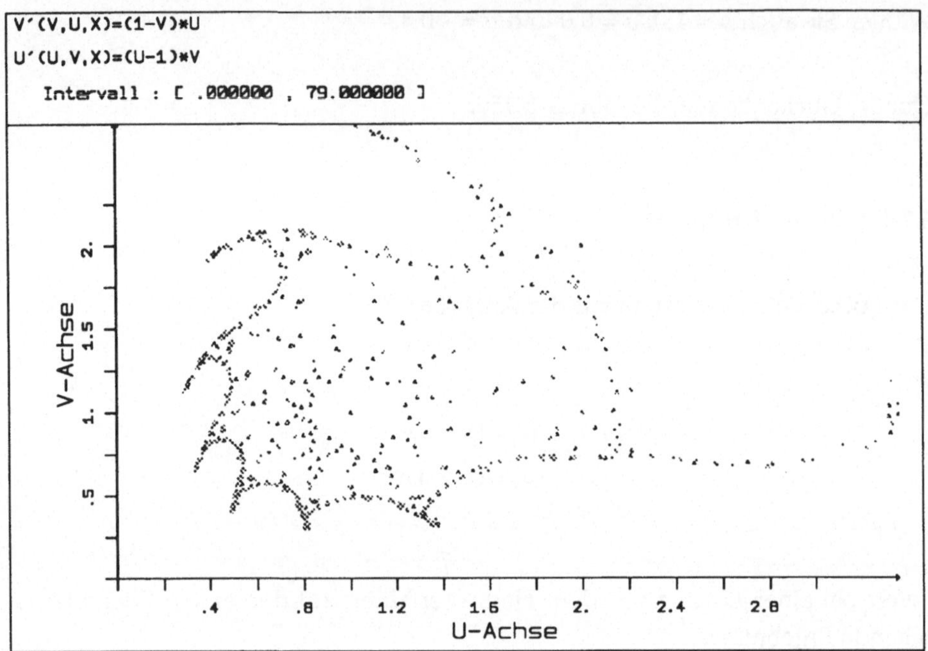

Seltsamer Attraktor aus Aufgabe 6.7.4 mit einigen Anfangswerten

6.8 Erläuterungen und Lösungen zum sechsten Kapitel

Diskretisierungsfehler

Aufgabe 6.2.5 a: In diesem Fall ist der globale Diskretisierungsfehler gleich der Summe der jeweiligen lokalen. Dies gilt immer dann, wenn die rechte Seite der Differentialgleichung unabhängig vom Funktionswert $y(x)$ ist, also in der allgemeinen Lösung die Konstante k als Summand auftaucht. Die einzelnen Kurven der Lösungsschar haben dann den gleichen Abstand voneinander. Dies läßt sich auch in Formeln zeigen. Nach (6.14) gilt für den lokalen Diskretisierungsfehler d_{j+1}:

$$y(x_{j+1}) = y(x_j) + h\, f_h(x_j, y(x_j)) + d_{j+1}.$$

Damit ergibt sich der globale Fehler:

$$g_{j+1} = y(x_{j+1}) - y_{j+1} = y(x_j) + h\, f_h(x_j, y(x_j)) + d_{j+1} - y_j - h\, f_h(x_j, y_j)$$
$$= g_j + h\left(f_h(x_j, y(x_j)) - f_h(x_j, y_j)\right) + d_{j+1}.$$

Da die Verfahrensfunktion f_h von y unabhängig ist, verschwindet die Differenz

$$f_h(x_j, y(x_j)) - f_h(x_j, y_j).$$

Der lokale Verfahrensfehler wird in jedem Schritt zum globalen addiert.

b: Der lokale Diskretisierungsfehler hat von der exakten Lösung sowohl positive als auch negative Abweichungen und kann daher an einigen Stellen betragsmäßig größer sein als der globale Fehler. Aufgrund der Periodizität der Lösungskurven ist der globale Fehler an einigen Stellen sehr klein, obwohl die Approximation der exakten Lösung durch die Näherungskurve im allgemeinen nicht zufriedenstellend ist. Es ist aber bei Anwendungen von Anfangswertlösern zu beachten, daß ein solches gegenseitiges Auslöschen von Fehlern nicht allgemein ist und Fehler sich im Normalfall in jedem Schritt verstärkt fortpflanzen.

c: Die Steigung der Lösungsfunktion ist vom Funktionswert y abhängig, deshalb ist der globale Diskretisierungsfehler keineswegs gleich der Summe der lokalen. Dies ist deutlich zu erkennen.

Um von den Diskretisierungsfehlern auf das Approximationsverhalten der Näherungslösung schließen zu können, reicht es, wie bereits gezeigt wurde, nicht aus, nur eine Stelle der Abszisse zu beobachten.

Stabilität von Einschrittverfahren (I)

Aufgabe 6.3.1: Die Anwendung des Euler-Cauchy-Verfahrens auf die Aufgabenstellung ergibt:

$$y_{j+1} = y_j + h\, f_h(x_j, y_j) = y_j + h\lambda y_j = y_j(1 + h\lambda), \quad j = 0, 1, \ldots, n-1.$$

Insbesondere ergibt sich mit $y_0 = 1$:

$$y_1 = y_0(1 + \lambda h) = 1 + \lambda h,$$
$$y_2 = y_1(1 + \lambda h) = y_0(1 + \lambda h)^2,$$

und mit Induktion: $y_{j+1} = y_0(1 + h\lambda)^j, \quad j = 0, 1, \ldots, n-1.$

Die Lösung $y(x) = \exp(\lambda x)$, $\lambda < 0$, nähert sich für $x \rightarrow \infty$ asymptotisch der X-Achse. Soll dies für die Näherungen ebenfalls gelten, so muß $|1 + \lambda h| < 1$ sein. Die Menge aller komplexen Werte λh, die diese Beziehung erfüllen, nennt man allgemein den *Stabilitätsbereich des Euler-Cauchy-Verfahrens*. Es folgt:

$$h < \frac{2}{-\lambda},$$

in diesem Fall $h < 1$.

Wenn $h < 1$ gewählt wird, dann verhält sich die Näherungslösung qualitativ so wie die exakte Lösung, andernfalls erhält man völlig unbrauchbare Ergebnisse. Zeichnen Sie dazu auch die Ergebnisse bei Schrittweiten von $h = 0.5$, $h = 1.0$ und $h = 2.0$.

Aufgabe 6.3.2: Bei der Anwendung des klassischen Runge-Kutta-Verfahrens ergeben sich die gleichen Phänomene, wie in der Aufgabe 6.3.1. Natürlich ist der Stabilitätsbereich des Runge-Kutta-Verfahrens größer als der des Euler-Verfahrens.

Aufgabe 6.3.3: Aus der Vorschrift (6.4) folgt

$$y_{j+1} = y_j + h\, f(x_{j+1}, y_{j+1}) = y_j - 2h\, y_{j+1} \;\Rightarrow\; y_{j+1} = \frac{1}{1 + 2h} y_j.$$

Entsprechend ergibt sich:

$$y_{j+1} = \frac{1}{(1 + 2h)^j}\, y_0, \qquad j = 0, 1\ldots, n - 1.$$

Die Näherungslösungen des impliziten Euler-Verfahrens verhalten sich in jedem Fall in ihrem Verlauf qualitativ so wie die exakte Lösung. In der Grafik kann man diese Tatsache damit anschaulich begründen, daß das jeweils berechnete Polygonstück nicht die Steigung der Tangente an die entsprechende Kurve aus der Lösungsschar am Anfang des Schrittes, sondern am Ende des Schrittes ist. Das implizite Euler-Verfahren ist für negative Werte von λ absolut stabil, denn es ist keine Grenze für die Schrittweite zu beachten.

Insbesondere bei kleiner Schrittweite folgt das Runge-Kutta-Verfahren auch bei $\lambda = 3$ der exakten Lösung, obwohl dieser Wert nicht im Stabilitätsbereich liegt.

Instabilitäten werden auch in den Aufgaben 6.4.4, 6.4.5 und 6.6.2 behandelt.

Vergleich der Verfahren

Aufgabe 6.4.1: Beim Euler-Verfahren muß man ungefähr 500 Schritte wählen, um ein ähnlich genaues Ergebnis wie beim klassischen Runge-Kutta-Verfahren mit 20 Schritten zu erhalten. Die Wahl von 400 Schritten ergibt für das Euler-Verfahren schon ein deutlich schlechteres Ergebnis.

Aufgabe 6.4.2: Das Euler-Verfahren liefert nur bei der Wahl einer ungeraden Schrittzahl eine gute Approximation der Lösung, weil in diesem Fall keine Auswertung an der Stelle $x = 0$ vorgenommen wird. Das Versagen des

Runge-Kutta- und auch des verbesserten Euler-Verfahrens erklärt sich durch die mehrfache Auswertung während eines Schrittes in der Nähe der Stelle x = 0.

Aufgabe 6.4.3: Rundungsfehler können bei Näherungsverfahren für Anfangswertaufgaben besonders akkumuliert werden, wenn die Differentialgleichung einen ungünstigen Verlauf hat. Wie auch in Beispiel 6.2.5c deutlich wurde, ist der globale Diskretisierungsfehler nicht immer gleich der Summe der lokalen und somit ist auch der Rundungsfehler im Intervallendpunkt nicht gleich der Summe der Einzelrundungsfehler in den vorhergegangenen Rechenschritten. Die Anhäufung der Rundungsfehler kann die theoretisch vorliegende Konvergenz eines Verfahrens zerstören. Durch eine Rechnung mit größerer Stellenanzahl, d.h. doppelt genauer Zahlendarstellung im Rechner, kann man den Einfluß der Rundungsfehler weiter zurückdrängen.

In dieser Aufgabe bewirkt die Wahl der Schrittweite von h = 0.001 keine wesentliche Verbesserung gegenüber dem Ergebnis mit der Schrittweite h = 0.02. Eine weitere Erhöhung der Schrittzahl kann bei gleichbleibender Rechengenauigkeit zu einer größeren Anhäufung der Rundungsfehler beitragen und damit die Approximationsqualität der Näherung auch verschlechtern.

Stabilität von Einschrittverfahren II

Aufgabe 6.4.4: Aus ähnlichen Gründen wie bei der Differentialgleichung aus Abschnitt 6.3 werden die Näherungen von einer bestimmten Schrittweite an auch mit dem Runge-Kutta-Verfahren unbrauchbar. Bei Wahl von 360 Schritten erhält man noch einen zufriedenstellenden Approximationsverlauf, dies ist bei 350 oder nur 300 Schritten in diesem Intervall nicht mehr der Fall.

Auch in diesem Fall eignen sich implizite Verfahren sehr gut zur Integration. Die Trapez-Methode approximiert trotz geringerer Fehlerordnung die Lösung mit nur 30 Schritten in dem vorgeschlagenen Intervall bereits sehr gut.

Aufgabe 6.4.5: Diese Anfangswertaufgabe hat dieselbe Lösung wie dasjenige aus Abschnitt 6.3 bei der Wahl von $\lambda = -1$. Mit der Aufgabe 6.3.1 wurde festgestellt, daß die Schrittweite h in diesem Fall kleiner als 2 sein muß, damit sich die Näherungslösungen in ihrem Verlauf qualitativ wie die exakte Lösung verhalten. Dieses Ergebnis läßt sich allerdings nicht auf die hier vorgestellte Differentialgleichung übertragen. An der Grafik ist zu erkennen, daß die Grenzschrittweite in diesem Fall kleiner ist.

Inhärente Instabilität

Aufgabe 6.4.6: Durch Zeichnen der Lösungsschar mit den Programmen 6.1 oder 6.5 (vergleiche dazu auch Aufgabe 6.5.1) ist zu sehen, daß die einzelnen Kurven exponentiell auseinanderwachsen. So klein die Schrittweite h auch gewählt wird, es gelingt nicht, an der exakten Lösung zu bleiben, die Abweichungen werden schnell beliebig groß. Das würde sich auch nicht ändern, wenn die Schrittweite noch weiter verkleinert wird, denn wie in der Aufgabe 6.4.2 deutlich wurde, entstehen bei zu kleinen Schrittweiten Rundungsfehler, die sich gerade bei einer inhärenten Instabilität der Differentialgleichung in idealer Weise fortpflanzen können.

Auch die implizite Trapezmethode liefert in diesem Fall keine besseren Resultate. Bei gleicher Schrittweite entfernen sich ihre Näherungen schneller von der exakten Lösung als dies beim klassischen Runge-Kutta-Verfahren der Fall ist. Bei Vorliegen einer inhärent instabilen Differentialgleichung sollte man daher immer ein Verfahren möglichst hoher Konsistenzordnung benutzen.

Generell liegt immer dann bei einer skalaren Anfangswertaufgabe inhärente Instabilität vor, wenn die Differentialgleichung die Form

$$y'(x) = \lambda\,(y(x) - g(x)) + g'(x), \qquad y(a) = \alpha, \quad \lambda > 0$$

mit einer stetig differenzierbaren Funktion $g : \mathbb{R} \to \mathbb{R}$ und der Lösung

$$y(x) = (\alpha - g(a))\,e^{\lambda(x-a)} + g(x),$$

besitzt. Wenn $y(a) = g(a)$ ist, ist der Anteil der Exponentialfunktion nicht mehr vorhanden und für $\lambda > 0$ entfernt sich eine benachbarte Lösung immer mehr von $y(x)$. In dieser Aufgabe ist

$$g(x) = \frac{x^2}{1 + x^2}.$$

Aufgabe 6.5.1: Diese Aufgabe eignet sich zur Erklärung der schlechten Näherungen in der Aufgabe 6.4.4.

Schon bei einer minimalen Änderung des Anfangswert $y(0) = 0$ steigen oder fallen die Lösungskurven exponentiell an bzw. ab. Kleinste Abweichungen von der Lösung führen daher unmittelbar zu einem qualitativ völlig anderem Verlauf der Approximationskurve.

Aufgabe 6.5.2: Bei Becker / Dreyer / Haacke wird die Lösung der Differentialgleichung in Abhängigkeit vom Anfangswert angegeben:

$$y(x) = \frac{2}{\dfrac{2}{y_0} - x^2}.$$

Mit Hilfe der Grafik läßt sich feststellen, daß der Fehler bei gleichbleibender Schrittweite mit einem wachsendem $y_0 < 2$ immer größer wird, da die Kurven der Lösungsschar für ein wachsendes y_0 immer steiler ansteigen.

Zweidimensionale Differentialgleichungen

Aufgabe 6.6.2: Das System erweist sich als relativ stabil. Auch wenn man die Anzahl der Beutetiere stark herabsetzt und die der Räuber kräftig erhöht, stellt sich nach kurzer Zeit wieder ein geregeltes Auf und Ab in der Populationsentwicklung der beiden Spezies ein. Beide Arten unterliegen also nicht der Gefahr des Aussterbens.

Dies darf aber nicht so interpretiert werden, daß diese Gefahr in der Realität nicht besteht. Dort treten zeitverzögerte Effekte hinzu, so daß eine Räuberpopulation sehr wohl so groß werden kann, daß sie die Beuteart komplett vernichtet.

Aufgabe 6.6.3: Die Integration der Differentialgleichungen mit dem Euler-Cauchy-Verfahren ergibt in der allgemeinen Form:

$$u_{j+1} = k_1(1 + h\lambda_1)^j + k_2(1 + h\lambda_2)^j$$
$$v_{j+1} = k_1(1 + h\lambda_1)^j - k_2(1 + h\lambda_2)^j.$$

Die Lösungen konvergieren nur dann, wenn die Schrittweite h so klein gewählt wird, daß

$$|1 + h\lambda_1| < 1 \quad \text{und} \quad |1 + h\lambda_2| < 1 \quad \text{gilt.}$$

Hier ist $\lambda_1 = -1$ und $\lambda_2 = -100$. Ausrechnen der Bedingungen liefert

$$h < \frac{1}{50}.$$

Wählen Sie auch 499 und 501 Schritte in dem vorgeschlagenen Intervall.

Aufgabe 6.7.1: Ebenso wie das System aus Beispiel 6.6.1 ist das Lotka-Volterra-Populationsmodell sehr stabil.

Aufgabe 6.7.2: Für $a \leq 0$ ist der Gleichgewichtspunkt $(0., 0.)$ anziehend. Für $a > 0$ wird er instabil, es entwickelt sich eine geschlossene Trajektorie, deren Umfang durch eine Vergrößerung des Parameters a weiter wächst. Das Entstehen der Trajektorie bei $a = 0$ nennt man auch *Hopf-Bifurkation*.

Aufgabe 6.7.3: Es sind die gleichen Phänomene zu beobachten wie auch in der Aufgabe 6.7.2. Für $a \leq 0$ ist der Nullpunkt ein attraktiver Gleichgewichtspunkt, wobei für $a \to 0$ die Attraktion ("Anziehungskraft") für ein wachsendes a immer weiter abnimmt. Der Gleichgewichtspunkt wird für $a > 0$ instabil und es entsteht wieder eine geschlossene Trajektorie, die sich um den Ursprung herumbewegt.

Bei einer zu groß gewählten Schrittweite können die hier beschriebenen Effekte u.U. in der Grafik nicht beobachtet werden.

Literatur zum sechsten Kapitel

Ausführliche Darstellungen zur numerischen Behandlung von Anfangswertaufgaben findet man bei *Burlisch / Stoer* , *Luther / Niederdrenk / Reutter / Yserentant* und *Schwarz*. Letzterer wendet sich insbesondere an Nicht-Mathematiker und ist sehr anwendungsbezogen. Lehrbücher, die sich allgemein mit gewöhnlichen Differentialgleichungen auseinandersetzen und zahlreiche Anwendungsbeispiele aus verschiedenen technischen und naturwissenschaftlichen Bereichen beinhalten, sind die von *Braun* und *Heuser*. Eine Reihe der darin enthaltenen Differentialgleichungen sind zum Visualisieren mit MAYA geeignet. Das Nachschlagewerk für die Lösung von unbekannten, aber analytisch lösbaren Differentialgleichungen ist das Buch von *Kamke*.

Nullstellenaufgaben 7

Skalare Nullstellenaufgaben werden schon in der Schule behandelt. Sie sind aber nicht nur als Beispiel wichtig, sondern viele technische Aufgabenstellungen führen auch dazu, daß die Nullstelle einer nichtlinearen skalaren Funktion gefunden werden muß.

Gesucht wird also immer eine Nullstelle der (nichtlinearen) stetigen Funktion $f : \mathbb{R} \to \mathbb{R}$, und damit eine Lösung der Gleichung

$$f(x) = 0) \tag{7.1}$$

Im nächsten Abschnitt werden alle Verfahren vorgestellt, die mit Hilfe des Programms visualisiert werden können.

7.0 Einführung: Verfahren für eindimensionale Funktionen

A. Intervallschachtelungsverfahren

Mit Hilfe von *Intervallschachtelungsverfahren* ist es möglich, immer dann in einem Intervall $[a, b]$ eine reelle Nullstelle zu finden, wenn die Multiplikation der Funktionswerte an den Intervallenden kleiner als Null ist, also gilt:

$$f(a) \cdot f(b) < 0 \,. \tag{7.2}$$

Das Intervall wird dazu nach bestimmten Regeln fortwährend verkleinert. Da die Stetigkeit der Funktion gefordert wird, muß dann immer mindestens ein $x^* \in (a, b)$ mit $f(x^*) = 0$ existieren. Als Vertreter dieser Verfahrensklasse werden hier das *Bisektionsverfahren* und die *regula falsi* vorgestellt.

Bisektionsverfahren

Im Bisektionsverfahren wird, wie der Name schon sagt, das Intervall in der Mitte geteilt. Aus dem Vorzeichen des Funktionswertes am Mittelpunkt wird geschlossen, in welchem der beiden sich dabei ergebenden Teilintervalle sich die gesuchte Nullstelle befindet. Der Mittelpunkt μ ergibt sich dabei aus

$$\mu = \frac{a + b}{2}$$

Ist nun nicht zufälligerweise $f(\mu) = 0$ und μ damit die gesuchte Nullstelle, so befindet sich die gesuchte Lösung x^* in demjenigen der beiden Teilintervalle $[a, \mu]$ und $[\mu, b]$, für die die Multiplikation der Funktionswerte an den Intervallenden (entsprechend Formel 7.2) kleiner als Null ist. Dieses Verfahren wird solange fortgesetzt, bis dem Anwender das Intervall, in dem die gesuchte Nullstelle liegt, klein genug ist. Als Fehlerabschätzung für die Abweichung des Mittelpunktes $x^{(j)}$ des Intervall von der exakten Nullstelle nach j Intervallhalbierungen erhält man:

$$|x^{(j)} - x^*| \leq \frac{b - a}{2^{j+1}}, \qquad j = 0, 1, 2, \ldots \tag{7.3}$$

Da das Bisektionsverfahren von der Idee und der Veranschaulichung her äußerst einfach ist, wird hier auf eine zusätzliche Visualisierung verzichtet.

regula falsi

In der regula falsi wird ein Intervall, welches die Eigenschaft (7.2) erfüllt, durch die Nullstelle x_0 der Sekante von f, die durch die Punkte $(a, f(a))$ und $(b, f(b))$ geht, geteilt. Wiederum aus dem Vorzeichen von $f(x_0)$ wird geschlossen, in welchem der beiden Teilintervalle $[a, x_0]$ und $[x_0, b]$ die gesuchte Nullstelle liegt. Mit dem neuen Intervall wird dann auf die gleiche Weise verfahren. Anhand der Visualisierung in der Aufgabe 7.1.1 wird der Algorithmus der regula falsi ausführlich hergeleitet.

Nur Aufgrund der Voraussetzung (7.2) können mit diesen beiden Verfahren keine weiteren Nullstellen gefunden werden, dazu wären gegebenenfalls andere Startwerte a und b für das Intervallschachtelungsverfahren nötig.

Die Intervallschachtelungsverfahren sind aber unter den gemachten Voraussetzungen immer konvergent , dies ist bei den folgenden Verfahren, für die die Bedingung (7.2) fallengelassen wird, nicht der Fall.

B. Sekantenverfahren

Ausgehend von zwei Startwerten $x^{(0)}$ und $x^{(1)}$ und den dazugehörigen Funktionswerten wird der Schnittpunkt der Geraden durch diese beiden Punkte (also die Sekante) mit der X-Achse bestimmt. Dieser Schnittpunkt ist der nächste x-Wert.

Die Iteration wird fortgesetzt, bis entweder ein Funktionswert gleich Null oder die Veränderung der x-Werte kleiner als eine gewünschte Schranke bzw. der Nenner im Verfahren gleich Null wird.

$$x^{(j+1)} = x^{(j)} - f(x^{(j)}) \frac{x^{(j)} - x^{(j-1)}}{f(x^{(j)}) - f(x^{(j-1)})}, \qquad j = 1, 2, \ldots \tag{7.4}$$

Mit der Aufgabe 7.1.2 wird das Sekantenverfahren zusätzlich grafisch begründet.

Die nächsten drei Verfahren gehören zur Newton-Klasse und setzen zu ihrer Anwendbarkeit voraus, daß die Funktion f, deren Nullstelle gesucht wird, in einer Umgebung dieser Nullstelle differenzierbar ist.

C. Newton-Verfahren

Beim Newton-Verfahren wird die Tangente der Funktion f bestimmt. Der Schnittpunkt dieser Tangente mit der x-Achse ergibt den nächsten x-Wert, von dessen zugehörigen Funktionswert aus genauso weiter verfahren wird.

$$x^{(j+1)} = x^{(j)} - \frac{f(x^{(j)})}{f'(x^{(j)})}, \qquad j = 0, 1, 2, \ldots \tag{7.5}$$

Mit der Aufgabe 7.1.4 wird dieses Verfahren motiviert.

D. Modifiziertes Newton-Verfahren

Das modifizierte Newton-Verfahren ist bis auf eine veränderte Gewichtung des Steigungsterms in der Formel (7.5) mit dem Newton-Verfahren identisch:

$$x^{(j+1)} = x^{(j)} - m \frac{f(x^{(j)})}{f'(x^{(j)})}, \qquad j = 0, 1, 2, \ldots, \quad m > 0. \tag{7.6}$$

Es wird vor allem bei mehrfachen Nullstellen angewandt. Allgemein wählt man $m = k$, wenn es sich um eine k-fache Nullstellen handelt. Dadurch erhöht sich gegenüber dem Newton-Verfahren die Konvergenzgeschwindigkeit. Für den häufig eintretenden Fall, daß die Vielfachheit der Nullstelle nicht bekannt ist, ist bei Engeln-Müllges / Reutter eine allgemeine Iterationsformel angegeben.

E. Vereinfachtes Newton-Verfahren

Im *vereinfachten Newton-Verfahren* wird die Steigung der Funktion f nicht in jedem Iterationsschritt neu (bzw. nur für den ersten Iterationsschritt) berechnet. Dadurch ergibt sich eine erhebliche Beschleunigung bei der Berechnung eines Iterationsschrittes. Die Formel lautet:

$$x^{(j+1)} = x^{(j)} - \frac{f(x^{(j)})}{f'(x^{(0)})}, \qquad j = 0, 1, 2, \ldots \tag{7.7}$$

Das Vorgehen wird in der Aufgabe 7.1.8 dargestellt.

F. Fixpunktiteration

Die *Fixpunktiteration* läßt sich anwenden, wenn die Funktion f auf eine *Fixpunktgestalt* gebracht werden kann und die Voraussetzungen des Banachschen Fixpunktsatzes, wie in Kapitel 5 beschrieben, erfüllt werden.

Umformung auf Fixpunktgestalt:
Die Funktion f soll in die Form

$$x = g(x) \tag{7.8}$$

mit einer reellwertigen stetigen Funktion $g(x)$ transformiert werden. Die Gleichung (7.8) besitzt genau dann dieselben Lösungen wie die ursprüngliche Gleichung (7.1), wenn $g(x)$ die Gestalt

$$g(x) = x - f(x)\rho(x) \tag{7.9}$$

hat, wobei $\rho(x)$ stetig mit $\rho(x) \neq 0$ für alle $x \in \mathbb{R}$ ist.
Dies ist leicht verständlich, denn

$$g(x^*) = x^* \Rightarrow f(x^*)\rho(x^*) = 0 \Rightarrow f(x^*) = 0 \quad \text{und}$$

$$f(x^*) = 0 \Rightarrow g(x^*) = x^*.$$

Man findet also für jede geeignete Wahl von ρ eine zu (7.1) äquivalente Gleichung. Üblicherweise bringt man die Gleichung (7.1) auf die Form (7.8), indem man eine Auflösung von (7.1) nach x vornimmt.
Mit der Aufgabe 7.2.5 werden verschiedene Iterationsfunktionen für ein Nullstellenproblem vorgestellt.

Anwendung des Banachschen Fixpunktsatzes

Es wird der eindimensionalen Fall von Gleichung (5.1) behandelt, damit lautet die Iterationsvorschrift:

$$x^{(j+1)} = g(x^{(j)}), \qquad j = 0, 1, 2, \ldots \tag{7.10}$$

Unter den Voraussetzungen (5.3) und (5.4) bzw. (5.5) des *Banachschen Fixpunktsatzes* muß ein Intervall $[a, b]$ mit einem $q \in \mathbb{R}, 0 < q < 1$ gefunden werden, für das gilt:

$$\text{a.)} \quad x \in [a, b] \Rightarrow g(x) \in [a, b] \quad \text{und} \tag{7.11}$$

$$\text{b.)} \quad |g(x) - g(y)| \leq q|x - y| \quad \text{für alle } x, y \in [a, b]. \tag{7.12}$$

Die Fixpunktiteration konvergiert dann gegen eine eindeutig bestimmte Lösung der Gleichung (7.1). Dabei gelten natürlich die *a-priori-* und *a-posteriori-Fehlerabschätzungen* (5.8) und (5.9) für den eindimensionalen Fall.

Konvergenzkriterium

Wenn $|g'(x) < 1|$ für alle $x \in [a, b]$ gilt, dann ist die Bedingung (7.12) erfüllt und es wird gefolgert:

ist $g(x)$ in einer Umgebung eines Fixpunktes x^* stetig differenzierbar mit

$$|g'(x^*)| < 1, \tag{7.13}$$

dann gibt es eine Zahl $\epsilon > 0$, so daß die Fixpunktiteration (7.10) von jedem Startwert $x^{(0)}$ mit $|x^{(0)} - x^*| \leq \epsilon$ gegen x^* konvergiert.

Aus Stetigkeitsgründen ist nämlich $|g'(x)| \leq q < 1$ für alle x mit $x^* - \epsilon \leq x \leq x^* + \epsilon$ und damit (7.12) erfüllt. Wegen

$$|x^{(j)} - x^*| = |g(x^{(j-1)}) - g(x^*)| \leq q|x^{(j-1)} - x^*|, \qquad j = 0, 1, 2 \dots,$$

bleiben alle Iterationsschritte in der Umgebung des Fixpunktes.

Ist also bekannt, ob die Relation (7.13) erfüllt wird, dann braucht nur ein Startwert möglichst nahe bei x^* gefunden zu werden, um eine konvergente Iterationsfunktion zu erhalten.

Steffensen-Verfahren

Das Steffensen-Verfahren ist der Fixpunktiteration ähnlich und hat die Formel:

$$x^{(j+1)} = x^{(j)} - \frac{(g(x^{(j)}) - x^{(j)})^2}{g(g(x^{(j)})) - 2g(x^{(j)}) + x^{(j)}}, \qquad j = 0, 1, 2 \dots \tag{7.14}$$

Das hierbei verwendete $g(x)$ wird auf dieselbe Weise wie bei der Fixpunktiteration gebildet und muß ebenso der Gleichung (7.8) genügen.

Wenn die Fixpunktiteration bei einer gegebenen Problemstellung und einer bestimmten Iterationsfunktion konvergiert, dann konvergiert auch das Steffensen-Verfahren. Umgekehrt konvergiert aber das Fixpunktverfahren nicht unbedingt, wenn das Steffensen-Verfahren dies tut.

Konvergenzordnung

Die Konvergenzgeschwindigkeit eines Verfahrens hängt von der *Konvergenzordnung* ab. Diese hat folgende Definition:

Ein Iterationsverfahren besitzt mindestens die **Konvergenzordnung** *p*, falls die vom ihm erzeugte Folge $x^{(j)}$ gegen den Grenzwert x^* konvergiert und

$$|x^* - x^{(j+1)}| \leq c|x^* - x^{(j)}|^p \tag{7.15}$$

mit $c \geq 0$ gilt.

Im Fall $p = 1$ spricht man von *linearer* und für $p > 1$ von *superlinearer Konvergenz*.

Für das *Bisektionsverfahren* kann mittels der Fehlerabschätzung (7.3) und dieser Definition eine Konvergenzordnung von mindestens $p = 1$ festgestellt werden. Dasselbe Resultat wird mit (7.12) für die *Fixpunktiteration* erhalten.

Für die anderen vorgestellten Verfahren ist eine Bestimmung der Konvergenzordnung nicht immer einfach. Wenn aber f dreimal stetig differenzierbar ist, dann kann gezeigt werden, daß für die *regula falsi* $p = 1$ ist und für das *Sekantenverfahren* gilt, mit einem allerdings etwas aufwendigeren Beweis:

$$p = \frac{1}{2}(1 + \sqrt{5}) \approx 1.618.$$

Beides aber nur unter der Voraussetzung, daß $f'(x^*) \neq 0$ und $f''(x^*) \neq 0$ sind.

Beim *Newton-Verfahren* kann die Konvergenzordnung einfacher ermittelt werden. Wird in Formel (7.5) $g(x^{(j)}) = x^{(j+1)}$ gesetzt, so ist das Newton-Verfahren in eine Fixpunktiteration umgewandelt, denn die Gleichung $f(x^*) = 0$ ist äquivalent mit der Gleichung $g(x^*) = x^*$, falls $f''(x^*) \neq 0$ ist, also wenn x^* nur eine einfache Nullstelle von f ist. Weiterhin gilt für eine dreimal differenzierbare Funktion f:

$$g'(x) = 1 - \frac{f'(x)^2 - f(x)f''(x)}{f'(x)^2} = \frac{f(x)f''(x)}{f'(x)^2}$$

und mittels der Taylor-Entwicklung an einer Zwischenstelle $\zeta^{(j)}$ von x^* und $x^{(j)}$ folgt

$$x^* - x^{(j+1)} = g(x^*) - g(x^{(j)}) = -g'(x^*)(x^{(j)} - x^*) - \frac{1}{2}g''(\zeta^{(j)})(x^{(j)} - x^*)^2. \qquad (7.16)$$

Wird nun in (7.5) der Fixpunkt x^* von g eingesetzt, so folgt $g'(x^*) = 0$. Aus (7.16) kann abgelesen werden, daß dies eine mindestens quadratische Konvergenz (p=2) des Newton-Verfahrens bedeutet.

Für das *vereinfachte Newton-Verfahren* läßt sich nur eine lineare Konvergenz zeigen und für das *modifizierte Newton-Verfahren* gilt:

Wenn die Funktion f eine Nullstelle mit der Vielfachheit $k \geq 2$ besitzt, dann ist die Iterationsfolge (7.6) mit $m = k$ quadratisch konvergent, falls $f(k + 1)$-mal stetig differenzierbar ist.

Für das *Steffensen-Verfahren* kann nachgewiesen werden, daß die Iterationsfolge (7.14) für jeden Startwert aus dem Intervall [a,b] quadratisch konvergiert, wenn gilt:

a) g ist dreimal stetig differenzierbar,

b) $x^* \in (a, b)$ ist in (a, b) die einzige Lösung und

c) $g'(x^*) \neq 1$.

(Ein Beweis dazu ist in Henrici, S. 121, zu finden.)

Kriterien für die Wahl eines Iterationsverfahrens

Die vorgestellten Methoden sind mit Ausnahme der Intervallschachtelungsverfahren nur lokal konvergent. Daher kann es geschehen, daß für ein bestimmtes Problem bei einem gegebenen Startwert mit einem Verfahren eine Nullstelle gefunden wird, mit einem anderen Verfahren aber nicht. Die Konvergenzordnung kann daher nicht der alleinige Auswahlgrund für ein bestimmtes Verfahren sein.

Ein weiteres wichtiges Kriterium ist der Berechnungsaufwand für einen einzelnen Schritt. Dieser ist besonders beim Newton-Verfahren hoch, da die Ableitung der Funktion hier in jedem Schritt an einer neuen Stelle berechnet werden muß. Das vereinfachte Newton-Verfahren hat zwar einen geringeren Berechnungsaufwand, weil dabei die Ableitung nur einmal berechnet wird, aber es ist auch nur linear konvergent, wodurch die Anzahl der benötigten Iterationsschritte steigt. Bei der Benutzung des vereinfachten Newton-Verfahrens wird daher häufig ein Kompromiß eingegangen, indem die Ableitung nach n Schritten an einer neuen Stelle berechnet wird, wobei $n = 10$ sich oft als eine gute Wahl erwiesen hat. Diese Vorgehen wird übrigens *Updating* genannt.

Das Newton-Verfahren wird aufgrund seiner hohen Konvergenzordnung dennoch viel genutzt. Eine gute Alternative zu ihm ist das Sekanten-Verfahren, welches auch superlinear ist und sich zusätzlich einfach berechnen läßt.

Die einzelnen Iterationsschritte des Steffensen-Verfahrens sind ebenso wie die des Newton-Verfahrens relativ aufwendig zu berechnen.

7.1 Funktionsweise verschiedener Verfahren

In diesem Programm werden die Funktionsweisen der verschiedenen, in diesem Buch vorgestellten, Verfahren zur Lösung von skalaren nichtlinearen Gleichungen grafisch veranschaulicht. Es wird dabei besonders Wert darauf gelegt, zu zeigen, daß alle Verfahren spezifische Vorteile haben, aber es auch keine allgemein gültige Ideallösung gibt.

Beispiel *Sinusfunktion*

In diesem, sowie in den Programmen 7.2, 8.1 und 8.2 wird immer oberhalb der Grafik der letzte Iterationswert angegeben, sofern nur ein Verfahren gewählt wurde. Dabei haben Sie als Benutzer zu entscheiden, ob dieser Wert mit der

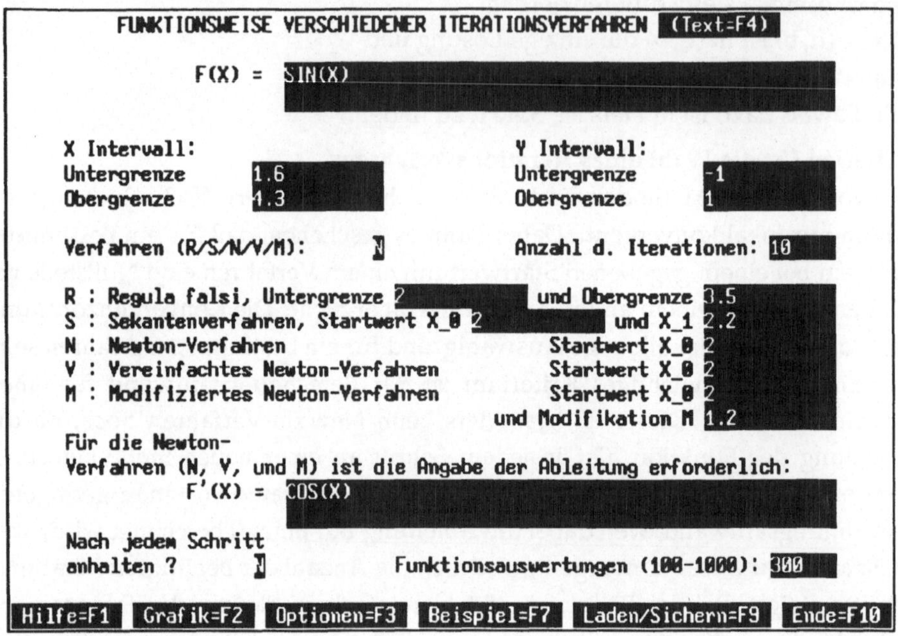

Nullstelle (hinreichend) übereinstimmt oder nicht. Diese Entscheidung, ob ein gegebenes Verfahren für eine Funktion konvergiert, ist leicht möglich, da sowohl alle Iterationsschritte als auch die Funktion im X-Y-Koordinatensystem bzw. mit ihren Höhenlinien gezeichnet werden.

Aufgaben

7.1.1 *Funktionsweise der regula falsi*

Geben Sie, um einen ersten Eindruck von der Funktionsweise der regula falsi zu gewinnen, die Funktion

$$f(x) = 5 - x^2$$

ein und wählen Sie dabei das X- gleich dem Startintervall mit $x \in [-2., 3.]$, lassen Sie das Y-Intervall unbestimmt und nehmen Sie fünf Schritte für das regula falsi-Verfahren.

Bei der regula falsi wird die Sekante zwischen den Funktionswerten an den beiden Intervallendpunkten berechnet. Der Schnittpunkt der Sekante mit der X-Achse ist ein Intervallendpunkt im nächsten Schritt. Liegt die Nullstelle rechts von diesem Punkt, was durch eine Multiplikation des Funktionswertes am alten rechten Intervallende mit dem Funktionswert am Schnittpunkt der Sekante mit der X-Achse festgestellt wird, dann bleibt der alte rechte Intervallendpunkt erhalten. Ist dies

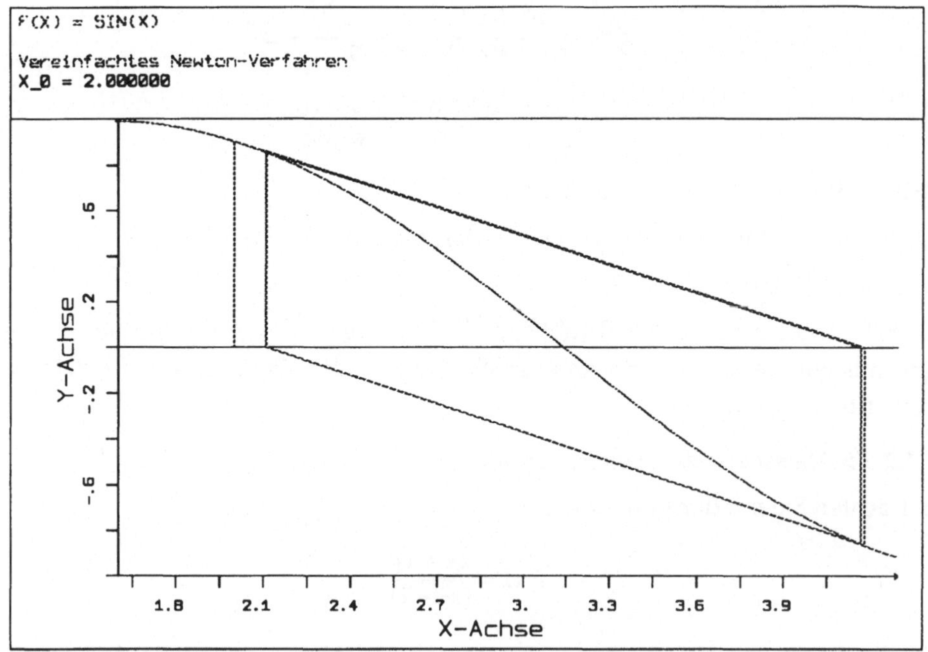

Nullstellensuche der Sinusfunktion mit dem vereinfachten Newton-Verfahren

nicht der Fall, dann ist der neue rechte Intervallendpunkt der Schnittpunkt der Sekante mit der X-Achse und der alte linke Intervallendpunkt bleibt erhalten. Im derart neu berechneten Intervall wird wiederum die Sekante der Funktion berechnet, deren Schnittpunkt mit der X-Achse berechnet und so fort, bis das verbleibende Intervall klein genug ist, bzw. hier die von Ihnen gewählte Obergrenze für die Anzahl der Iterationsschritte erreicht ist.

Dieses Vorgehen läßt sich auch in Formeln ausdrücken:

Vom Intervall $[a^{(j)}, b^{(j)}]$ ausgehend wird die Sekante durch die Punkte $(a^{(j)}, f(a^{(j)}))$ und $(b^{(j)}, f(b^{(j)}))$ mit der Gleichung

$$\frac{y - f(a^{(j)})}{f(b^{(j)}) - f(a^{(j)})} = \frac{x - a^{(j)}}{b^{(j)} - a^{(j)}}.$$

gelegt. Der gesuchte Schnittpunkt dieser Geraden mit der X-Achse soll nun $x^{(j+1)}$ heißen. Damit ergibt sich:

$$\frac{-f(a^{(j)})}{f(b^{(j)}) - f(a^{(j)})} = \frac{x^{(j+1)} - a^{(j)}}{b^{(j)} - a^{(j)}}.$$

$$\Rightarrow \quad x^{(j+1)} = \frac{a^{(j)} f(a^{(j)}) - b^{(j)} f(a^{(j)})}{f(b^{(j)}) - f(a^{(j)})} + a^{(j)}$$

$$= \frac{a^{(j)} f(b^{(j)}) - b^{(j)} f(a^{(j)})}{f(b^{(j)}) - f(a^{(j)})}.$$

Falls $f(a^{(j)}) \cdot f(x^{(j+1)}) \leq 0$ ist, so wird

$a^{(j+1)} = a^{(j)}$ und $b^{(j+1)} = x^{(j+1)}$ gesetzt, andernfalls ist

$a^{(j+1)} = x^{(j+1)}$ und $b^{(j+1)} = b^{(j)}$.

Damit ist das neue Intervall $[a^{(j+1)}, b^{(j+1)}]$ bestimmt. In der Grafik dieses Programms wird jeweils das Sekantenstück zwischen den Punkten $\left(a^{(j)}, f(a^{(j)})\right)$ und $\left(b^{(j)}, f(b^{(j)})\right)$ gezeichnet.

7.1.2 Funktionsweise des Sekantenverfahrens

Betrachten Sie mit der Funktion

$$f(x) = \frac{(x+1)}{(x^2+2)}$$

die Funktionsweise des Sekantenverfahrens. Wählen Sie dafür $x \in [-2.5, 0.5]$, lassen Sie das Y-Intervall unbestimmt und nehmen Sie als Startwerte $x^{(0)} = -2$ und $x^{(1)} = 0$.

Die Funktionsweise des Sekantenverfahrens entspricht in etwa der der Regula falsi. Allerdings wird nicht mehr überprüft, ob die Nullstelle der Funktion noch in dem jeweils betrachteten Intervall liegt. Dadurch ist die Auswertung zwar weniger aufwendig, aber auch die Konvergenz des Verfahrens nicht mehr gewährleistet.

Ausgehend von den beiden Startwerten $x^{(0)}$ und $x^{(1)}$ wird die Sekante der Funktion durch die beiden Punkte $(x^{(0)}, f(x^{(0)}))$ und $(x^{(1)}, f(x^{(1)}))$ berechnet. Deren Nullstelle ist der Iterationswert $x^{(2)}$ und so fort.

Analog zur Sekantenformel der regula falsi aus dem vorhergehenden Beispiel betrachtet man anstelle des Intervalls $[a^{(j)}, b^{(j)}]$ das Intervall $[x^{(j-1)}, x^{(j)}]$ und erhält so für $x^{(j+1)}$:

$$x^{(j+1)} = \frac{x^{(j-1)} f(x^{(j)}) - x^{(j)} f(x^{(j-1)})}{f(x^{(j)}) - f(x^{(j-1)})} = x^{(j)} - f(x^{(j)}) \frac{x^{(j)} - x^{(j-1)}}{f(x^{(j)}) - f(x^{(j-1)})}.$$

Dies ist wieder die Formel (7.4) des Sekantenverfahrens. Vergegenwärtigen Sie sich an der grafischen Darstellung beider Verfahren den Unterschied zwischen dem Sekantenverfahren und der regula falsi.

7.1.3 *Nichtkonvergenz des Sekantenverfahrens*

Suchen Sie Startwerte für die Funktion der Aufgabe 7.1.2, mit denen das Sekantenverfahren scheitert.

Dies ist beispielsweise für die Startwerte $x^{(0)} = -3$ und $x^{(1)} = -2$ der Fall.

7.1.4 *Funktionsweise des Newton-Verfahrens*

Machen Sie sich anhand der Funktion

$$f(x) = x^3 - 2x + 2$$

mit dem Newton-Verfahren vertraut. Wählen Sie dafür den Startwert $x^{(0)} = 0.5$ und lassen Sie sowohl das X- als auch das Y-Intervall unbestimmt.

An der Stelle $x^{(0)}$ wird die Tangente an die Funktion gelegt, deren Nullstelle gesucht ist. Der Schnittpunkt dieser Tangente mit der X-Achse ist der erste Iterationswert. An den Funktionswert zu diesem Iterationswert wird wieder die Tangente gelegt. Deren Nullstelle ist der zweite Iterationswert, das Verfahren wird in dieser Weise fortgesetzt, bis das Abbruchkriterium erfüllt ist. Das Abbruchkriterium ist in diesem Programm für alle Newton-Verfahren entweder das Erreichen der maximalen Anzahl von Iterationsschritten oder das Nullwerden der Ableitung.

Dieser Funktionsweise des Newton-Verfahrens kann auch in Formeln ausgedrückt werden:

Die Tangente an die Funktion $f(x)$ im Punkt $(x^{(i)}, f(x^{(i)}))$ genügt nach der Punkt-Steigungs-Form der Gleichung

$$y - f(x^{(i)}) = f'(x^{(i)})(x - x^{(i)}).$$

Die Iterierte $x^{(j+1)}$ soll die Nullstelle dieser Geraden sein, also:

$$-f(x^{(j)}) = f'(x^{(j)})(x^{(j+1)} - x^{(j)})$$

$$\Rightarrow x^{(j+1)} = x^{(j)} - \frac{f(x^{(j)})}{f'(x^{(j)})}.$$

Dies ist die Iterationsformel (7.5) des Newton-Verfahrens. Da sich die Iterationen in dieser Aufgabe von beiden Seiten der Nullstelle annähern, spricht man auch von oszillierender Konvergenz.

7.1.5 *Divergenz des Newton-Verfahrens*

Betrachten Sie wie in der vorhergehenden Aufgabe die Funktion

$$f(x) = x^3 - 2x + 2,$$

wählen Sie diesmal aber den Startwert $x^{(0)} = 0$ und die Intervallgrenzen $x \in [-1.8, 1.2]$ und $y \in [-0.5, 3.5]$.

Beachten Sie, daß dieser Startwert sehr dicht bei dem aus Aufgabe 7.1.4 liegt.

7.1.6 *Konvergenz gegen verschiedene Nullstellen*

Die Funktion

$$f(x) = \sin(x)$$

hat bekanntermaßen unendlich viele Nullstellen. Erwartungsgemäß konvergiert das Newton-Verfahren nicht bei jedem Startwert gegen die gleiche Nullstelle, sondern dies ist vom Startwert abhängig. Etwas überraschend ist aber bei der Wahl der dicht benachbarten Startwerte $x_1^{(0)} = 1.75$, $x_2^{(0)} = 1.90$, $x_3^{(0)} = 1.95$, $x_4^{(0)} = 2.00$ das Ergebnis doch.

Gegen welche Nullstellen konvergiert hier das Newton-Verfahren?

7.1.7 *Mehrfache Nullstellen*

Vergleichen Sie anhand der beiden folgenden Funktionen das Newton-Verfahren mit dem modifizierten Newton-Verfahren, wählen Sie dabei verschiedene Werte für den Parameter m im modifizierten Newton-Verfahren.

a)

$$f(x) = 1 - \sin(x),$$

wählen sie den Startwert $x^{(0)} = 0$ und lassen sie die X- und die Y-Intervallgrenzen unbestimmt.

b)

$$f(x) = (x - 2)^5,$$

wählen sie den Startwert $x^{(0)} = 1$ und lassen sie auch hier die X- und die Y-Intervallgrenzen unbestimmt.

Ein Vergleich zwischen dem Newton- und dem modifizierten Newton-Verfahren ergibt eine deutlich schnellere Konvergenz des letzteren, falls hier $m = 2$ gewählt wird.

7.1.8 *Funktionsweise des vereinfachten Newton-Verfahrens*

Die Funktionsweise des vereinfachten Newton-Verfahrens unterscheidet sich lediglich dadurch, daß die Tangente an die Funktion nur im ersten Iterationsschritt berechnet wird, von der des Newton-Verfahrens. In den weiteren Schritten wird die Tangente parallel zum jeweiligen Funktionswert des Iterationspunktes verschoben. In der Iterationsformel (7.7) steht daher anstelle von $f'(x^{(j)})$ der Wert $f'(x^{(0)})$.

Betrachten Sie mit der Funktion

$$f(x) = x \cdot \exp(x)$$

die Funktionsweise des vereinfachten Newton-Verfahrens und wählen Sie den Startwert $x^{(0)} = -0.25$, wobei Sie die X- und Y-Intervallgrenzen unbestimmt lassen und sich auf 15 Iterationen beschränken.

Beachten Sie auch, daß das vereinfachte Newton-Verfahren in dieser Form nur für sehr "gutmütige" Funktionen geeignet ist, bei denen die Steigung nicht auf kleinen X-Intervallen stark schwankt

Wählen Sie auch in der Aufgabe 7.1.6 das vereinfachte Newton-Verfahren. Welche Ergebnisse erhalten Sie nun?

7.1.9 *Lennard-Jones-Potential*

Das Lennard-Jones-Potential beschreibt semi-empirisch die potentielle Energie der Wechselwirkung $u(R)$ zwischen zwei Molekülen mit dem Abstand R in einem Gas.

$$u(R) = u_0 \left(\left(\frac{R_0}{R} \right)^{12} - 2 \left(\frac{R_0}{R} \right)^6 \right).$$

Dabei ist $-u_0$ der Wert des Minimums und R_0 die Lage des Minimums. Es gibt einen Abstand, in dem die Wechselwirkung zwischen den Molekülen Null wird. Wählen Sie einen X-Bereich von $0.5R$ bis $5R$, das R können Sie frei wählen, ebenso wie den Wert des Minimums.

7.1.10 *Steinwurf von einer Klippe*

Sie stehen auf einer 50m hohen Klippe am Meer und werfen einen Stein. Sie wollen wissen, nach wieviel Sekunden der Stein ins Wasser schlägt. Ihre Wurfgeschwindigkeit beträgt 20 m/s in die Höhe, die Erdbeschleunigung ist 9.81 m/s^2. Sie suchen also die Nullstelle der Funktion

$$f(x) = -9.81x^2/2 + 20x + 50.$$

Wählen Sie $x \in [0, 7]$, lassen Sie die Y-Intervallgrenzen frei und setzen sie $x_0 = 4$. Die Ableitung der Funktion ist

$$f'(x) = -9.81x + 20.$$

Für die regula falsi können die X-Intervallgrenzen gleich den Startwerten gesetzt werden.

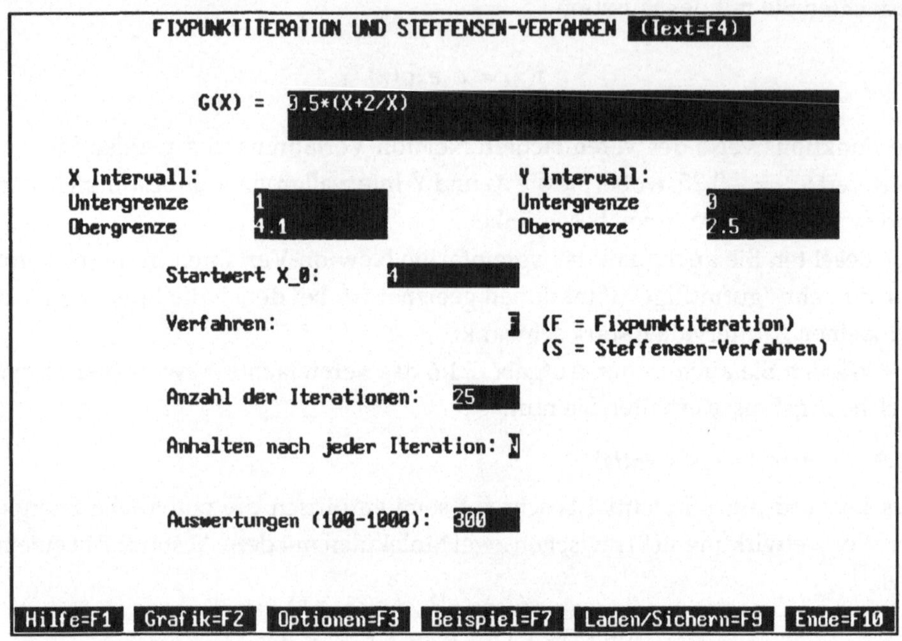

7.2   Fixpunktiteration und Steffensen-Verfahren

Mit Hilfe dieses Programms können die Fixpunktiteration und das konvergenzbeschleunigende Steffensen-Verfahren in ihrer Funktionsweise betrachtet und auf Konvergenz hin untersucht werden. Analog zu dem Programm 5.1 ist es auch hier möglich, bei den hier vorliegenden eindimensionalen Differenzengleichungen Orbits und chaotische Bereiche zu finden.

Beispiel Das Beispiel ist auf der Tafel oben auf dieser Seite abgebildet.

Aufgaben

7.2.1 *Funktionsweise der Fixpunktiteration*

Vergegenwärtigen Sie sich anhand der Funktion

$$g(x) = 1 + \frac{1}{x} + \frac{1}{x^2}$$

die Fixpunktiteration. Wählen Sie für die grafische Darstellung die Intervalle $x \in [1.75, 2.]$ und $y \in [1.75, 2.]$ und den Startwert $x^{(0)} = 1.825$. Halten Sie nach jeder Iteration an.

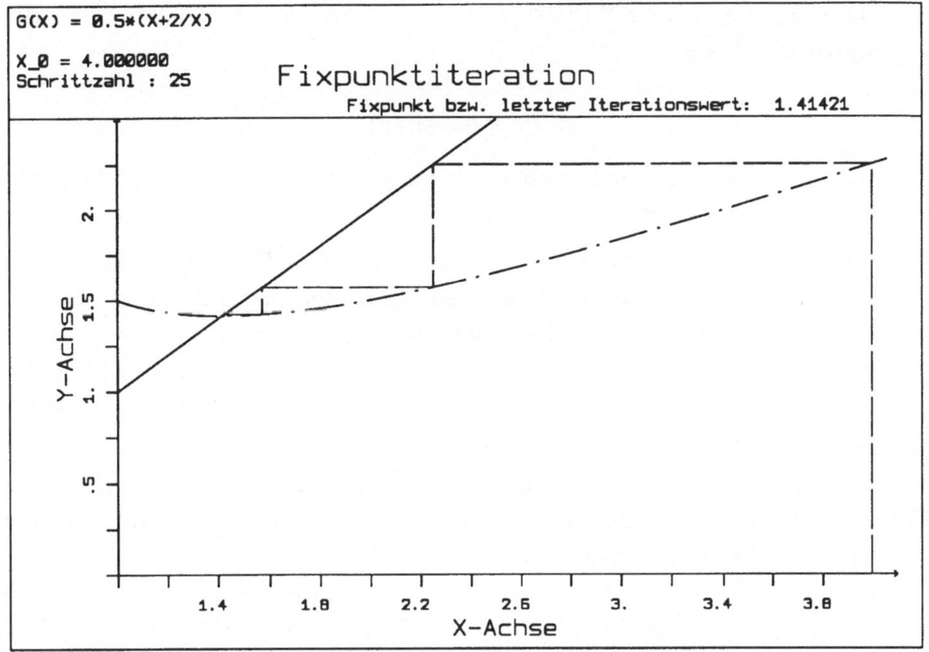

Grafik zum Beispiel 7.2

Anhand der Grafik wird der Ablauf der Fixpunktiteration $x^{(j+1)} = g(x^{(j)})$ deutlich:

Der Funktionswert $g(x^{(0)})$ des Startwertes ist der Iterationswert $x^{(1)}$, den man auf der X-Achse erhält, indem man sich vom Punkte $(x^{(0)}, g(x^{(0)}))$ auf der Geraden $y = x$ bewegt und von dort aus das Lot auf die X-Achse fällt. Auf dieselbe Weise ergibt sich der Iterationspunkt $x^{(2)}$ aus dem Punkt $x^{(1)}$ und so fort.

Bei dieser Funktion konvergiert die Fixpunktiteration oszillierend. Anhand der Grafik läßt sich auch erkennen, daß die Voraussetzungen (7.11) und (7.12) des Banachschen Fixpunktsatzes auf dem Intervall [1.75, 2.] erfüllt sind. Das Intervall wird durch die Funktion g auf sich selbst abgebildet und die Steigung der Kurve ist zwischen den X-Werten 1.75 und 2 stets kleiner als 1.

7.2.2 *Funktionsweise des Steffensen-Verfahrens*

Das Steffensen-Verfahren konvergiert schneller als die Fixpunktiteration, seine Konvergenz ist superlinear. Veranschaulichen Sie sich die Funktionsweise des Steffensen-Verfahrens mit den beiden folgenden Funktionen und vergleichen Sie es auch mit der Fixpunktiteration:

a)

$$g(x) = \frac{x}{2} + x,$$

lassen Sie die X- und Y-Intervallgrenzen unbestimmt und nehmen Sie den Startwert $x^{(0)} = 8$.

b)

$$g(x) = \sin(x),$$

lassen Sie auch hier die X- und Y-Intervallgrenzen unbestimmt und nehmen Sie den Startwert $x^{(0)} = 2$.

Für die Grafik wird zuerst die Sekante durch die beiden Punkte $(x^{(0)}, g(x^{(0)}))$ und $(g(x^{(0)}), g(g(x^{(0)})))$ berechnet, dann werden die beiden Fixpunkt-Iterationswerte $g(x^{(0)})$ und $g\left(g(x^{(0)})\right)$ und die Sekante gezeigt. Das Lot vom Schnittpunkt dieser Sekante mit der Geraden $y = x$ auf der X-Achse ergibt auch hier, wie bei der Fixpunktiteration, den Iterationswert $x^{(1)}$. Dieser Schritt wird auch δ^2-***Prozeß von Aitken*** genannt. Mit $x^{(1)}$ wird entsprechend verfahren. Die X-Komponente des Schnittpunktes der Sekante durch $(x^{(1)}, g(x^{(1)}))$ und $(g(x^{(1)}), g(g(x^{(1)})))$ mit der Geraden $x = y$ ergibt die Iterierte $x^{(2)}$. Auch hier wird das Verfahren fortgesetzt, bis das Abbruchkriterium erfüllt ist.

Dieses Verfahren wird mit der Zweipunkteform für die Sekante $y(x)$ in Formeln umgesetzt. Dabei wird allgemein von der Iterierten $x^{(j)}$ ausgegangen.

$$\frac{y(x) - g(x^{(j)})}{x - x^{(j)}} = \frac{g(x^{(j)}) - g(g(x^{(j)}))}{x^{(j)} - g(x^{(j)})}.$$

Der Wert des Schnittpunktes mit $y = x$ ist die Iterierte $x^{(j+1)}$. Es ergibt sich:

$$[x^{(j+1)} - g(x^{(j)})][x^{(j)} - g(x^{(j)})] = [g(x^{(j)}) - g(g(x^{(j)}))][x^{(j+1)} - x^{(j)}]$$

$$\Rightarrow \quad x^{(j+1)}[x^{(j)} - g(x^{(j)})] - x^{(j+1)}[g(x^{(j)}) - g(g(x^{(j)}))] =$$

$$= g(x^{(j)})[x^{(j)} - g(x^{(j)})] - x^{(j)}[g(x^{(j)}) - g(g(x^{(j)}))]$$

$$\Rightarrow \quad x^{(j+1)} = \frac{x^{(j)}g(g(x^{(j)})) - (g(x^{(j)}))^2}{g(g(x^{(j)})) - 2g(x^{(j)}) + x^{(j)}}$$

$$= x^{(j)} - \frac{(x^{(j)})^2 - 2g(x^{(j)}) + (g(x^{(j)}))^2}{g(g(x^{(j)})) - 2g(x^{(j)}) + x^{(j)}}$$

$$= x^{(j)} - \frac{(x^{(j)} - g(x^{(j)}))^2}{g(g(x^{(j)})) - 2g(x^{(j)}) + x^{(j)}}.$$

Dies ist exakt die Formel (7.14) des Steffensen-Verfahrens.

Die schnellere Konvergenz dieser Methode gegenüber der reinen Fixpunktiteration ist auch geometrisch plausibel. Der δ^2-Prozeß von Aitken wird nach je zwei Fixpunktiterationen angewendet und die Fixpunktiterationen werden mit diesem neuen Wert fortgesetzt.

Würde der Aitkensche δ^2-Prozeß als eigene Verfahrensvorschrift genommen, dann würden diese Aitken-Iterationen stets neben den Fixpunktiterationen her laufen. Aus dem Startwert und den ersten beiden Fixpunktiterationen würde der erste Verfahrenswert berechnet werden, aus den Fixpunktiterierten $x^{(1)}$, $x^{(2)}$, $x^{(3)}$ der zweite und aus den Fixpunktiterierten $x^{(j-1)}$, $x^{(j)}$, $x^{(j+1)}$ der j-te. Auf die Aitken-Iterierten selber würde die Fixpunktiteration nicht angewendet werden. Die Konvergenzgeschwindigkeit wäre dann daher geringer als beim Steffensen-Verfahren.

7.2.3 *Konvergenzvoraussetzungen des Banachschen Fixpunktsatzes*

Der Banachsche Fixpunktsatz ist außerordentlich wichtig, da mit ihm auch die Konvergenz der übrigen Iterationsverfahren bewiesen wird. Daher sollen seine Voraussetzungen (7.10) und (7.11) bzw. (5.5) grafisch erläutert werden.

Die Nullstelle der Funktion

$$f(x) = 2x - 2^x$$

soll mit Hilfe der Iterationsfunktion

$$g(x) = 2^{(x-1)}$$

berechnet werden. (g(x) wird mit $g(x) = x - 0.5(x - 2^x)$ erhalten, also $\rho(x) = 0.5$). Überprüfen Sie mit mehreren Startwerten, ob Konvergenz vorliegt, dabei gilt $g'(x) = 2^x \ln 2$.

a) Wählen Sie den Startwert $x^{(0)} = -1$ bei 10 Schritten für das Verfahren und unbestimmten X- und Y-Intervallgrenzen.

Für $x^{(0)} \leq 1$ ist erkennbar, daß die Voraussetzungen des Banachschen Fixpunktsatzes erfüllt sind. Die Steigung der Kurve ist stets kleiner als eins, jedes $x \in (-\infty, 1]$ wird auf $[0, 1]$ abgebildet, bleibt also im alten Intervall enthalten. Es ist zu sehen, daß die zweite Konvergenzbedingung ($|g'(x)| < 1$ für alle $x \in (-\infty, 1]$) dafür verantwortlich ist, daß die Betragsdifferenz zweier Iterierter stets kleiner als die ihrer jeweiligen Vorgänger ist. Also gilt:

$$|x^{(j+1)} - x^{(j)}| = |g(x^{(j)}) - g(x^{(j-1)})| \leq q|x^{(j)} - x^{(j-1)}| < |x^{(j)} - x^{(j-1)}|$$

$$\text{mit } 0 < q < 1.$$

Mit allen Startwerten aus dem genannten Intervall konvergiert die Fixpunktiteration gegen den eindeutig bestimmten Fixpunkt $x^* = 1$.

b) Wählen Sie den Startwert $x^{(0)} = 2.1$ bei fünf Schritten für das Verfahren und unbestimmten X- und Y-Intervallgrenzen.

In diesem Fall konvergiert die Fixpunktiteration nicht. In der Tat liegt bei dieser Funktion für alle Startwerte $x^{(0)} > 2$ Divergenz vor. Denn für $x > 2$ ist $|g'(x)| > 1$, damit werden die Betragsdifferenzen zweier Iterierter immer größer als die ihrer jeweiligen Vorgänger. Mit dem Mittelwertsatz und $\zeta \in (x^{(j-1)}, x^{(j)})$ gilt entsprechend:

$$|x^{(j+1)} - x^{(j)}| = |g(x^{(j)}) - g(x^{(j-1)})| = |g'(\zeta)(x^{(j)} - x^{(j-1)})|$$

$$|g'(\zeta)| |(x^{(j)} - x^{(j-1)})| > |x^{(j)} - x^{(j-1)}|.$$

c) Wählen Sie zum Abschluß dieser Aufgabe den Startwert $x^{(0)} = 1.99$ mit 50 Schritten für das Verfahren und unbestimmten X- und Y-Intervallgrenzen.

Bei einer Wahl des Startwertes im Bereich $x^{(0)} \in [1, 2]$ liegt stets Konvergenz gegen $x^* = 1$ vor, obwohl die Bedingung (7.11) im rechten Teil des Intervalls verletzt ist. Die Voraussetzungen des Fixpunktsatzes sind somit zwar nur im Teilintervall $x \in [1, a]$ mit

$$a < \lg_2 \left(\frac{1}{\ln(2)} \right) + 1 \approx 1.529$$

erfüllt, aber trotzdem liegt auch für $x^{(0)} = 1.99$ Konvergenz vor, obwohl hier bei kleinen j gilt

$$|x^{(j+1)} - x^{(j)}| > |x^{(j)} - x^{(j-1)}|.$$

$x = 2$ ist ebenfalls ein Fixpunkt, allerdings ein abstoßender, denn so nahe der Startwert auch am Fixpunkt liegen mag, die Iterationsfolge entfernt sich stets. Nur bei der direkten Wahl von $x^{(0)} = 2$ ist und bleibt die Iterationsfolge am Ziel. Die Voraussetzungen des Fixpunktsatzes sind für das Intervall $x \in (2, 2)$ auch erfüllt, denn wegen $g(2) = 2$ wird dieses Intervall auf sich selber abgebildet und obwohl $|g'(2)| > 1$ ist, gibt es selbstverständlich eine Zahl q mit $0 < q < 1$, so daß $|g(2) - g(2)| \leq q|2 - 2|$ ist.

Im Unterschied zu Aufgabe 7.2.1 liegt in diesem Fall keine oszillierende oder spiralförmige Konvergenz vor, sondern eine treppenförmige.

7.2.4 *Kombination treppen- und spiralförmiger Konvergenz*

Bestimmen Sie eine Nullstelle der Funktion

$$g(x) = \sin(2x).$$

Wählen Sie dafür den Startwert $x^{(0)} = 0.2$, lassen Sie die X- und Y-Intervallgrenzen unbestimmt und erlauben Sie bis zu 20 Schritte.

7.2.5 *Prüfung verschiedener Iterationsfunktionen*

Berechnen Sie die Nullstelle der Funktion

$$f(x) = x + \ln x.$$

Im den folgenden vier Teilaufgaben werden dafür verschiedene Iterationsfunktionen angegeben, die mit Hilfe der Umformung (7.9) gefunden wurden. Überprüfen Sie diese auf ihre Tauglichkeit, die Lösung $x^* \approx 0.567$ zu finden. Überprüfen Sie auch die jeweilige Gültigkeit des Fixpunktsatzes im Intervall $[0., 1.]$. Lassen Sie dabei die X- und Y-Intervallgrenzen zunächst unbestimmt und vergrößern Sie den Maßstab nur, falls es erforderlich sein sollte.

a) $x^{(j+1)} = -\ln x^{(j)} = g(x^{(j)})$

b) $x^{(j+1)} = \exp(-x^{(j)})$

c) $x^{(j+1)} = (-x^{(j)} + \exp(-x^{(j)}))/2$

d) $x^{(j+1)} = \frac{2}{5}x^{(j)} + \frac{3}{5}\exp(-x^{(j)})$

In welchem Fall konvergiert die Iteriertenfolge und in welchem nicht? Überprüfen Sie jeweils anhand der Grafik, ob die Bedingungen des Banachschen Fixpunktsatzes erfüllt sind. Können Sie Unterschiede in der Konvergenzgeschwindigkeit feststellen?

7.2.6 *Konvergenzbereiche*

Vergleichen Sie anhand der Funktion

$$g(x) = 2 - x^2$$

die Fixpunktiteration und das Steffensen-Verfahren. Wählen Sie dazu den Startwert $x^{(0)} = -1.5$, $x \in [-9., 2.]$, lassen Sie die Y-Intervallgrenzen unbestimmt und beschränken Sie die Verfahren auf 20 Schritte.

Quelle: Engeln-Müllges / Reutter.

7.2.7 *Chaotische Verläufe bei Insektenpopulationen*

Die Funktion

$$g(x) = \alpha x(1 - x)$$

ist im eindimensionalen Fall die klassische Differenzengleichung , die mit dem Phänomen Chaos in Verbindung gebracht wird. Sie findet ihre Anwendung in der Biologie und beschreibt die Population von Insekten in einer bestimmten Periode in Abhängigkeit von ihrer Population in der Vorperiode. Aufgestellt und untersucht wurde diese Differenzengleichung durch den Biologen *Robert M. May*.

In dieser Aufgabe soll das Verhalten der Iterationsfolge für $x \in [0., 1.]$ in Abhängigkeit von verschiedenen Parameterwerten $a \leq 4$ untersucht werden.

a) Eindeutig bestimmter Fixpunkt

Wählen Sie die Werte $a = 0.95$ und $x^{(0)} = 0.5$ bei 40 Schritten.

Für $a < 1$ sind die Voraussetzungen des Banachschen Fixpunktsatzes erfüllt (können Sie dies beweisen?). Es liegt Konvergenz gegen den eindeutig bestimmten Fixpunkt $x^* = 0$ vor. Eine zweite, aber negative Lösung liegt nicht mehr in dem betrachteten Intervall $[0., 1.]$.

b) Zwei Fixpunkte

Wählen Sie die Werte $a = 2.5$ und $x^{(0)} = 0.3$ bei 20 Schritten.

Die Voraussetzungen des Fixpunktsatzes sind aufgrund der zu großen Steigung der Funktion nicht mehr erfüllt. Es gibt bei einer Wahl des Parameters a im Bereich $1 \leq a < 3$ zwei Fixpunkte, von denen der Punkt $x^* = 0$ abstoßend ist - ein "repeller"-, der andere für alle $x^{(j)} \in [0., 1.]$ anziehend.

c) Bifurkation (I)

Wählen Sie die Werte $a = 3.1$ und $x^{(0)} = 0.3$ bei 500 Schritten.

Bei dem Parameterwert $a = 3.0$ beginnt eine sogenannte *Bifurkation*, die Verdoppelung der Ordnung eines Fixpunktes, also das Entstehen eines periodischen Orbits der Ordnung 2 bzw. das Pendeln der Iterationspunkte zwischen zwei festen Punkten. In der Grafik läßt sich auch feststellen, daß diese Punkte bei einem wachsendem a immer weiter auseinander gezogen werden.

d) Bifurkation (II)

Wählen Sie den Wert $a = 3.3$, den Startwert $x^{(0)} = 0.3$ und 500 Schritte.

Der Abstand der Fixpunkte wächst. Vergrößert man a, so erhält man periodische Orbits der Ordnung 4, 8 und so weiter, wobei diese weiteren Bifurkationen immer dichter beieinander liegen.

e) Periodischer Orbit der Ordnung 4

Wählen Sie die Werte $a = 3.5$ und $x^{(0)} = 0.3$ bei wiederum 500 Schritten.

f) Chaos

Wählen Sie den Wert $a = 3.9$, den Startwert $x^{(0)} = 0.4$ und 250 Schritte.

Wird der Parameter a langsam, von $a > 3.5$ beginnend, erhöht, dann lassen sich periodische Orbits von noch höherer Ordnung als in der Teilaufgabe e feststellen. Für $a = 3.57$ liegt aber zweifelsohne Chaos vor. Nach einer Definition von *Li* und *York* bedeutet dies, vereinfacht ausgedrückt, daß es unendlich viele Orbits unterschiedlicher Ordnung gibt und eine nichtabzählbare Menge von Startwerten, die einen aperiodischen Iterationsverlauf einleiten. Das Intervall $[0., 1.]$ wird aber dennoch nicht verlassen.

f) Divergenz
Wählen Sie den Wert $a = 4.1$, den Startwert $x^{(0)} = 0.2$ und 8 Schritte.
Es entsteht ein instabiler abstoßender Fixpunkt. Das Maximum der Funktion ist bei dieser Wahl von a größer als 1 geworden, wodurch das Verlassen des Intervalls $[0., 1.]$ möglich ist.

In der folgenden Grafik sind die Orbits, die sich bei der Differenzengleichung $x_{n+1} = ax_n(1 - x_n)$ in Abhängigkeit vom Parameter a ergeben, aufgezeichnet. Es sind deutlich sowohl die Bifurkationspunkte zu erkennen als auch die Bereiche, in denen, nachdem schon bei niedrigeren Werten von a Orbits sehr hoher Ordnung auftraten, bei einer weiteren Erhöhung von a Orbits z.B. der Ordnung drei auftreten.

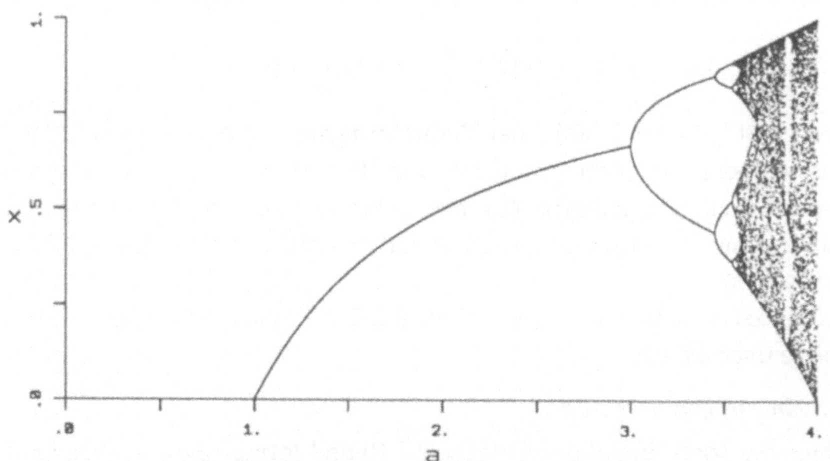

Orbits der Differenzengleichung $x_{n+1} = ax_n(1 - x_n)$ *in Abhängigkeit von* a

7.2.8 Chaos in der Genetik

Auch die Funktion

$$g(x) = (1 - a)x + ax^3$$

wird bei der hier durchgeführten Nullstellensuche zu einer Differenzengleichung. Als solche ist sie in der Genetik wichtig. Durch Veränderungen des Parameters a lassen sich hier wieder Bifurkationen und Chaos nachweisen. Für die Wahl $a = 3.26$ ergibt sich ein periodischer Orbit der Ordnung 4 und bei $a \approx 3.5980$ chaotisches Verhalten.

Quelle: Guckenheimer / Holmes S.156; Koçak S.173.

7.2.9 *Chaotische Populationsstärken*

Wenn g_n die Populationsstärke einer Art, die sich nur zyklisch fortpflanzt, in einer Periode n ist, und z die Vermehrungsrate, dann ist die Populationsstärke in der nächsten Periode $g_{n+1} = (1 + z)g_n$. Bei laufender Fortsetzung ergibt sich $g_n = (1 + z)^n g_0$.

Da nun Populationen nicht beliebig groß werden können (Ressourcenbegrenzung), soll nun der Zuwachs der Population bei steigender Populationsstärke immer kleiner werden:

$$z = z_0 \left(1 - \frac{g}{G}\right),$$

mit der Basisvermehrungsrate z_0 und der idealen Populationsgröße G.

Wird die ideale Populationsgröße erreicht, dann sinkt die Vermehrung auf Null, bei einer noch größeren Populationsstärke ergibt sich eine negative Vermehrungsrate. Dadurch ergibt sich folgendes Entwicklungsgesetz:

$$g_{n+1} = g_n \left(1 + z_0 \left(1 - \frac{g_n}{G}\right)\right) = (1 + z_0)g_n - \frac{z_0}{G} g_n^2.$$

Was geschieht bei einer Wahl einer Vermehrungsrate, die kleiner als 200 % ist? Was passiert bei einer Vermehrungsrate von 200 % oder gar von 245 %? Ab welcher Vermehrungsrate stellen Sie ein chaotisches Verhalten der Populationsstärke fest, daß es ihnen nicht erlaubt, die Populationsstärke in der nächsten Periode vorauszusagen?
Die Größe der von ihnen vorgegebenen idealen Populationsstärke ist für die Ergebnisse unerheblich.

7.2.10 *Steinwurf von einer Klippe*

Betrachten Sie noch einmal die Aufgabe 7.1.10 und formen Sie sie zu einem Fixpunktverfahren um. Beachten sie dabei, daß die Steigung der Iterationsfunktion klein genug sein muß. Sie müssen also den Vorfaktor ρ klein genug wählen, damit die Funktion

$$g(x) = x - \rho(x)f(x)$$

konvergiert.

7.3 Erläuterungen und Lösungen zum siebten Kapitel

Sekanten- und Newton-Verfahren

Aufgabe 7.1.3: Das Sekantenverfahren konvergiert beispielsweise nicht bei der Startwertwahl $x^{(0)} = -3$, $x^{(1)} = -2$. Für die Darstellung empfiehlt sich die Wahl von $x \in [-3.5, 20]$ bei unbestimmten Y-Intervallgrenzen.

Aufgabe 7.1.6: Die folgenden Startwerte bewirken Konvergenz gegen die nebenstehenden Fixpunkte:

$$
\begin{array}{rclcrcl}
x^{(0)} &=& 1.75 & \Rightarrow & x^* &=& 2\pi \\
x^{(0)} &=& 1.90 & \Rightarrow & x^* &=& 4\pi \\
x^{(0)} &=& 1.95 & \Rightarrow & x^* &=& 0 \\
x^{(0)} &=& 2.00 & \Rightarrow & x^* &=& \pi
\end{array}
$$

Aufgabe 7.1.7: Der Faktor m der Iterationsformel (7.6) des modifizierten Newton-Verfahrens sollte gleich der Ordnung k der jeweiligen Nullstelle sein. Wird in der Teilaufgabe a $m = 2$ gewählt und in der Teilaufgabe b $m = 5$, dann ist die Konvergenzgeschwindigkeit am größten. Der Grafik ist bei Aufgabe b auch zu entnehmen, daß die Iterationsfolge offenbar um so schneller konvergiert, je geringer die Differenz zwischen m und k ist.

Fixpunktiteration

Aufgabe 7.2.5: a) Die Iterationsfunktion $g(x^{(j)}) = -\ln x^{(j)}$ liefert auf dem Intervall $[0., 1.]$ keine Selbstabbildung. Es ist dort nicht einmal eine Umgebung des Fixpunktes vorhanden, in der die Relation (7.13) gültig ist.

b) In diesem Fall ist die Relation (7.13) gültig, Konvergenz in der Nähe der Lösung x^* ist also zu erreichen.

c) In diesem Fall gilt:

$$
g : [0., 1.] \rightarrow \left[\frac{1}{2}, \frac{1}{2}(1 + \frac{1}{e}) \right] \subset [0., 1.],
$$

$$
g'(x) = \frac{1}{2}(1 - e^{(-x)}) \Rightarrow \max \frac{1}{2}(1 - e^{-x}) = \frac{1}{2}\left(1 - \frac{1}{e}\right) =: q < 1.
$$

Die Voraussetzungen des Fixpunktsatzes sind erfüllt.

d) Überzeugen Sie sich mit Hilfe des Programms 1.1, daß g im Intervall $[0., 1.]$ auf sich selbst abbildend ist. Die Kontraktionsbedingung (7.12) errechnet sich mit

$$
g'(x) = \frac{2}{5} - \frac{3}{5}\exp(-x^{(j)}) \Rightarrow \max_{x \in [0,1]} |g'(x)| \approx \frac{1}{5} < 1.
$$

Auch in diesem Falle liegt Konvergenz vor, die Konvergenzgeschwindigkeit ist mit dieser Iterationsfunktion offenbar am größten.

Die Wahl der Iterationsfunktion ist sowohl für die Konvergenz selbst, als auch für die Konvergenzgeschwindigkeit von entscheidender Bedeutung,

Die Konvergenzgeschwindigkeit ist umso höher, je kleiner die Steigung $|g'(x^*)|$ ist. Sollte $|g'(x^*)| = 0$ gelten, so wäre die Fixpunktiteration sogar quadratisch konvergent. Dies kann direkt aus der Gleichung (7.16) gefolgert werden, die sich für eine zweimal stetig differenzierbare Funktion g mit der Taylor-Entwicklung ergibt.

Aufgabe 7.2.6: Die Fixpunktiteration ist in diesem Falle divergent, die Iterationen verlassen jedoch das Intervall zwischen den beiden Nullstellen von g nicht.

Das Steffensen-Verfahren konvergiert hingegen, da die Voraussetzungen (7.17) und (7.18) für die dreimal stetig differenzierbare Funktion g beispielsweise im Intervall $[-9, 1]$ erfüllt sind.

Bifurkation und Chaos

Aufgabe 7.2.7: Die Funktion g hat in dem Intervall $[0, 1]$ ein absolutes Maximum an der Stelle $x_m = 0.5$ mit $g(x_m) = a/4$. Da für alle $x \in [0, 1]$ folgt, daß $g(x) \geq 0$ ist, ist g selbstabbildend für eine Wahl von $a \leq 4$. Nun ist

$$\max_{x \in [0,1]} |g'(x)| = a,$$

und für $a < 1$ sind die Bedingungen des Banachschen Fixpunktsatzes erfüllt.

Aufgabe 7.2.9: Bei einer Vermehrung von weniger als 200 % ist G ein anziehender Fixpunkt. Jede Ausgangspopulation würde sich im Laufe der Zeit auf diese Größe zubewegen. Wie schnell dies geschieht, hängt von der Basisvermehrungsrate ab. Beträgt diese Vermehrungsrate mehr als 200 %, dann entstehen Bifurkationen, also ein periodische Hin und Her zwischen zwei, bei mehr als 245 % vier und mehr als 254 % sogar acht verschiedenen Populationsstärken. Bei einer Vermehrung von 257 % entsteht ein scheinbar regelloses Schwanken der Populationsstärke, Chaos. Es ist nicht mehr voraussehbar, wie groß die Populationsstärke in der nächsten Periode sein wird.

Literatur zum siebten Kapitel

Engeln-Müllges / Reutter, Niederdrenk / Yserentant, Stoer, Törnig und *Schwarz*.

Nichtlineare Gleichungssysteme 8

In diesem Kapitel werden mehrdimensionale nichtlineare Gleichungssysteme behandelt. Systeme dieser Art sind in praktischen Anwendungen sehr häufig und treten z.B. bei der Lösung von Differentialgleichungssystemen mit Hilfe eines Anfangswertlösers auf. Eines der einfachsten Beispiele hierfür ist das Pendel, dessen Differentialgleichung nichtlinear ist und für welches deshalb in jedem Integrationsschritt ein nichtlineares Gleichungssystem zu lösen ist.

Ein nichtlineares Gleichungssystem kann, genauso wie jedes lineare Gleichungssystem, so umgestellt werden, daß auf der rechten Seite nur Nullen stehen. Es reicht also aus, Lösungen des nichtlinearen Gleichungssystems der Form:

$$
\begin{aligned}
f_1(x_1, x_2, \ldots, x_n) &= 0 \\
f_2(x_1, x_2, \ldots, x_n) &= 0 \\
\vdots \quad &= \quad \vdots \\
f_n(x_1, x_2, \ldots, x_n) &= 0
\end{aligned}
\tag{8.1}
$$

zu finden. Dies läßt sich in vektorieller Schreibweise mit $f(x) = 0$ kurz schreiben, wobei $f := (f_1, f_2, \ldots, f_n) \quad : \quad \mathbb{R}^n \to \mathbb{R}^n$ und $x = (x_1, x_2, \ldots, x_n)$ ist.

In MAYA werden zur Lösung dieser Aufgabe das *Gesamtschrittverfahren*, das *Einzelschrittverfahren*, das *Newton-Verfahren* das *vereinfachte* sowie das *modifizierte Newton-Verfahren*, das *Gradientenverfahren* und das *Newtonsche Einzelschrittverfahren* vorgestellt.

8.0   Einführung: Lösungsverfahren für nichtlineare Gleichungssysteme

A. Gesamtschrittverfahren

Dieses Verfahren heißt so, weil alle Komponenten des Vektors x zur gleichen Zeit berechnet werden.

$$x_1 = g_1(x_1, x_2, \ldots, x_n)$$
$$x_2 = g_2(x_1, x_2, \ldots, x_n)$$
$$\vdots = \vdots \qquad\qquad\qquad\qquad (8.2)$$
$$x_n = g_n(x_1, x_2, \ldots, x_n) .$$

Dies läßt sich in vektorieller Schreibweise übersichtlich mit $\mathbf{x} = \mathbf{g}(\mathbf{x})$, $\mathbf{x} \in \mathrm{I\!R}^n$, $\mathbf{g} : \mathrm{I\!R}^n \to \mathrm{I\!R}^n$ schreiben.

Die Iterationsvorschrift ist schon aus Gleichung (5.1) bekannt, dieses Mal soll sie ausgeschrieben werden:

$$x_1^{(j+1)} = g_1(x_1^{(j)}, x_2^{(j)}, \ldots, x_n^{(j)})$$
$$x_2^{(j+1)} = g_2(x_1^{(j)}, x_2^{(j)}, \ldots, x_n^{(j)})$$
$$\vdots$$
$$x_n^{(j+1)} = g_n(x_1^{(j)}, x_2^{(j)}, \ldots, x_n^{(j)}) ,$$

also in vektorieller Form $\mathbf{x}^{(j+1)} = \mathbf{g}(\mathbf{x}^{(j)})$.

Für die Konvergenz des Verfahrens gegen den eindeutig bestimmten Fixpunkt $\mathbf{x}^* \in \mathrm{I\!R}^n$ gelten die Bedingungen des Banachschen Fixpunktsatzes (5.3) und (5.4) bzw. (5.6) sowie die Fehlerabschätzungen (5.8) und (5.9).

Die Konvergenzbedingungen sind offensichtlich, da sie über Normen definiert werden, normabhängig,

B. Einzelschrittverfahren

Im Einzelschrittverfahren werden die Komponenten des Vektors x nacheinander berechnet. Das heißt, daß im Unterschied zum Gesamtschrittverfahren die bereits berechneten Komponenten zur Bestimmung der noch fehlenden benutzt werden. Auch hier müssen die Gleichungen (8.1) auf Fixpunktform gebracht werden.

Damit lautet die Iterationsvorschrift:

$$x_1^{(j+1)} = g_1(x_1^{(j)}, x_2^{(j)}, \dots\dots\dots\dots\dots\dots\dots\dots, x_n^{(j)})$$

$$x_2^{(j+1)} = g_2(x_1^{(j+1)}, x_2^{(j)}, \dots\dots\dots\dots\dots\dots\dots\dots, x_n^{(j)})$$

$$x_3^{(j+1)} = g_3(x_1^{(j+1)}, x_2^{(j+1)}, x_3^{(j)}, \dots\dots\dots\dots\dots\dots, x_n^{(j)})$$

$$\vdots \quad \vdots \tag{8.3}$$

$$x_{(n-1)}^{(j+1)} = g_{(n-1)}(x_1^{(j)}, x_2^{(j)}, \dots\dots\dots, x_{(n-2)}^{(j+1)}, x_{(n-1)}^{(j)}, x_n^{(j)})$$

$$x_n^{(j+1)} = g_n(x_1^{(j)}, x_2^{(j)}, \dots\dots\dots\dots\dots\dots, x_{(n-1)}^{(j+1)}, x_n^{(j)}).$$

Genauso wie für das Gesamtschrittverfahren gelten auch für das Einzelschrittverfahren die Konvergenzbedingungen des Banachschen Fixpunktsatzes. Eine schnellere Konvergenz des Einzelschrittverfahrens ist gegenüber dem Gesamtschrittverfahren nicht gewährleistet.

C. Newton-Verfahren

Ganz analog zum eindimensionalen Fall ist das Newton-Verfahren:

$$\mathbf{x}^{(j+1)} = \mathbf{x}^{(j)} - J_f(\mathbf{x}^{(j)})^{-1}\mathbf{f}(\mathbf{x}^{(j)}), \qquad j = 0, 1, 2, \dots \tag{8.4}$$

Dabei ist J_f wieder die Jacobi-Matrix, wie in (5.7) definiert, von $\mathbf{f}$. Damit die Jacobi-Matrix nicht in jedem Schritt invertiert werden muß, definiert man zusätzlich $\mathbf{z}^{(j)} = \mathbf{x}^{(j+1)} - \mathbf{x}^{(j)}$ und löst das damit entstehende lineare Gleichungssystem:

$$J_f(\mathbf{x}^{(j)})\mathbf{z}^{(j)} = \mathbf{f}(\mathbf{x}^{(j)}).$$

Wie auch im eindimensionalen Fall ist das Newton-Verfahren nur lokal konvergent.

D. Vereinfachtes Newton-Verfahren

$$\mathbf{x}^{(j+1)} = \mathbf{x}^{(j)} - J_f(\mathbf{x}^{(0)})^{-1}\mathbf{f}(\mathbf{x}^{(j)}), \qquad j = 0, 1, 2, \dots \tag{8.5}$$

Das vereinfachte Newton-Verfahren ist natürlich auch nur lokal konvergent.

Für die beiden folgenden Methoden, das *modifizierte Newton-Verfahren* und das *Verfahren des steilsten Abstiegs*, wird das vorliegende Nullstellenproblem in eine Optimierungsaufgabe umgewandelt. Dazu sind einige einleitende Erläuterungen nötig, in denen mit einem Hilfssatz gezeigt wird, daß die Nullstellensuche (8.1) mit einer Minimierung der Funktion:

$$h(\mathbf{x}) := \|\mathbf{f}(\mathbf{x})\|_2^2 = \sum_{i=1}^{n} f_i^2(\mathbf{x}) \tag{8.6}$$

äquivalent ist, wobei in der praktischen Anwendung ausreicht, daß $h(x^{(j+1)}) \leq h(x^{(j)})$ ist.

Hilfssatz 1: Unter der Voraussetzung, daß $\det(J_f(x^*)) \neq 0$ ist, gelten die folgenden Äquivalenzbeziehungen:

$$f(x^*) = 0 \Leftrightarrow h(x^*) \leq h(x) \quad \forall x \in \mathbb{R}^n \Leftrightarrow \nabla h(x^*) = 0$$

$$\text{Beweis } '' \Rightarrow '': f(x^*) = 0 \Rightarrow h(x^*) = 0 \Rightarrow h(x^*) \leq h(x) \quad \forall x \in \mathbb{R}^n$$

$$\Rightarrow h(x^*) = 0$$

$$'' \Leftarrow '': \text{ sei } \nabla h(x^*) = 0. \text{ wegen}$$

$$\nabla h(x^*) = \nabla \left(\sum_{i=1}^{n} f_i^2 \right)(x^*) = 2 \sum_{i=1}^{n} \nabla f_i(x^*) f_i(x^*) = 2 J_f^T(x^*) f(x^*)$$

$$\Rightarrow f(x^*) = 0 \quad (\text{da } \det(J_f(x^*)) \neq 0).$$

Das bedeutet, daß das Gleichungssystem (8.1) gelöst ist, wenn es gelingt, die Funktion $h(x)$ zu minimieren. Bei numerischen Optimierungsverfahren wird in der Regel abgefragt, ob der Gradient der zu minimierenden Funktion Null wird, was aber nach Hilfssatz 1 ebenfalls mit der Nullstellensuche in (8.1) äquivalent ist. Offen bleibt die Frage, welche *Suchrichtung* $s(x)$ man im $\mathbb{R}^n$ wählen muß, um vom Startvektor aus dem Minimum der Funktion näher zu kommen.

In der Optimierungsrechnung wird $s(x) \in \mathbb{R}^n$ eine *Abstiegsrichtung* in x genannt, falls ein $t_0 > 0$ existiert, so daß gilt:

$$h(x - ts(x)) < h(x), \qquad t \in (0, t_0]. \tag{8.7}$$

Reelle Zahlen $t > 0$, die diese Relation erfüllen, können als *Schrittweite* benutzt werden.

Ein Kriterium für das Finden der Abstiegsrichtung liefert der folgende Hilfssatz 2.

Hilfssatz 2: $s(x) \in \mathbb{R}^n$ ist eine Abstiegsrichtung in x, falls $\nabla h(x)^T s(x) > 0$ ist.

Dies ist unmittelbar einzusehen, denn wegen

$$\frac{h(x - ts(x)) - h(x)}{t} \rightarrow -\nabla h(x)^T s(x) \qquad \text{für } t \geq 0 \text{ und } t \rightarrow 0$$

ist die Bedingung $h(x - ts(x)) < h(x)$ für ein genügend kleines t erfüllt.

E. Modifiziertes Newton-Verfahren

Die Verfahrensvorschrift lautet in der allgemeinen Form:

$$\mathbf{x}^{(j+1)} = \mathbf{x}^{(j)} - \tau_j \mathbf{J}_f\left(\mathbf{x}^{(j)}\right)^{-1} \mathbf{f}(\mathbf{x}^{(j)}), \qquad j = 0, 1, 2, \ldots, \tag{8.8}$$

mit $\tau_j \in [0, 1]$, $\tau_j = 2^{-k}$ und k als kleinster nicht negativer ganzer Zahl, mit der gilt:

$$h\left(\mathbf{x}^{(j)}\right) - h\left(\mathbf{x}^{(j)} - 2^{-k}\mathbf{s}(\mathbf{x}^{(j)})\right) > 0. \tag{8.9}$$

Für die Anwendung des Verfahrens wird also die Nullstellenaufgabe zuerst in eine Optimierungsaufgabe umformuliert, mit der die in (8.6) definierte Funktion h minimiert wird. Als Suchrichtung der Optimierung wird offenbar $\mathbf{s}(\mathbf{x}) := \mathbf{J}_f(\mathbf{x})^{-1}\mathbf{f}(\mathbf{x})$ gewählt. Die Schrittweite τ_j soll also maximiert werden und $\mathbf{s}(\mathbf{x})$ ist eine Abstiegsrichtung, weil gilt:

$$\nabla h(\mathbf{x}^{(j)})^{\mathsf{T}}\mathbf{s}(\mathbf{x}^{(j)}) = 2\mathbf{f}(\mathbf{x}^{(j)})^{\mathsf{T}}\mathbf{J}_f(\mathbf{x}^{(j)})\mathbf{J}_f(\mathbf{x}^{(j)})^{-1}\mathbf{f}(\mathbf{x}(j))$$

(dies war mit dem Hilfssatz 1 bewiesen worden)

$$= 2\mathbf{f}(\mathbf{x}^{(j)})^{\mathsf{T}}\mathbf{f}(\mathbf{x}(j)) = 2\|\mathbf{f}(\mathbf{x})\|_2^2 = 2h(\mathbf{x}^{(j)}) > 0$$

$$\text{für } h(\mathbf{x}^{(j)}) \neq 0.$$

Durch die Wahl der Schrittweite wird ein tatsächlicher Abstieg garantiert, dennoch ist für das modifizierte Newton-Verfahren auch mit dieser Schrittweitenstrategie nur eine lokale Konvergenz garantiert.

Man bestimmt $\tau_j = 2^{-k}$ nur bis zu einem k_{max} mit $0 \leq k \leq k_{max}$. Sollte die Relation (8.9) dann immer noch nicht erfüllt sein, so rechnet man mit k = 0, also dem einfachen Newton-Schritt, weiter. Für verschiedene Werte von k_{max} kann das Verfahren gegen unterschiedliche Lösungen konvergieren. Von *Engeln-Müllges / Reutter* wird die Wahl von $k_{max} = 4$ empfohlen, ein Wert, der auch in MAYA benutzt wird.

Ist $\mathbf{x}^{(j)}$ nahe genug an der Lösung $\mathbf{x}^*$, so läßt sich zeigen, daß die Relation (8.9) stets für k = 0 und $\tau_j = 1$ erfüllt ist, was bedeutet, daß der Newton-Schritt (8.4), mit dem die maximale Schrittweite des modifizierten Newton-Verfahrens realisiert wird, durchgeführt wird.

F. Gradientenverfahren (Verfahren des steilsten Abstiegs)

Für die Anwendung des Gradientenverfahrens, welches auch unter dem Namen Verfahren des steilsten Abstiegs bekannt ist, formuliert man das vorliegende Nullstellenproblem ebenfalls in eine Optimierungsaufgabe um, mit der wiederum die in (8.6) definierte Funktion h minimiert wird.

Die Verfahrensvorschrift lautet:

$$x^{(j+1)} = x^{(j)} - \tau_j \nabla h(x^{(j)}) \tag{8.10}$$

mit der Schrittweite τ_j und der Suchrichtung $s(x^{(j)}) = \nabla h(x^{(j)})$. $s(x)$ ist damit nach dem Hilfssatz 2 eine Abstiegsrichtung, denn es ist:

$$\nabla h(x)^T s(x) = \nabla h(x)^T \nabla h(x) > 0 \qquad \text{für } \nabla h(x) \neq 0.$$

Als Schrittweite **S1** wird gewählt:

$$\tau_j = \frac{h(x^{(j)})}{\|\nabla h(x^{(j)})\|_2^2}.$$

Damit lautet das Gradientenverfahren:

$$x^{(j+1)} = x^{(j)} - \frac{h(x^{(j)})}{\|\nabla h(x^{(j)})\|_2^2} \nabla h(x^{(j)}), \qquad j = 0, 1, 2, \ldots \tag{8.11}$$

Mit dieser Schrittweite kann für das Verfahren des steilsten Abstiegs ebenfalls nur eine lokale Konvergenz nachgewiesen werden. Als Vorteil gegenüber dem Newton-Verfahren entfällt aber die Notwendigkeit, in jedem Iterationsschritt ein lineares Gleichungssystem lösen zu müssen.

Im folgenden werden zwei Schrittweitenstrategien vorgestellt, mit denen mehr als nur eine lokale Konvergenz des Verfahrens zu erreichen ist. Dies ist zum ersten die *Minimumschrittweite* **S2**:

Man bestimme τ_j so, daß

$$h(x^{(j)} - \tau_j s(x^{(j)})) = \min_{\tau \in [0,1]} h(x^{(j)} - \tau s(x^{(j)})) \tag{8.12}$$

gilt. Diese Schrittweite wird auch *exakte Schrittweite* genannt.

Zum zweiten ist eine vergrößerter Konvergenzbereich mit der *Armijo-Schrittweite* **S3** zu erreichen.

Sie wird durch $\tau_j = 2^{(-k)}$ mit k als kleinster nichtnegativer ganzer Zahl bestimmt, so daß bei einem festen $\beta \in (0, 1)$ gilt:

$$h(x^{(j)}) - h(x^{(j)} - 2^{-k} s(x^{(j)})) \geq \beta 2^{-k} \nabla h(x^{(j)})^T s(x^{(j)}). \tag{8.13}$$

Die auf diese Weise bestimmte Armijo-Schrittweite existiert immer, da

$$\frac{h(x) - h(x - \tau s(x))}{t} \to -\nabla h(x)^T s(x) \qquad \text{für } \tau \to 0.$$

Falls eine Lösung der Minimierungsaufgabe (8.6) existiert, kann man für das Gradientenverfahren mit den Schrittweitenstrategien (S2) und (S3) folgendes zeigen (siehe auch *Mc Cormack*):

a) Für jeden Häufungspunkt x^* von $\{x^{(j)}\}$ gilt: $\nabla h(x^*) = 0$. Unter der Voraussetzung, daß $\det(J_f(x^*)) \neq 0$ ist, wäre x^* damit auch eine Lösung von (8.1).

b) Falls genau eine Lösung x^* mit $\nabla h(x^*) = 0$ existiert, konvergiert die Iterationsfolge gegen x^*.

Letzteres bedeutet die globale Konvergenz für jeden Startwert $x^{(0)} \in \mathbb{R}^n$. Die exakte Schrittweite (S2) ist numerisch nur über die Lösung einer weiteren Minimierungsaufgabe zu berechnen und bietet sich daher für die praktische Arbeit kaum an.

Die beiden genannten Schrittweitenstrategien können auch für das modifizierte Newton-Verfahren verwendet werden. In MAYA werden allerdings die Methoden (8.9) und (8.11) für die Schrittweite gewählt.

Newtonsches Einzelschrittverfahren

Wie aus dem Namen bereits hervorgeht, handelt es sich hierbei um eine Kombination aus dem Newton- und aus dem Einzelschrittverfahren. Die Verfahrensvorschrift ist komponentenweise und stellt sich folgendermaßen dar:

$$x_i^{(j+1)} = x_i^{(j)} - \frac{f_i(x_1^{(j+1)}, \ldots, x_{i-1}^{(j+1)}, x_i^{(j)}, x_{i+1}^{(j)}, \ldots, x_n^{(j)})}{\frac{\partial f_i(x_1^{(j+1)}, \ldots, x_{i-1}^{(j+1)}, x_i^{(j)}, x_{i+1}^{(j)}, \ldots, x_n^{(j)})}{\partial x_i^{(j)}}}$$

$$i = 1, 2, \ldots, n, \qquad j = 1, 2, \ldots \qquad\qquad (8.16)$$

Der Rechenaufwand ist für dieses Verfahren weitaus geringer als für das Newton-Verfahren, allerdings ist aber nicht einmal die lokale Konvergenz garantiert.

Konvergenzordnung

Analog zum eindimensionalen Fall (7.12) wird definiert: ein Iterationsverfahren heißt *konvergent von der Ordnung p*, wenn die Iterationsfolge $x^{(j)}$ gegen die Lösung x^* konvergiert und es eine nichtnegative reelle Zahl c gibt, mit der gilt:

$$\|x^{(j+1)} - x^*\| \leq c \|x^{(j)} - x^*\|^p.$$

Durch eine Verallgemeinerung der eindimensionalen Ergebnisse können wir für folgende Verfahren bereits die Konvergenzordnung angeben:

- Einzel-/ Gesamtschrittverfahren: $p = 1$
- Newton-Verfahren: $p = 2$

- Vereinfachtes Newton-Verfahren: $p = 1$.

Von den übrigen Verfahren ist das modifizierte Newton-Verfahren ebenfalls quadratisch konvergent, wogegen beim Verfahren des steilsten Abstiegs und beim Newtonschen Einzelschrittverfahren nur eine lineare Konvergenz vorliegt.

Berechnungsaufwand der vorgestellten Verfahren

Das Newton-Verfahren hat wie im eindimensionalen Fall den Nachteil, daß es nur lokal konvergent und sehr aufwendig zu berechnen ist. In jedem Iterationsschritt muß nicht nur ein lineares Gleichungssystem gelöst werden, sondern auch die Jacobi-Matrix neu bestimmt werden. Durch ein sogenanntes *Updating*, womit ein erneutes Berechnen der Jacobi-Matrix nach etwa nur jedem zehnten Schritt gemeint ist, kann dagegen jedoch Abhilfe geschaffen werden. Dieser hohe Berechnungsaufwand gilt für das modifizierte Newton-Verfahren erst recht.

Relativ aufwendig ist in der Anwendung auch das Gradientenverfahren, obwohl zur Bestimmung des Gradienten nicht so viele partielle Ableitungen neu berechnet werden müssen wie für die Jacobi-Matrix.

Das Newtonsche Einzelschrittverfahren hat dagegen einen relativ kleinen Berechnungsaufwand.

Insgesamt werden sämtliche Verfahren in einer Zusammenfassung im Abschnitt Erläuterungen zu den Aufgeben am Ende des Kapitels miteinander verglichen.

8.1 Modifiziertes Newton-Verfahren/ Gradientenverfahren im Höhenliniendiagramm

In diesem Programm kann die Nullstellensuche von Funktionen $f : \mathbb{R}^2 \to \mathbb{R}^2$ mit Hilfe des modifizierten Newton-Verfahrens und des Gradientenverfahrens durchgeführt werden. Dabei können die Schrittweitenstrategien (8.9) bzw. (8.11) benutzt werden. Es kann die Funktionsweisen der Verfahren in einem Höhenliniendiagramm beobachtet und bezüglich ihrer Iterationsfolge miteinander verglichen werden. Die Höhenlinien gehören dabei zur Funktion $h(x_1, x_2) = \|f(x_1, x_2)\|_2^2$, $x_1, x_2 \in \mathbb{R}$.

Beispiel

Es ist möglich, die X_1, X_2 und die Z-Intervallgrenzen unbestimmt zu lassen, in diesem Fall werden die Intervallgrenzen für die grafische Ausgabe so bestimmt, daß alle Iterationspunkte in ihr enthalten sind.

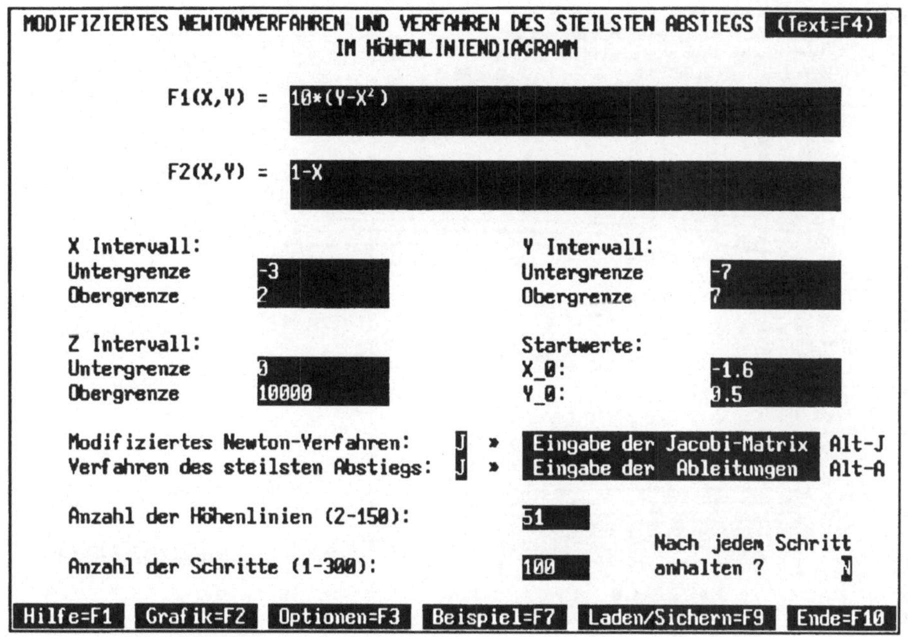

Der Newton-Schritt $x^{(j+1)} = x^{(j)} - s(x^{(j)}) = x^{(j)} - J_f(x^{(j)})^{-1}f(x^{(j)})$ kann für das modifizierte Newton-Verfahren eingezeichnet werden. Wenn das Verfahren des Steilsten Abstiegs gewählt wird, dann müssen zusätzlich die partiellen Ableitungen von h angegeben werden. Bei der Wahl des modifizierten Newton-Verfahrens ist die Angabe der Jacobi-Matrix nötig.

Es können zwischen zwei und 150 Höhenlinien eingezeichnet werden, die Anzahl der gewünschten Iterationen in einem Schritt darf bis zu 200 betragen.

Im Beispiel hat die Funktion h die Gestalt:

$$h(x_1, x_2) = 100(x_2 - x_1^2)^2 + (1 - x_1)^2.$$

Die hier gewählte Funktion f hat offensichtlich bei $(1, 1)$ eine Nullstelle. Trotz dieser Einfachheit ist sie für die hier interessierenden Untersuchungen hervorragend geeignet.

Aufgaben

8.1.1 *Gradientenverfahren*

Betrachten sie das Gradientenverfahren mit der Funktion aus dem Beispiel, wählen sie dabei $x_1 \in [-2, 1]$, $x_2 \in [-0.5, 1.5]$, $z \in [0, 500]$. lassen sie dazu 51 Höhen-

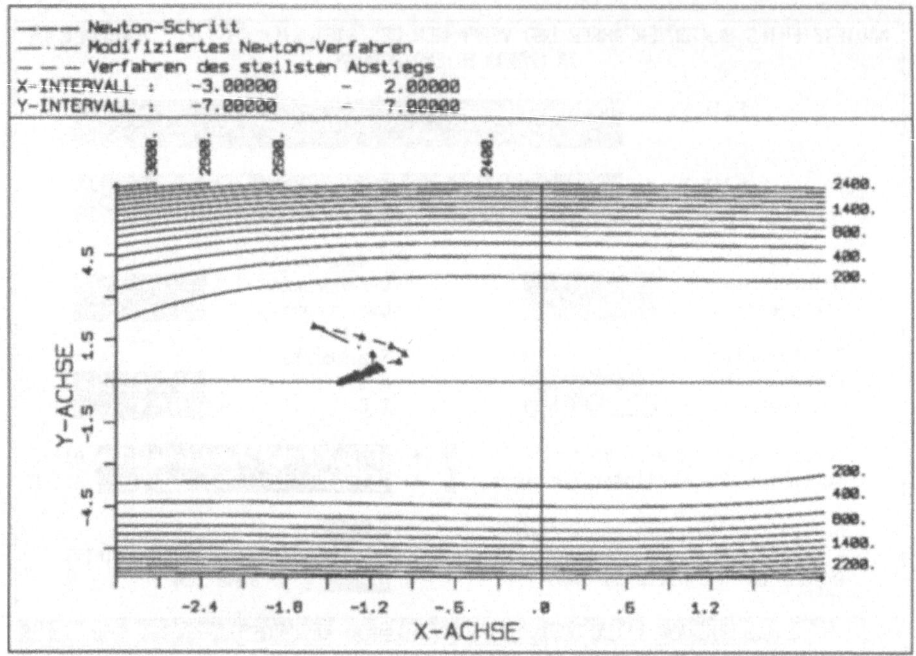

Nullstellensuche des Gleichungssystems $x^2 - x * y - 2 = 0,\ y^2 = 0$

linien zeichnen und geben sie den Startwert sowie die Anzahl der Iterationen wie im Beispiel an.

Obwohl das Gleichungssystem eine analytisch so leicht zu berechnende Lösung besitzt, braucht das Gradientenverfahren sehr lange, bis es einigermaßen brauchbare Annäherungen an die Lösung liefert. Das wurde auch schon am Beispiel deutlich, in dem das modifizierte Newton-Verfahren erheblich schneller konvergierte. Wie können sie die schlechte Konvergenz in diesem Fall erklären?

Das Gradientenverfahren schneidet nicht nur in dieser Aufgabe schlecht ab, es liefert allgemein im Vergleich zu den meisten der übrigen vorgestellten Verfahren in vielen Fällen unbefriedigende Resultate. Es wird daher in der Regel nur zur Suche eines geeigneten Startwertes für das Newton-Verfahren benutzt.

Am Beispiel ist deutlich zu erkennen, warum das Gradientenverfahren auch unter dem Namen "Verfahren des steilsten Abstiegs" bekannt ist. Vom aktuellen Iterationspunkt aus sucht es sich auf der Funktion h tatsächlich die Richtung des steilsten Abstiegs, was sich in der grafischen Darstellung daran erkennen läßt, daß die Iterationsfolge senkrecht zu den nächstgelegenen Höhenlinien von h verläuft. Allerdings schießt das Verfahren dabei meistens über das Ziel hinaus, so daß es nach einem steilen Abstieg auch noch (im gleichen Iterationsschritt) einen steilen Aufstieg geben kann.

Es ist zu beachten, daß die linear verbundenen Iterationspunkte in der Grafik nur dann senkrecht zu den Höhenlinien verlaufen, wenn der Maßstab, also die Anzahl der Achseneinheiten pro Zentimeter, für die X_1- und X_2-Richtung gleich groß ist.

Eine erheblich schnellere Konvergenz des Verfahrens des steilsten Abstiegs könnte man sich bei der Anwendung der Minimumschrittweite (also der Schrittweitenstrategie (8.11)) erhoffen. In diesem Fall würde der Weg in die eingeschlagenen Richtung tatsächlich nur solange in einem Iterationsschritt fortgesetzt werden, wie ein Abstieg erfolgt. Es wurde allerdings schon darauf hingewiesen, daß die Minimumschrittweite in aller Regel - und das gilt auch für dieses Beispiel - nur unter sehr großem Aufwand numerisch zu bestimmen ist.

Falls man genauer betrachten möchte, wie das Verfahren in den Bereichen, in denen wegen der zu groben Rasterung keine Höhenlinien gezeichnet werden, so ist es möglich, kleinere Intervallausschnitte zu wählen, z.B. in dieser Aufgabe:

$$x_1 \in [-1.2, -0.4], \quad x_2 \in [0.4, 0.9], \quad z \in [0, 100], \quad 51 \text{ Höhenlinien,}$$

oder

$$x_1 \in [0, 0.9], \quad x_2 \in [0.2, 0.8], \quad z \in [0, 50], \quad 51 \text{ Höhenlinien.}$$

8.1.2 *Funktionsweise des modifizierten Newton-Verfahrens*

Nehmen sie wieder das Beispiel, betrachten sie aber diesesmal das modifizierte Newton-Verfahren mit einem Newtonschritt. Dazu ist die Tafel [`Eingabe der Jacobi-Matrix`] aufzurufen und dort die Frage "Newton-Schritt einzeichnen" mit `J` wie ja zu beantworten.

Von jedem Iterationspunkt $(x_1^{(j)}, x_2^{(j)})$ wird in grüner Farbe eine Verbindungslinie zum Endpunkt des Vektors $x^{(j)} - s(x^{(j)}) = x^{(j)} J_g(x^{(j)})^{-1} \geq f(x^{(j)})$ gezogen. Ist $h(x^{(j)} - s(x^{(j)}))$, der Funktionswert am Endpunkt der grünen Linie, kleiner als $h(x^{(j)}$, so wird $x^{(j+1)} = x^{(j)} - s(x^{(j)})$, die grüne Linie wird rot eingefärbt und man macht den normalen Newton-Schritt. Andernfalls wird die grüne Linie halbiert, womit man zu $x^{(j)} - 1/2 s(x^{(j)})$ gelangt, und es wird abgefragt, ob dessen Funktionswert kleiner als $h(x^{(j)})$ ist. Dies wird solange mit Halbierungen fortgesetzt, bis ein kleinerer Funktionswert als der von $h(x^{(j)})$ gefunden ist. Sollte dies nach vier Halbierungen noch nicht der Fall sein, dann wird abgebrochen und der volle Newton-Schritt genommen. Jede Halbierung der Strecke wird mit einer grünen Markierung versehen, der Teil der grünen Linie, der den Iterationsschritt ausmacht, wird rot überfärbt.

8.1.3 *Gravitationsfeld zwischen zwei Himmelskörpern*

In Kapitel 1.3 wurde schon einmal das Gravitationsfeld zwischen zwei Himmelskörpern behandelt. Dort hatten Sie gesehen, daß es eine Stelle gibt, an denen die potentielle Energie der Gravitation verschwindet. Finden Sie in dieser Aufgabe, in der das gleiche Feld untersucht wird, heraus, wo dieser Punkt liegt. Die Modellierung ist in Aufgabe 1.3.2 kurz geschildert, als Funktionen haben Sie:

$$F_1(x, y) = \frac{100x}{(x^2 + y^2)^{3/2}} + \frac{10(x - 7)}{((x - 7)^2 + y^2)^{3/2}}$$

$$F_2(x, y) = \frac{100y}{(x^2 + y^2)^{3/2}} + \frac{10y}{((x - 7)^2 + y^2)^{3/2}}.$$

Die Komponenten der Jacobimatrix sind:

$$\frac{\partial F_1(x, y)}{\partial x} = \frac{100(x^2 + y^2) - 300x^2}{(x^2 + y^2)^{5/2}} + \frac{10((x - 7)^2 + y^2) - 30(x - 7)^2}{((x - 7)^2 + y^2)^{5/2}}$$

$$\frac{\partial F_1(x, y)}{\partial y} = \frac{-300xy}{(x^2 + y^2)^{5/2}} + \frac{-30(x - 7)y}{((x - 7)^2 + y^2)^{5/2}}$$

$$\frac{\partial F_2(x, y)}{\partial x} = \frac{-300xy}{(x^2 + y^2)^{5/2}} + \frac{-30(x - 7)y}{((x - 7)^2 + y^2)^{5/2}}$$

$$\frac{\partial F_2(x, y)}{\partial y} = \frac{100(x^2 + y^2) - 300y^2}{(x^2 + y^2)^{5/2}} + \frac{10((x - 7)^2 + y^2) - 30y^2}{((x - 7)^2 + y^2)^{5/2}}.$$

Wählen Sie zur Lösung die Intervalle $x \in [3, 6]$, $y \in [-1, 7]$ und $z \in [0, 100]$. Lassen Sie 51 Höhenlinien einzeichnen und wählen Sie für den Startwert $(x_0, y_0) = (5.6, 0.5)$ 100, 200 und 300 Schritte.

8.2 Iterationsfolge verschiedener Verfahren im Vergleich

Mit diesem Programm werden die beiden Teilfunktionen $f_1(x_1, x_2) = 0$ und $f_1(x_1, x_2) = 0$ einer beliebigen Funktion $f := (f_1, f_2) : \mathbb{R}^2 \to \mathbb{R}^2$ in der $X_1 - X_2$-Ebene gezeichnet. Die Schnittpunkte der beiden Kurven sind die Lösungen des Gleichungssystems $f(x_1, x_2) = 0$.

Neben den Lösungskurven und Lösungspunkten können die Iterationssequenzen aller behandelten Verfahren von einem beliebigen Startwert ausgehend in die Grafik eingezeichnet werden. Konvergenz und Konvergenzgeschwindigkeit einzelner Verfahren können geprüft und miteinander verglichen werden.

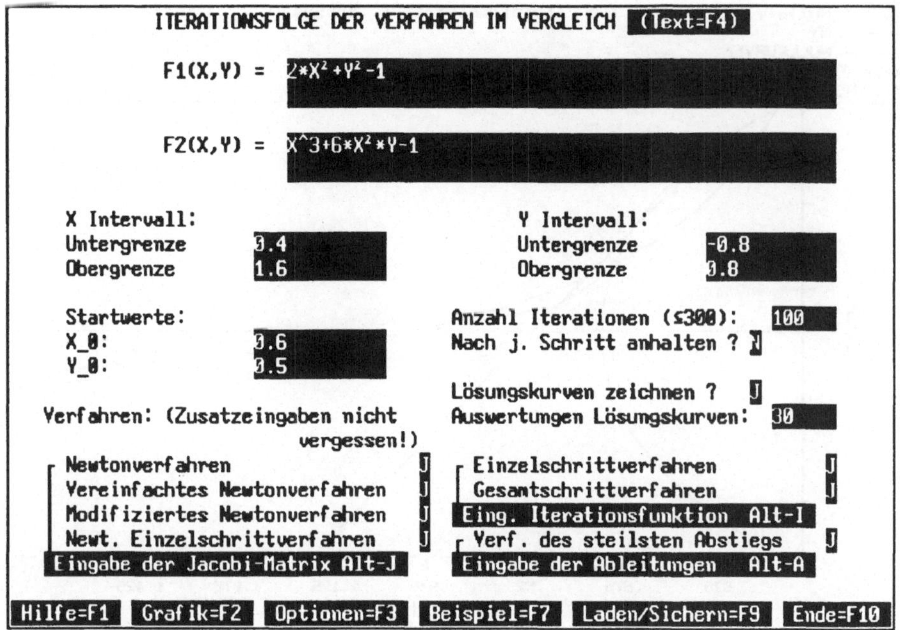

Beispiel

Genauso wie im Programm 8.1 können auch hier die X_1- und die X_2-Intervallgrenzen unbestimmt bleiben. Soll der Iterationsverlauf sämtlicher Verfahren veranschaulicht werden, so sind eine ganze Reihe zusätzlicher Angaben notwendig:

- für das Einzel- und das Gesamtschrittverfahren müssen die Iterationsfunktionen, also die jeweilige Umformung in eine Fixpunktaufgabe,
- für alle Newton-Verfahren sowie auch das Newtonsche Einzelschrittverfahren muß die Jacobi-Matrix,
- für das Gradientenverfahren müßen die partiellen Ableitungen der quadrierten Norm von **f**

eingegeben werden.

Das Verfahren des steilsten Abstiegs wird jeweils mit der Schrittweitenstrategie (S1) berechnet.

Die Funktion h hat für das Beispiel folgende Form:

$$h(x_1, x_2) = (2x_1^2 + x_2^2 - 1)^2 + (x_1^3 + 6x_1^2 x_2 - 1)^2.$$

Es ist hierbei Ihnen überlassen, ob sie die Lösungskurven und damit auch die Lösungspunkte miteinzeichnen lassen möchten. Die Berechnung der Kurven erfordert bei älteren Prozessortypen ziemlich viel Rechenzeit.

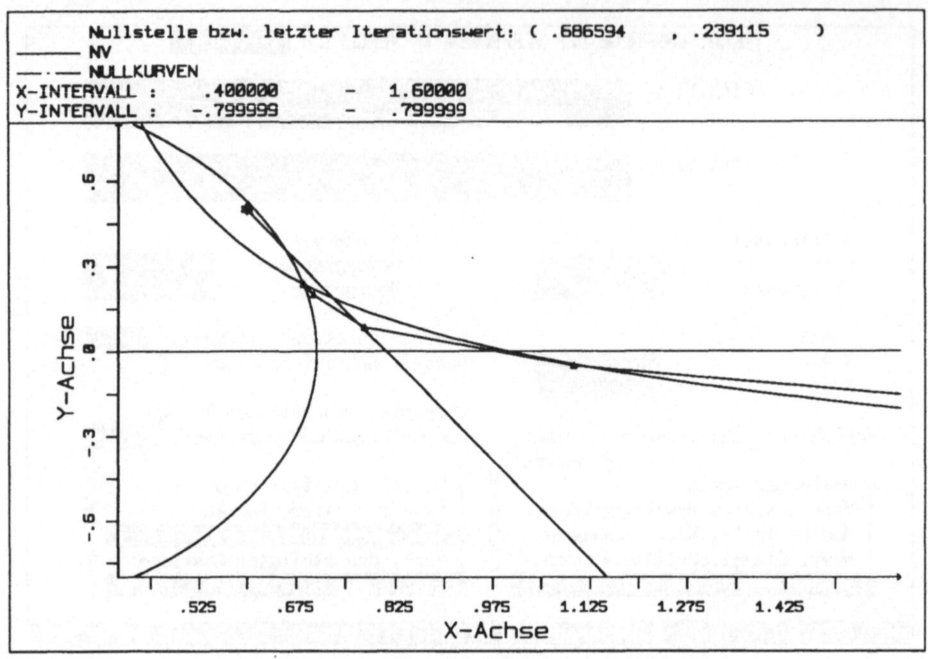

Nullstellensuche mit dem Newton-Verfahren

Die ersten drei Aufgaben dienen dazu, daß Sie sich anhand verschiedener Funktionen ein Bild von der Funktionsweise machen können.

Aufgaben

8.2.1

$$f_1(x_1, x_2) = x_1^2 + x_2 - 11, \qquad f_2(x_1, x_2) = x_1 + x_2^2 - 7,$$

mit den Intervallgrenzen $x_1 \in [-7, 7], \quad x_2 \in [-5, 12]$

wählen Sie drei verschiedene Startwerte:
$$\begin{aligned} 1:& \quad x_1^{(0)} = 1., \quad\; x_2^{(0)} = 1., \\ 2:& \quad x_1^{(0)} = 0., \quad\; x_2^{(0)} = 0., \\ 3:& \quad x_1^{(0)} = -0.5, \quad x_2^{(0)} = -0.5. \end{aligned}$$

Zeichnen Sie alle Verfahren außer dem Einzel- und dem Gesamtschrittverfahren bei einer Anzahl von 50 Iterationen einschließlich der Lösungskurve. Die zusätzlich benötigten Eingaben sind:

$$\text{Jacobi-Matrix:} \quad \begin{aligned} \partial f_1/\partial x_1 = 2x_1, &\quad \partial f_1/\partial x_2 = 1, \\ \partial f_2/\partial x_1 = 1, &\quad \partial f_2/\partial x_2 = 2x_2, \end{aligned}$$

$$\text{quadrierte Norm:} \quad h(x_1, x_2) = (x_1^2 + x_2 - 11)^2 + (x_1 + x_2^2 - 7)^2,$$

$$\text{partielle Ableitungen von } h: \quad \begin{aligned} \partial h/\partial x_1 &= 4x_1(x_1^2 + x_2 - 11) + 2(x_1 + x_2^2 - 7), \\ \partial h/\partial x_2 &= 2(x_1^2 + x_2 - 11) + 4x_2(x_1 + x_2^2 - 7). \end{aligned}$$

8.2.2

$$f_1(x_1, x_2) = x_1^2 - x_2^2 - 1, \qquad f_2(x_1, x_2) = (x_1 - 1)x_2 - 1,$$

mit den Intervallgrenzen $x_1 \in [-5, 6], \quad x_2 \in [-3, 6]$

$$\text{wählen Sie drei verschiedene Startwerte:} \quad \begin{aligned} 1: &\quad x_1^{(0)} = 1.2, &x_2^{(0)} &= 0.25, \\ 2: &\quad x_1^{(0)} = -0.5, &x_2^{(0)} &= 0.5, \\ 3: &\quad x_1^{(0)} = -0.5, &x_2^{(0)} &= 2. \end{aligned}$$

Zeichnen Sie alle Verfahren außer dem Einzel- und dem Gesamtschrittverfahren bei einer Anzahl von 100 Iterationen einschließlich der Lösungskurve. Die zusätzlich benötigten Eingaben sind:

$$\text{Jacobi-Matrix:} \quad \begin{aligned} \partial f_1/\partial x_1 &= 2x_1, &\partial f_1/\partial x_2 &= -2x_1, \\ \partial f_2/\partial x_1 &= x_2, &\partial f_2/\partial x_2 &= x_1 - 1, \end{aligned}$$

$$\text{quadrierte Norm: } h(x_1, x_2) = (x_1^2 - x_2^2 - 1)^2 + ((x_1 - 1)x_2 - 1)^2,$$

partielle Ableitungen von h:

$$\partial h/\partial x_1 = 4x_1(x_1^2 - x_2^2 - 1) + 2x_2((x_1 - 1)x_2 - 1),$$
$$\partial h/\partial x_2 = 2(x_1 - 1)((x_1 - 1)x_2 - 1) - 4x_2(x_1^2 - x_2^2 - 1).$$

8.2.3

$$f_1(x_1, x_2) = 10(x_2 - x_1^2), \qquad f_2(x_1, x_2) = 1 - x_1,$$

mit den Intervallgrenzen $x_1 \in [-3, 2], \quad x_2 \in [-7, 7]$

wählen Sie als Startwert: $1: \quad x_1^{(0)} = -1.6, \quad x_2^{(0)} = 0.5.$

Zeichnen Sie alle Verfahren außer dem Einzel- und dem Gesamtschrittverfahren bei einer Anzahl von 100 Iterationen einschließlich der Lösungskurve. Die zusätzlich benötigten Eingaben sind:

$$\text{Jacobi-Matrix:} \quad \begin{aligned} \partial f_1/\partial x_1 &= -20x_1, &\partial f_1/\partial x_2 &= 10, \\ \partial f_2/\partial x_1 &= -1, &\partial f_2/\partial x_2 &= 0.5, \end{aligned}$$

$$\text{quadrierte Norm: } h(x_1, x_2) = 100(x_2 - x_1^2)^2 + (1 - x_1)^2,$$

$$\text{partielle Ableitungen von } h: \quad \begin{aligned} \partial h/\partial x_1 &= -400x_1(x_2 - x_1^2) - 2(1 - x_1), \\ \partial h/\partial x_2 &= 200(x_2 - x_1^2). \end{aligned}$$

Diese Funktion ist ihnen auch schon aus den Abschnitten 1.4 und 8.1 als "Bananenfunktion" bekannt.

Wählen Sie als Startwert auch: $2:\quad x_1^{(0)} = 3.4, \quad x_2^{(0)} = -1.7$.

8.2.4 *Konvergenzbereich des Newtonschen Einzelschrittverfahrens*

$$f_1(x_1, x_2) = x_1^2 + x_2^2 - 1, \qquad f_2(x_1, x_2) = x_1^2 - x_2^2 + \frac{1}{2},$$

Wählen Sie das Newtonsche Einzelschrittverfahren sowie das einfache Newton-Verfahren und vergleichen Sie das Konvergenzverhalten beider Verfahren miteinander, inbesondere dann, wenn sie Startwerte in der Nähe der analytischen Lösung $x^* = (0.5, \sqrt{3/2})$ nehmen. Geben Sie stets eine Begrenzung der Achsen vor und lassen Sie die Lösungskurve zeichnen. Zusätzlich benötigen Sie die

$$\text{Jacobi-Matrix:} \quad \begin{matrix} \partial f_1/\partial x_1 = 2x_1, & \partial f_1/\partial x_2 = 2x_2, \\ \partial f_2/\partial x_1 = 2x_1, & \partial f_2/\partial x_2 = -2x_2. \end{matrix}$$

8.2.5 *Einzel und Gesamtschrittverfahren*

$$f_1(x_1, x_2) = x_1 - 0.1x_1^2 - 0.1x_2^2 - 0.8, \qquad f_2(x_1, x_2) = -0.1x_1 - 0.1x_1x_2^2 + x_2 - 0.8,$$

Wählen Sie die Iterationsfunktion **g** mit den Komponenten:

$$g_1(x_1, x_2) = 0.1x_1^2 + 0.1x_2^2 + 0.8, \qquad g_2(x_1, x_2) = 0.1x_1 + 0.1x_1x_2^2 + 0.8.$$

Geben Sie nacheinander zwei Startwerte vor:

$1:\quad x_1^{(0)} = 0.6, \quad x_2^{(0)} = 1.4,$ mit jeweils folgen- $x_1 \in [0.5, 1.5] \quad x_2 \in [0.5, 1.5]$,
$2:\quad x_1^{(0)} = -1.5, \quad x_2^{(0)} = 3.7,$ den Intervallen: $x_1 \in [-2, 4] \quad x_2 \in [-2, 4]$.

Können Sie bemerkenswerte Unterschiede zwischen den Iterationen des Einzel- und des Gesamtschrittverfahrens feststellen?

8.2.6 *Einzel- und Gesamtschrittverfahren*

In der folgenden Aufgabenstellung ist sowohl das Einzel- als auch das Gesamtschrittverfahren im gesamten $\mathbb{R}^2$ konvergent. Suchen Sie die Nullstelle der Funktion **f** mit den Komponenten:

$$f_1(x_1, x_2) = x_1 - \frac{1}{3}\cos x_1 + \frac{1}{6}x_2 - \frac{1}{6}\sin x_2,$$

$$f_2(x_1, x_2) = -\frac{1}{4}x_1 - \frac{1}{5}\cos x_2 + x_2 + \frac{1}{4}\sin x_1.$$

Wählen Sie als Iterationsfunktion **g**:

$$g_1(x_1, x_2) = \frac{1}{3}\cos x_1 - \frac{1}{6}x_2 + \frac{1}{6}\sin x_2,$$

$$g_2(x_1, x_2) = \frac{1}{4}x_1 + \frac{1}{5}\cos x_2 - \frac{1}{4}\sin x_1.$$

Die exakte Nullstelle liegt ungefähr bei $(0.32, 0.20)$. Auch wenn Startwerte, die davon sehr weit weg liegen, gewählt werden, ist die Iteration mit wenigen Schritten erfolgreich.

8.3 Erläuterungen und Lösungen zum achten Kapitel

Gradientenverfahren

Aufgabe 8.1.1: Das Problem besteht darin, daß die Iterationen des Verfahrens des steilsten Abstiegs immer über das eigentliche Minimum der Funktion in der jeweiligen Richtung hinausschießen. Das ist im Höhenliniendiagramm sehr deutlich zu sehen. Die hier zu minimierende Funktion hat außerdem die Eigenschaft, daß sie zum Minimum hin sehr stark abfällt. Das bedeutet für die Iterationen, daß sie sich - zumindest am Funktionswert gemessen - wieder relativ weit von der Lösung entfernen.

Vergleich der Verfahren

Die Ergebnisse der folgenden Aufgaben werden zunächst einzeln zusammengefaßt und anschließend gemeinsam ausgewertet.

Aufgabe 8.2.1: Wir stellen fest, daß mit dem Startwert 1 alle Verfahren außer dem vereinfachten Newton-Verfahren konvergieren. Am besten ist die Konvergenz des Newton- und des modifizierten Newton-Verfahrens, aber auch das Newtonsche Einzelschrittverfahren konvergiert noch mit relativ wenig Schritten.

Mit dem Startwert 2 werden zwei der partiellen Ableitungen gleich am Startwert zu Null. Daher kann in diesem Fall das Newtonsche Einzelschrittverfahren nicht verwendet werden. Ähnliches gilt für den Startwert 3 bei den Newton-Verfahren, denn mit ihm wird die Determinante der Jacobi-Matrix gleich Null.

Aufgabe 8.2.2: Die beiden Nullstellen der Funktion liegen ungefähr bei $x^*_{(1)} \approx (1.72, 1.40)$ und bei $x^*_{(2)} \approx (-1.11, -0.47)$.

Der grafischen Darstellung kann man folgende Resultate entnehmen:

- *Newton-Verfahren:* konvergiert mit dem ersten Starwert gegen die zweite Nullstelle, bei den beiden übrigen Starwerten gegen die Nullstelle $x^*_{(1)}$.
- *Modifiziertes Newton-Verfahren:* konvergiert gegen die gleichen Lösungen wie das Newton-Verfahren, dies aber mit teilweise weniger Iterationsschritten.
- *Vereinfachtes Newton-Verfahren:* konvergiert nur mit dem Startwert 1 gegen die Nullstelle $x^*_{(2)}$.
- *Gradientenverfahren:* benötigt relativ viele Iterationsschritte, konvergiert mit den Startwerten 1 und 3 gegen die Nullstelle $x^*_{(2)}$, mit dem zweiten Startwert gegen $x^*_{(1)}$.
- *Newtonsches Einzelschrittverfahren:* konvergiert jeweils gegen dieselben Lösungen wie das Gradientenverfahren.

Aufgabe 8.2.3 Das vereinfachte Newton-Verfahren divergiert, das Gradientenverfahren braucht sehr viele Iterationen. Das Newtonsche Einzelschrittverfahren läßt sich nicht benutzen, weil die partielle Ableitung $\partial f_2/\partial x_2$, die in der Verfahrensvorschrift im Nenner steht, Null ist. Mit dem zweiten Startwert konvergiert auch das vereinfachte Newton-Verfahren.

Aufgabe 8.2.4: Die Nullstellen liegen bei $x^*_{(1)} = (0.5, \sqrt{0.75})$,
$x^*_{(2)} = (0.5, -\sqrt{0.75})$, $x^*_{(3)} = (-0.5, \sqrt{0.75})$ und $x^*_{(4)} = (-0.5, -\sqrt{0.75})$. Beispielsweise konvergiert mit dem Startwert $(2., 2.)$ das Newtonsche Einzelschrittverfahren gegen die Lösung $x^*_{(3)} = (-0.5, \sqrt{0.75})$, mit dem Startwert $(0.5, 0.9)$ pendelt dieses Verfahren zwischen den beiden Punkten $x_1 \approx (0.44, 0.84)$ und $x_2 \approx (0.56, 0.91)$ hin und her, schießt also immer über die Lösung hinweg.

Das Newton-Verfahren konvergiert bei diesen beiden Startwerten gegen die Lösung $x^*_{(1)} = (0.5, \sqrt{0.75})$. Das Newtonsche Einzelschrittverfahren ist in diesem Fall hingegen nicht einmal lokal konvergent, was man daran feststellt, daß sich unabhängig davon, wie nahe der Startwert an der Lösung $x^*_{(1)} = (0.5, \sqrt{0.75})$ gewählt wird, die Iterationen stets wieder von ihr entfernen.

Aufgabe 8.2.5: Für den Quader $Q := \{(x_1, x_2) \mid\ 0.5 \leq x_1 \leq 1.5, 0.5 \leq x_2 \leq 1.5\}$ sind die Bedingungen des Banachschen Fixpunktsatzes erfüllt.
Mit der ∞-Norm für Vektoren und Matrizen folgt:

$$\|J_g(x)\|_\infty = \left\| \begin{pmatrix} 0.2x_1 & 0.2x_2 \\ 0.1x_2^2 + 0.1 & 0.2x_1x_2 \end{pmatrix} \right\|_\infty =$$

$$\max\{0.2x_1 = 0.2x_2, 0.1x_2^2 + 0.1 + 0.2x_1x_2\} = \max\{0.6, 0.775\} = 0.775.$$

Für Startwerte, die in diesem Quader liegen, konvergieren sowohl das Einzel- als auch das Gesamtschrittverfahren, in diesem Fall sind vielfach zwischen den

Iterationsfolgen der beiden Verfahren keine großen Unterschiede auszumachen. Bei dem angegebenen Startwert, der nicht in dem Quader liegt, konvergiert das Einzelschritt-, nicht aber das Gesamtschrittverfahren.

In der Regel ist es sehr schwierig, geeignete Iterationsfunktionen zu finden, mit denen man eine Konvergenz der Verfahren erhält. Auch ist der Konvergenznachweis mit dem Banachschen Fixpunktsatz nicht immer so leicht wie in diesem Beispiel.

Zusammenfassung: Falls sich die Berechnung der Jacobi-Matrix in jedem Schritt als zu aufwendig herausstellen sollte, müssen die Alternativen zum Newton-Verfahren gut abgewogen werden.

Das Newtonsche Einzelschrittverfahren ist unter Umständen nicht einmal lokal konvergent, das vereinfachte Newton-Verfahren häufig divergent und das Gradientenverfahren konvergiert meistens sehr langsam.

Das Auffinden von Iterationsfunktionen, mit denen das Einzel- und das Gesamtschrittverfahren konvergieren, ist nicht immmer einfach. Versagt das Newton-Verfahren bei der Nullstellensuche, so sollte auf jeden Fall zunächst das modifizierte Newton-Verfahren oder das Gradientenverfahren benutzt werden, um einen guten Startwert zu erhalten. *Engeln-Müllges / Reutter* und *Beresin / Shidkow* geben an, daß bei beiden Iterationsvorschriften mit von der Lösung weiter entfernten Startwerten gearbeitet werden kann als beim Newton-Verfahren.

Literatur zum achten Kapitel

Die wichtigsten Verfahren werden bei *Engeln-Müllges / Reutter*, *Schwarz* oder *Törnig* zusammengefaßt. Eine etwas detailliertere Darstellung ist bei *Stoer* zu finden. Über die Wahl von Schrittweitenstrategien, die eine globale Konvergenz bestimmter Verfahren garantieren können, kann man sich beispielsweise bei *Ortega-Reinboldt* und *Mc Cormack* informieren.

Literaturverzeichnis

Akima, H.: A New Method of Interpolation and Smooth Curve Fitting Based on Local Procedures; Journal of Association for Computing Machinery, Vol. 17, No. 4 (Oct. 1970), S. 589 - 602

Arbenz, K.; Wohlhauser, A.: Numerische Mathematik für Ingenieure; Oldenbourg: München 1982

Beau, W.; Metzler, W.; Überla, A.: The route to chaos of two coupled logistic maps; Interdisziplinäre Arbeitsgruppe Mathematisierung, Fachbereich Mathematik, Universität Kassel

Becker, J.; Dreyer, H.-J.; Haacke, W.; Nabert, R.: Numerische Mathematik für Ingenieure; Teubner: Stuttgart 1977

Beresin, I.; Shidkow, N. P.: Numerische Methoden 2; VEB Deutscher Verlag der Wissenschaften: Berlin 1971

Björck, A.; Dahlquist, G.: Numerische Methoden; Oldenbourg: München 1972

Böhm, W.; Gose, G.; Kahmann, J.: Methoden der numerischen Mathematik; Vieweg: Braunschweig 1985

Boor, C. de: A Practical Guide to Splines; Springer 1978

Braun, M.: Differentialgleichungen und ihre Anwendungen; Springer, Berlin 1979

Bronstein, I. N.; Semendjajew, K. A.; Taschenbuch der Mathematik, 24. Auflage; Harri Deutsch: Frankfurt 1989

Brosowski, B.; Kreß, R.: Einführung in die numerische Mathematik II; BI-Hochschultaschenbuch, Bibliographisches Institut: Mannheim 1976

Stoer, J.; Burlisch, R.: Numerische Mathematik II, 3. verb. Aufl.; Springer: Berlin, Heidelberg 1990

Collatz, L.: Differentialgleichungen; Teubner: Stuttgart 1970

Demana, F.; Waits, B.: Problem Solving Using Microcomputers; Coll. Math. J. 18
        (1987), S. 239 -243

Devaney, R. L.: An introduction to chaotic dynamical systems; Benjamin-
        Cummings: Menlo Park, CA., 1985

Engeln-Müllges, G.; Reutter, F.: Numerische Mathematik für Ingenieure, 5.
        Auflage; BI-Wissenschaftsverlag, Bibliographisches Institut:
        Mannheim 1987

Farin, G.: Curves and Surfaces for Computer Aided Geometric Design; Academic
        Press: Boston, San Diego, New York 1988

Fischer Weltalmanach 1988; Fischer Taschenbuch Verlag: Frankfurt/M. 1987

Frantz, M. E.: Interactive Graphics for Multivariable Calculus; Coll. Math. J. 17,
        S. 172 - 181

Gerthsen, C.; Kneser, H. O.; Vogel, H.: Physik, 16. Aufl. bearb. v. H. Vogel;
        Springer: Berlin, Heidelberg, New York

Grieger, I.: Grafische Datenverarbeitung, Mathematische Methoden; Springer:
        Berlin, Heidelberg 1987

Grigorieff, R., D.: Numerik gewöhnlicher Differentialgleichungen; Teubner:
        Stuttgart 1972

Guckenheimer, J.; Holmes, P. J.: Nonlinear oscillations, dynamical systems and
        bifurcation of vector fields; Springer: New York 1983

Hämmerlin, G.; Hoffmann, K.-H.: Numerische Mathematik, 2. Auflage; Springer:
        Berlin Heidelberg 1991

Henrici, P.: Elemente der numerischen Analysis, Bd. 1 und 2; BI-Hochschulta-
        schenbuch, Bibliographisches Institut: Mannheim 1972

Heuser, H.: Gewöhnliche Differentialgleichungen; Teubner: Stuttgart 1989

Hirsch, M.; Smale, S.: Differential equations, dynamical systems and linear alge-
        bra; Academic Press: San Diego, Berkeley, New York 1974

Kamke, E.: Differentialgleichungen, Lösungsmethoden und Lösungen; Teubner:
        Stuttgart 1977

Koçak, H.: Differential and Difference Equations through Computer Experiments;
        Springer: New York 1986

Kunick, A.; Steeb, W. H.: Chaos in dynamischen Systemen; BI-Wissenschaftsver-
        lag, Bibliographisches Institut, Mannheim 1986

Luther, W.; Niederdrenk, K.; Reutter, F.; Yserentant, H.: Gewöhnliche Differentialgleichungen; Vieweg: Braunschweig 1987

Li, T.; Yorke, J. A.: Period Three Implies Chaos; American Math. Monthly 82, 1975, S. 985 - 992

Lorenz, E.: Deterministic Nonperiodic Flow; Journal of the Atmospheric Sciences Vol. 20, S. 130 - 141, 1963

McCormick, G. P.: Nonlinear Programming, John Wiley: New York 1983

Maess, G.: Vorlesungen über numerische Mathematik - II. Analysis; Birkhäuser: Basel 1988

May, R. M.: Simple mathematical models with very complicated dynamics; Nature 261 (1976), S. 459 - 466

May, R. M.: Models for two Interacting Populations; in: May, R. M. (Hg.): Theoretical Ecology; Blackwell Scientific Publications: Oxford 1976

Maynard Smith, J.: Mathematical ideas in biology; Cambridge University Press: London, New York 1968

Metzler, W.; Beau, W.; Überla, A.: Anschaulichkeit bei der Modellierung und Simulation dynamischer Systeme; in: Kautschitsch, Metzler (Hg.): Anschauung als Anregung zum mathematischen Tun, 3. Workshop zur "Visualisierung in der Mathematik", Klagenfurt, Juli 1983

Mortensen, M. E.: Geometric Modelling; John Wiley: New York 1985

Myers, R. H.: Classical and Modern Regression with Applications, 2. Aufl.; PWS-Kent: Boston 1990

Natanson, I. P.: Konstruktive Funktionentheorie; Akademie-Verlag: Berlin 1955

Niederdrenk, K.; Yserentant, H.: Funktionen einer Veränderlichen; Vieweg: Braunschweig 1987

Ortega, J. M.; Rheinboldt, W. C.: Iterative Solution of Nonlinear Equations in Several Variables; Academic Press: New York 1970

Peitgen, H. O.; Richter, P. H.: The Beauty of Fractals; Springer: Berlin, Heidelberg 1986

Purcell, E.; Varberg, D.: Calculus with Analytic Geometry, 5. Auflage; Prentice Hall 1987

Riegels, F. W.: Aerodynamische Profile; Oldenbourg: München 1958

Rösingh; Berghuis: Mathematische Schiffsformen; HANSA-Schiffahrt, Schiffbau,
Hafen 98 (1961), S. 2409 - 2412

Runge, C.: Über empirische Funktionen und die Interpolation zwischen äquidistanten Ordinaten; Zeitschrift für Math. und Physik 46 (1901),
S. 224 - 243

Schaper, R.: Überraschungen bei der Erstellung von Computergrafik; in: Kaut-
schitsch, H.; Metzler, W.: Medien zur Veranschaulichung von
Mathematik - 5. und 6. Workshop zur "Visualisierung in der
Mathematik" Klagenfurt Juli 1985 und Juli 1986, S. 258ff.

Schmießer, G.; Schirmeier, H.: Praktische Mathematik; de Gruyter: Berlin 1976

Schuster, H. G.: Deterministic Chaos; VCH: Weinheim 1988

Schwarz, H. R.: Numerische Mathematik, 2. Auflage; Teubner: Stuttgart 1988

Späth, H.: Spline-Algorithmen zur Konstruktion glatter Kurven und Flächen;
Oldenbourg: München 1973

Stoer, J.: Numerische Mathematik I, 5. verb. Aufl.; Springer: Berlin, Heidelberg,
New York 1989

Thompson, J. M. T.; Stewart, H. B.: Nonlinear Dynamics and Chaos; John Wiley,
New York 1986

Törnig, W.: Numerische Mathematik für Ingenieure und Physiker, Bd. 1;
Springer: Berlin, Heidelberg, New York 1979

Werner, H.; Schaback, R.: Praktische Mathematik II; Springer: Berlin, Heidelberg
1979

Symbolverzeichnis

$\Rightarrow$	wenn-dann bzw. hat zur Folge
$\Leftrightarrow$	genau dann-wenn
$:=$	definiert mit
$<$	kleiner als
$\leq$	kleiner gleich als
$>$	größer als
$\geq$	größer gleich als
$\approx$	ungefähr gleich wie
$\{a_1, a_2, \dots\}$	Menge aus den Elementen a_1, $a_2,\dots$
$\{x \mid \dots\}$	Menge aller x, für die gilt
$\in$	Element von
$\notin$	nicht Element von
$\subset$	echt enthalten in oder echte Untermenge von
$\subseteq$	enthalten in oder Untermenge von
$\mathbb{N}$	Menge der natürlichen Zahlen
$\mathbb{N}_0$	Menge der natürlichen Zahlen einschließlich der Null
$\mathbb{R}$	Menge der reellen Zahlen
$\mathbb{R}^n$	n-dimensionaler reller euklidischer Raum
$\mathbb{C}$	Menge der komplexen Zahlen
(a, b)	offenes Intervall von a bis b, $a < b$
$[a, b)$	halboffenes Intervall von a bis b (links offen), $a < b$
$(a, b]$	halboffenes Intervall von a bis b (rechts offen), $a < b$
$[a, b]$	abgeschlossenes Intervall von a bis b, $a \leq b$
$\operatorname{Re} z$	Realteil von z, $z \in \mathbb{C}$
$\operatorname{Im} z$	Imaginärteil von z, $z \in \mathbb{C}$
i	imaginäre Einheit i mit $i^2 = -1$

e	Eulersche Zahl
$n!$	Fakultät von n mit $n! = 1 \cdot 2 \cdot 3 \cdot \ldots \cdot n$, $n \in \mathbb{N}$, $0! := 1$
$\|x\|$	Betrag von x
$\{a_n\}_{n \in \mathbb{N}}$	Folge der a_n
$\lim_{n \to \infty} a_n$	Limes von a_n für $n \to \infty$
$f : D \to \mathbb{R}$	auf D definierte reellwertige Funktion f
f^{-1}	Umkehrfunktion von f
$f', f'', \ldots, f^n$	erste, zweite,..., n-te Ableitung von f
$C\,[a, b]$	Menge der auf $[a, b]$ stetigen Funktionen
$C^n\,[a, b]$	Menge der auf $[a, b]$ n-mal stetig differenzierbaren Funktionen
$\max\{a_i \mid i = 1, 2, \ldots, n\}$	Maximum aller a_i für $i = 1, 2, \ldots, n$
$\min\{a_i \mid i = 1, 2, \ldots, n\}$	Minimum aller a_i für $i = 1, 2, \ldots, n$
$\mathbf{x}, \mathbf{y}$	Vektoren
$\mathbf{0}$	Nullvektor
$\mathbf{A}, \mathbf{B}$	Matrizen
$(x_1, x_2, \ldots, x_n)$	Vektor in Komponentenschreibweise
$\|\mathbf{x}\|$	Norm eines Vektors
$\partial f / \partial x_i$	partielle Ableitung der Funktion f nach x_i
$\nabla \mathbf{x}$	Gradient eines Vektors $\mathbf{x}$
$\det \mathbf{A}$	Determinante einer Matrix $\mathbf{A}$
$\mathbf{A}^{-1}$	Inverse einer Matrix $\mathbf{A}$
$\mathbf{x}^T$	transponierter Vektor $\mathbf{x}$
$\mathbf{x}^{(j)}$	j-te Iterierte von $\mathbf{x}$
$\mathbf{J}_f(\mathbf{x})$	Jacobi-Matrix von f
$\binom{n}{k}$	$\binom{n}{k} := \dfrac{n(n-1)\ldots(n-k+1)}{k!}$, $k \in \mathbb{N}$, $\binom{n}{0} := 1$
$\prod_{i=1}^{n} a_i$	$= a_1 \cdot a_2 \cdot \ldots \cdot a_n$
$\sum_{i=1}^{n} a_i$	$= a_1 + a_2 + \ldots + a_n$
$\int_a^b$	Integral in den Grenzen von a bis b

Stichwortverzeichnis

Aufbau und Arbeitsweise von Rechenanlagen

Eine Einführung in Rechnerarchitektur und Rechnerorganisation für das Grundstudium der Informatik.

von Wolfgang Coy

2., verbesserte und erweiterte Auflage 1992. XII, 367 Seiten. Kartoniert.
ISBN 3-528-14388-6

Das Buch bietet eine Einführung in die Gerätetechnik moderner Rechenanlagen bis hin zu Rechnerbetriebssystemen. Dazu werden die Bauteile des Rechners umfassend beschrieben und in die Techniken des Schaltungs- und Rechnerentwurfs eingeführt.

Die zweite Auflage des bewährten Lehrbuches ist gegenüber der alten Auflage gänzlich überarbeitet, verbessert und aktualisiert worden.

Verlag Vieweg · Postfach 58 29 · D-6200 Wiesbaden 1

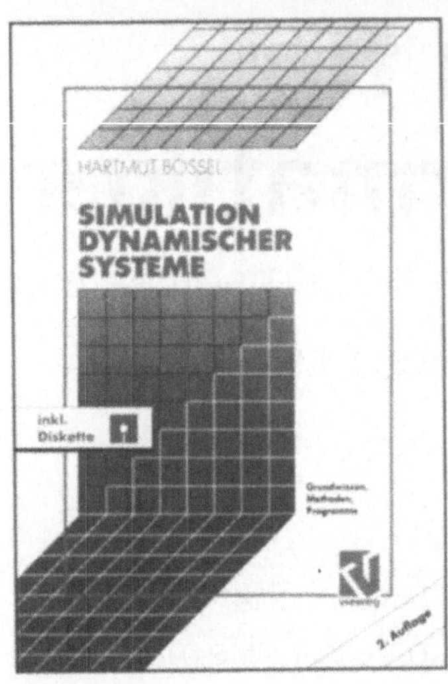

Simulation dynamischer Systeme

Grundwissen, Methoden, Programme

von Hartmut Bossel

2., verbesserte Auflage 1992.
VI, 310 Seiten mit Diskette. Gebunden.
ISBN 3-528-14746-6

Was das Buch bietet ...

fundierte Informationen und aussagekräftige Programmierbeispiele zum Schlagwort „Dynamische Systeme".

Worum es geht ...

- grundlegende Begriffe der Modellbildung und Simulation
- Verhalten und Stabilität dynamischer Systeme
- Simulationsmodelle

Und außerdem ...

- umfangreiche graphische Darstellungsmöglichkeiten mit dem Simulations-Bearbeitungssystem SYSAS
- Beispiele aus Wirtschaftswissenschaften, Regeltechnik, Ökologie, Pflanzenphysiologie und Physik
- alle Programme auf beiliegender Diskette

Besondere Kennzeichen ...

- ein Buch mit ausgezeichnetem didaktischen Aufbau und verständlichem Stil, unterstützt durch die Programme SYSANT und GLODYS.

Der Autor ...

- Professor Dr.-Ing. Hartmut Bossel lehrt Umweltsystemanalyse am Fachbereich Mathematik der Gesamthochschule Kassel.